いちばんわかりやすい!

毒物劇物取扱者試験

テキスト&問題集＋予想模試

コンデックス情報研究所　編著

成美堂出版

いちばんわかりやすい！
毒物劇物取扱者試験 テキスト&問題集＋予想模試
本書の使い方

本書は種別一般に対応しています。

第3章 毒物及び劇物の性質及び貯蔵その他取扱方法

02 毒物及び劇物の性質

多くの毒物及び劇物のうち代表的な物質について、性質と用途を含め記憶しておく必要がある。各物質をまんべんなく学習することが肝要である。

1 毒物の性質・用途

代表的な毒物の性質・用途を、特定毒物、毒物に分けて次に示す。

(1) 特定毒物

代表的な特定毒物の性質・用途

物質名	化学式(分子式)	性状	用途
四アルキル鉛(四エチル鉛、四メチル鉛)	四エチル鉛 $C_8H_{20}Pb$ 四メチル鉛 $C_4H_{12}Pb$	色 体。日光によって分解。	アンチノック剤*。
モノフルオール酢酸(さくさん)ナトリウム	$C_2H_2FNaO_2$	白色の重い粉末（固体）で 性である。からい味と の臭いを有する。冷水に 溶。有機溶媒に不溶。	殺鼠(さっそ)剤。
モノフルオール酢酸(さくさん)アミド	C_2H_4FNO	無味無臭の 色の結晶。冷水に 溶。エタノール、エーテルに易溶。	透性殺虫剤。

用語 **アンチノック剤** エンジンのノッキング（異常燃焼）を防ぐため、ガソリンに少量添加される薬剤。

［例　題］モノフルオール酢酸アミドに関する記述の正誤について、正しい組合せはどれか。

a 無味無臭である。
b 殺鼠剤として用いられる。
c 特定毒物に指定されている。

	a	b	c
1	正	正	正
2	正	誤	正
3	誤	正	正
4	誤	誤	正

〈正　解〉正しい組合せは2である。モノフルオール酢酸アミドは、白色結晶、無味無臭で浸透性殺虫剤として用いられる特定毒物である。

◆赤シート対応
付属の赤シートを利用して、重要項目を効率よく覚えることができる！

◆例題にチャレンジ
例題を解き、本文の内容の理解度をアップしよう！

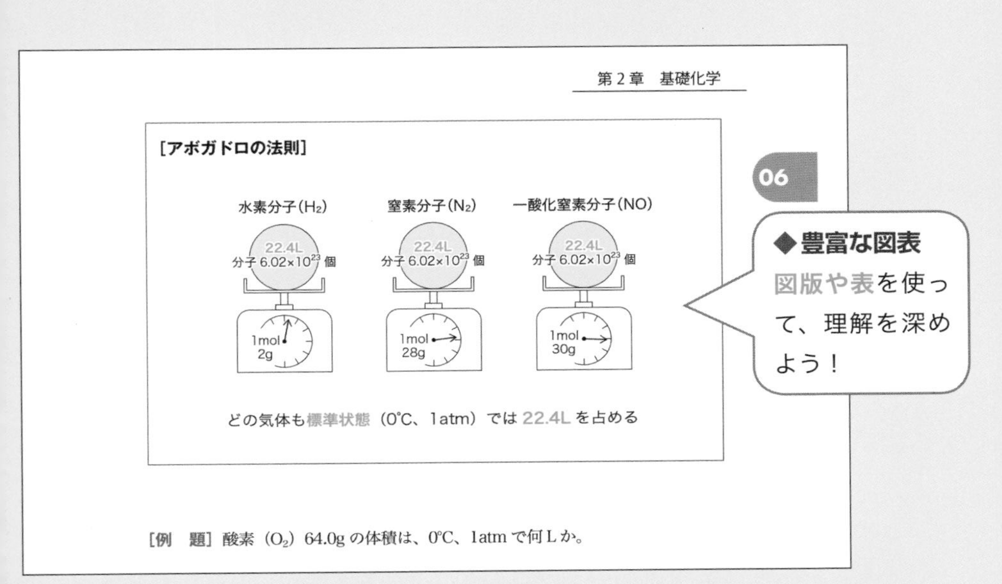

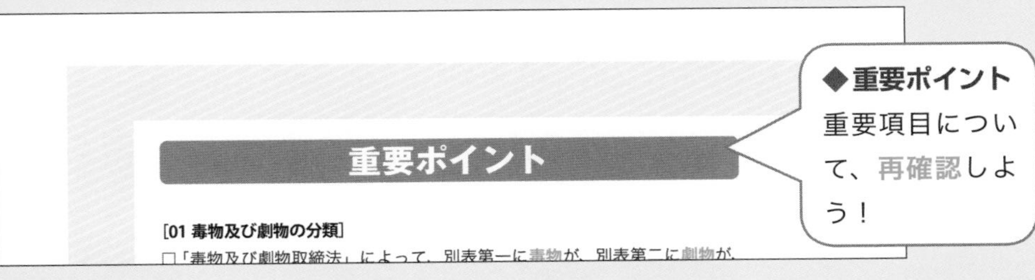

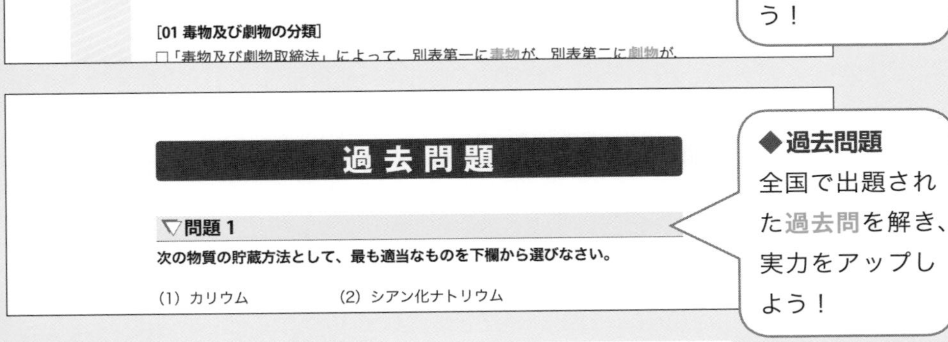

予想模試［3回分］

予想模試3回分の問題（別冊）、正解と解説（本冊）を掲載しました。制限時間を目標にチャレンジしましょう。

本書は、原則として令和5年1月1日において施行されている法令等に基づいて編集しています。本書編集日以降に施行された法改正情報については、下記のアドレスで確認することができます。
http://www.s-henshu.info/dgtmy2301/

いちばんわかりやすい！
毒物劇物取扱者試験 テキスト＆問題集＋予想模試

CONTENTS

第２章　基礎化学

第３章　毒物及び劇物の性質及び貯蔵その他取扱方法

第４章［実地］毒物及び劇物の性質・用途、廃棄方法 鑑別方法、漏洩時等の応急措置

予想模試

毒物劇物取扱者試験ガイダンス

1　毒物劇物取扱責任者とは

毒物又は劇物を取り扱う場合(製造業、輸入業、販売業等）には、「毒物及び劇物取締法」に基づく登録が必要です。この登録を受けた毒物劇物営業者は、毒物又は劇物を直接取り扱う製造所、営業所、又は店舗ごとに毒物劇物取扱責任者を置き、毒物又は劇物による保健衛生上の危害の防止に当たらせなければなりません。

2　毒物劇物取扱責任者になるための資格(法第8条第1項)

毒物劇物取扱責任者になるためには、次のいずれかの資格が必要となります。

①薬剤師
②厚生労働省令で定める学校で、応用化学に関する学課を修了した者
③都道府県知事が行う毒物劇物取扱者試験に合格した者

3　毒物劇物取扱責任者になれない者(法第8条第2項)

次の者は、毒物劇物取扱責任者になることができません。

① 18歳未満の者
②心身の障害により毒物劇物取扱責任者の業務を適正に行うことができない者として厚生労働省令で定めるもの
③麻薬、大麻、あへん又は覚せい剤の中毒者
④毒物若しくは劇物又は薬事に関する罪を犯し、罰金以上の刑に処せられ、その執行を終り、又は執行を受けることがなくなった日から起算して3年を経過していない者

4　毒物劇物取扱者試験の受験資格

国籍、性別、職業、年齢を問わず、誰でも受験できます。

5　毒物劇物取扱者試験の種別

取り扱う毒物劇物の種類により3つの種別があります。

①一般　(すべての毒物又は劇物)
②農業用品目　(農業用品目である毒物又は劇物)
③特定品目　(特定品目である毒物又は劇物)

6　毒物劇物取扱者試験の実施

毒物劇物取扱者試験は、各都道府県が毎年1回実施しています。試験の実施日は各都道府県で異なります。どの都道府県の毒物劇物取扱者試験に合格しても、全国の都道府県で毒物劇物取扱責任者になることができます。

7　試験科目

＜筆記試験＞
①毒物及び劇物に関する法規
②基礎化学
③毒物及び劇物の性質及び貯蔵その他の取扱方法
＜実地試験＞
④毒物及び劇物の識別及び取扱方法

試験問題の構成パターンや科目名は、各都道府県により異なります。③④をまとめて〔実地〕としている都道府県などもあります。また、問題数、合格基準も都道府県ごとに定められています。ホームページ上で過去に出題された問題や、合格基準を公開している都道府県もあります。

8　試験内容

＜筆記試験＞

①毒物及び劇物に関する法規

基本法である「毒物及び劇物取締法」やその他関連法令(同法施行令、

同法施行規則）を中心とした問題が出題されます。

②基礎化学

高校卒業程度の化学一般の問題が出題されます。

③毒物及び劇物の性質及び貯蔵その他取扱方法

毒物及び劇物の性質や貯蔵・廃棄方法などに関する問題が出題されます。

<実地試験>

④毒物及び劇物の識別及び取扱方法

実地試験ですが、筆記試験により実施されるところがほとんどです。

9　受験の申し込みと問い合わせ先

受験願書は、各都道府県の薬務課で入手できます。また、保健所でも配布している都道府県や、郵送で入手できる都道府県もあります。

【注　意】

試験に関する情報は、変更されることがありますので、受験する場合は、事前に必ずご自身で最新の情報を確認してください。

【凡　例】

法………………毒物及び劇物取締法

法施行令………毒物及び劇物取締法施行令

法施行規則……毒物及び劇物取締法施行規則

第1章
毒物及び劇物に関する法規

第1章
毒物及び劇物に関する法規

01 毒物及び劇物取締法の目的と定義

まず、「毒物及び劇物取締法」の目的と定義（毒物、劇物、特定毒物）を学習する。この目的と定義は、全国で必ず毎回出題されるのできわめて重要であり、覚えることが肝要である。次に、毒物及び劇物の分類について記憶・把握する。

1 毒物及び劇物取締法（以下「法」という）の目的と定義

（1）目的

●法第１条　この法律は、毒物及び劇物について、保健衛生上の見地から必要な取締を行うことを目的とする。

［例　題］次は、毒物及び劇物取締法の（目的）第１条である。（　）内にあてはまる字句として、正しいものはどれか。

（目的）
第１条
この法律は、毒物及び劇物について、保健衛生上の見地から必要な（　）を行うことを目的とする。

1　規制　　2　措置　　3　取締　　4　監視

〈正　解〉3 の取締が正しい。

法第１条（目的）と法第２条（定義）は頻出項目です。しっかりと覚えましょう。

（2）定義

●法第２条　この法律で「毒物」とは、別表（注）第一に掲げる物であって、医薬品及び医薬部外品以外のものをいう。
２　この法律で「劇物」とは、別表第二に掲げる物であって、医薬品及び医薬部外品以外のものをいう。
３　この法律で「特定毒物」とは、毒物であって、別表第三に掲げるものをいう。

（注）別表とは、法令の末尾に置かれる表で、別表が複数ある場合は「別表第一」「別表第二」のように表記される。

［例題 1］次は、毒物及び劇物取締法の（定義）第２条第１項である。（　）内にあてはまる字句として、正しいものはどれか。

（定義）
第２条第１項
この法律で「毒物」とは、別表第一に掲げる物であって、医薬品及び（　　）以外のものをいう。

1　農薬　　**2**　医薬部外品　　**3**　化粧品　　**4**　食品

〈正　解〉２の医薬部外品が正しい。

［例題 2］次は、毒物及び劇物取締法の（定義）第２条第２項である。（　）内にあてはまる字句として、正しいものはどれか。

（定義）
第２条第２項
この法律で「劇物」とは、別表第二に掲げる物であって、（　　）及び医薬部外品以外のものをいう。

1　指定薬物　　2　医薬品　　3　食品　　4　化粧品

〈正　解〉2 の医薬品が正しい。

[例題3] 次は、毒物及び劇物取締法の（定義）第2条第3項である。（　）内にあてはまる字句として、正しいものはどれか。

（定義）
第2条第3項
この法律で「特定毒物」とは、（　　）であって、別表第三に掲げるものをいう。

1　毒薬　　2　劇薬　　3　毒物　　4　特定化学物質

〈正　解〉3 の毒物が正しい。

（3）毒物及び劇物の分類

毒物及び劇物は、毒性の強さによって、3つに分類される。

①毒物：毒性を有するもの（人体への毒性が非常に高いと判定されたもの）
②劇物：劇性を有するもの（人体への毒性が高いと判定されたもの）
③特定毒物：著しい毒性を有する毒物（毒物のなかでも毒性がきわめて強く、危害発生の程度が著しいもの）

これら3つに該当しないものは、普通物といって一般化学物質の扱いとなる。

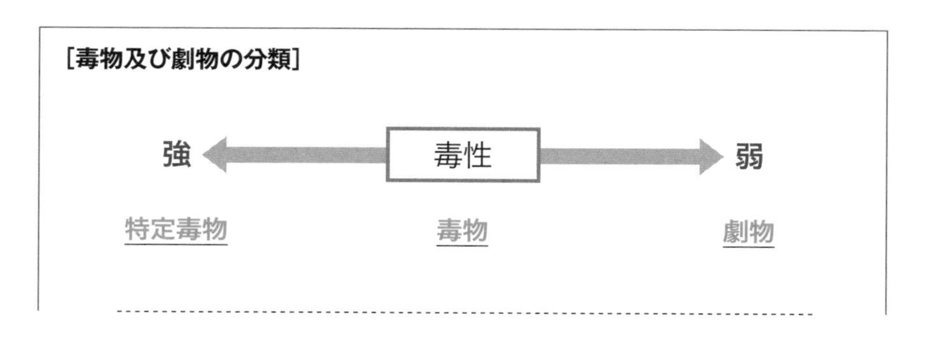

適用外（医薬品（薬）
医薬部外品（はみがき、染毛剤など）

代表的な毒物及び劇物（法別表第一、第二、第三より抜粋）（注）

毒物		
・シアン化水素 ・シアン化ナトリウム ・砒素 ・セレン	・クラーレ ・黄燐 ・水銀 ・弗化水素 ・ニコチン	・エチルパラニトロフェニルチオノベンゼンホスホネイト（別名 EPN） ・ニッケルカルボニル ・硫化燐
劇物		
・過酸化水素 ・水酸化ナトリウム ・水酸化カリウム ・ナトリウム ・カリウム ・二硫化炭素 ・硫酸 ・硝酸 ・アンモニア ・塩化水素	・塩化第一水銀 ・メタノール ・クロロホルム ・四塩化炭素 ・硫酸タリウム ・硝酸タリウム ・ホルムアルデヒド ・蓚酸 ・ブロムメチル ・アクリルニトリル	・フェノール ・クレゾール ・アニリン ・ピクリン酸（ただし、爆発薬を除く） ・クロルピクリン ・ヒドロキシルアミン ・臭素 ・沃素 ・モノクロル酢酸 ・ニトロベンゼン ・クロルスルホン酸
特定毒物		
・四アルキル鉛 ・ジエチルパラニトロフェニルチオホスフェイト ・ジメチルパラニトロフェニルチオホスフェイト ・ジメチルエチルメルカプトエチルチオホスフェイト ・モノフルオール酢酸 ・モノフルオール酢酸アミド		

（注）法別表第一、第二、第三の全貌は、第３章 01 毒物及び劇物の分類 表「毒物及び劇物一覧」（p.170 ～ 175）参照。

［例　題］次の物質について、毒物（特定毒物を除く）に該当するものに1を、劇物に該当するものに2を、特定毒物に該当するものに3を記入しなさい。

ア　硫酸タリウム　　**イ**　フェノール　　**ウ**　水銀
エ　弗化水素　　**オ**　四アルキル鉛

〈正　解〉**ア**　硫酸タリウム …　**2（劇物）**
イ　フェノール ……　**2（劇物）**
ウ　水銀 ……………　**1（毒物）**
エ　弗化水素 ………　**1（毒物）**
オ　四アルキル鉛 …　**3（特定毒物）**

（4）除外規定のある劇物を含有する製剤について

製剤とは、毒物又は劇物を水又は有機溶剤中に、ある**一定濃度含有**させたものを指す（たとえば、黄燐を含有する製剤、硫酸を10%超含有する製剤など）。

劇物を含有する製剤については、「毒物及び劇物指定令」第2条により、その劇物の含有量（%）が一定の数値以下のものは**劇物より除外**されているものがある。この**除外規定**については、よく出題されるので、第3章03毒物及び劇物の貯蔵その他取扱方法2（2）除外規定のある劇物を含有する製剤（p.200～201）に詳述している。参照すること。

■ゴロ合わせで覚えよう！〔毒物及び劇物取締法の目的〕

目的は、　ホー
（法）

ホケ　　キョ（キュッ）
（保健衛生上）　（取締）

毒物及び劇物取締法は、毒物及び劇物について、保健衛生上の見地から必要な取締を行うことを目的とする。

02 法の禁止規定

法の禁止規定について学習する。具体的に、１毒物又は劇物の取扱い禁止、２特定毒物の取扱いに関する禁止、３興奮、幻覚又は麻酔の作用を有するもの、４引火性、発火性又は爆発性のあるものについて把握する。

① 毒物又は劇物の取扱い禁止

（禁止規定）

●法第３条　毒物又は劇物の製造業の登録を受けた者でなければ、毒物又は劇物を販売又は授与の目的で製造してはならない。

２　毒物又は劇物の輸入業の登録を受けた者でなければ、毒物又は劇物を販売又は授与の目的で輸入してはならない。

３　毒物又は劇物の販売業の登録を受けた者でなければ、毒物又は劇物を販売し、授与し、又は販売若しくは授与の目的で貯蔵し、運搬し、若しくは陳列してはならない。但し、毒物又は劇物の製造業者又は輸入業者が、その製造し、又は輸入した毒物又は劇物を、他の毒物又は劇物の製造業者、輸入業者又は販売業者（以下「毒物劇物営業者」という。）に販売し、授与し、又はこれらの目的で貯蔵し、運搬し、若しくは陳列するときは、この限りでない。

［毒物劇物営業者］

毒物劇物営業者とは
- ・毒物劇物製造業者
- ・毒物劇物輸入業者
- ・毒物劇物販売業者

これらの登録を受けた者の総称である。

［例　題］次の文は、毒物及び劇物取締法の禁止規定の条文の一部である。（　）内にあてはまる正しい語句を選び、その番号を答えなさい。

毒物又は劇物の製造業の登録を受けた者でなければ、毒物又は劇物を（　　）又は授与の目的で製造してはならない。

1　販売　　2　貯蔵　　3　運搬　　4　陳列

〈正　解〉1 の販売が正しい。法第３条第１項による。毒物又は劇物の製造業の登録を受けた者でなければ、毒物又は劇物を販売又は授与の目的で製造してはならない。

2 特定毒物の取扱い

（禁止規定）

●法第３条の２　毒物若しくは劇物の製造業者又は学術研究のため特定毒物を製造し、若しくは使用することができる者としてその主たる研究所の所在地の都道府県知事の許可を受けた者（以下「特定毒物研究者」という。）でなければ、特定毒物を製造してはならない。

2　毒物若しくは劇物の輸入業者又は特定毒物研究者でなければ、特定毒物を輸入してはならない。

3　特定毒物研究者又は特定毒物を使用することができる者として品目ごとに政令で指定する者（以下「特定毒物使用者」という。）でなければ、特定毒物を使用してはならない。ただし、毒物又は劇物の製造業者が毒物又は劇物の製造のために特定毒物を使用するときは、この限りでない。

4　特定毒物研究者は、特定毒物を学術研究以外の用途に供してはならない。

5　特定毒物使用者は、特定毒物を品目ごとに政令で定める用途以外の用途に供してはならない。

6　毒物劇物営業者、特定毒物研究者又は特定毒物使用者でなければ、特定毒物を譲り渡し、又は譲り受けてはならない。
7　前項に規定する者は、同項に規定する者以外の者に特定毒物を譲り渡し、又は同項に規定する者以外の者から特定毒物を譲り受けてはならない。
8　毒物劇物営業者又は特定毒物研究者は、特定毒物使用者に対し、その者が使用することができる特定毒物以外の特定毒物を譲り渡してはならない。
9　毒物劇物営業者又は特定毒物研究者は、保健衛生上の危害を防止するため政令で特定毒物について品質、着色又は表示の基準が定められたときは、当該特定毒物については、その基準に適合するものでなければ、これを特定毒物使用者に譲り渡してはならない。
10　毒物劇物営業者、特定毒物研究者又は特定毒物使用者でなければ、特定毒物を所持してはならない。
11　特定毒物使用者は、その使用することができる特定毒物以外の特定毒物を譲り受け、又は所持してはならない。

特定毒物研究者とは、学術研究のため特定毒物を製造し、使用できる者として都道府県知事の許可を得た者である。

特定毒物使用者とは、特定毒物を使用できる者として品目ごとに政令で指定する者である。

［例　題］次の文は、毒物及び劇物取締法の禁止規定の条文の一部であるが、（　）内にあてはまる語句を選び、正しい組合せの番号を答えなさい。

毒物若しくは劇物の製造業者又は（　ア　）のため特定毒物を製造し、若しくは使用することができる者として（　イ　）の許可を受けた者でなければ、特定毒物を製造してはならない。

ア　a 所持　　　　b 学術研究　　　c 販売
イ　a 市町村長　　b 厚生労働大臣　c 都道府県知事

	ア	イ
1	a	a
2	b	c
3	c	b
4	c	c

〈正　解〉 正しい組合せの番号は 2（**ア**は b の学術研究、**イ**は c の都道府県知事）である。法第３条の２第１項による。

③ 興奮、幻覚又は麻酔の作用を有するもの

（禁止規定）

●法第３条の３　興奮、幻覚又は麻酔の作用を有する毒物又は劇物（これらを含有する物を含む。）であって政令で定めるもの（※１）は、みだりに（注）摂取し、若しくは吸入し、又はこれらの目的で所持してはならない。

（注）「みだりに」とは、所定の目的以外で、シンナーなどに含まれている有機溶媒を吸入すること。

（※１）
（興奮、幻覚又は麻酔の作用を有する物）

●法施行令第 32 条の２　法第３条の３に規定する政令で定める物は、トルエン並びに酢酸エチル、トルエン又はメタノールを含有するシンナー（塗料の粘度を減少させるために使用される有機溶剤をいう。）、接着剤、塗料及び閉そく用又はシーリング用の充てん料とする。

［例　題］次のうち、法第３条の３において、みだりに摂取し、若しくは吸入し、又はこれらの目的で所持してはならないとされているものはどれか。

1　ニトロベンゼン　　2　クロルピクリン　　3　ナトリウム
4　アニリン　　5　トルエン

〈正　解〉5 のトルエンが正しい。法第３条の３、法施行令第 32 条の２による。

④ 引火性、発火性又は爆発性のあるもの

（禁止規定）

●法第３条の４　引火性、発火性又は爆発性のある毒物又は劇物であって政令で定めるもの（※２）は、業務その他正当な理由による場合を除いては、所持してはならない。

（※２）

（発火性又は爆発性のある劇物）

●法施行令第 32 条の３　法第３条の４に規定する政令で定める物は、亜塩素酸ナトリウム及びこれを含有する製剤（亜塩素酸ナトリウム 30 パーセント以上を含有するものに限る。）、塩素酸塩類及びこれを含有する製剤（塩素酸塩類 35 パーセント以上を含有するものに限る。）、ナトリウム並びにピクリン酸とする。

［例　題］次のうち、政令（法施行令）で定められている発火性又は爆発性のある劇物はどれか。

1　ピクリン酸　　2　メタノール　　3　水酸化ナトリウム
4　クロルピクリン　　5　クロロホルム

〈正　解〉1 のピクリン酸が正しい。法施行令第 32 条の３による。

重要ポイント

[01 毒物及び劇物取締法の目的と定義]

□ 法（毒物及び劇物取締法）の目的は、毒物及び劇物について、保健衛生上の見地から必要な取締を行うことである（法第 1 条）。

□ 法の定義により、「毒物」とは、法の別表第一に掲げる物であって、医薬品及び医薬部外品以外のものをいう（法第 2 条第 1 項）。また、「劇物」とは、法の別表第二に掲げる物であって、医薬品及び医薬部外品以外のものをいう（法第 2 条第 2 項）。さらに、「特定毒物」とは、毒物であって、法の別表第三に掲げるものをいう（法第 2 条第 3 項）。

□ 毒物及び劇物は毒性の強さによって、特定毒物（著しい毒性を有する）＞毒物（毒性を有する）＞劇物（毒性が弱い）に分類される。

□ 代表的な毒物には、シアン化水素、シアン化ナトリウム、砒素、セレン、クラーレ、黄燐、水銀、弗化水素、ニコチン、エチルパラニトロフェニルチオノベンゼンホスホネイト（別名 EPN)、ニッケルカルボニル、硫化燐がある（法別表第一より抜粋）。

□ 代表的な劇物には、過酸化水素、水酸化ナトリウム、水酸化カリウム、ナトリウム、カリウム、二硫化炭素、硫酸、硝酸、アンモニア、塩化水素、塩化第一水銀、メタノール、クロロホルム、四塩化炭素、硫酸タリウム、硝酸タリウム、ホルムアルデヒド、蓚酸、ブロムメチル、アクリルニトリル、フェノール、クレゾール、アニリン、ピクリン酸、クロルピクリン、ヒドロキシルアミン、臭素、沃素、モノクロル酢酸、ニトロベンゼン、クロルスルホン酸がある（法別表第二より抜粋）。

□ 代表的な特定毒物には、四アルキル鉛、ジエチルパラニトロフェニルチオホスフェイト、ジメチルパラニトロフェニルチオホスフェイト、ジメチルエチルメルカプトエチルチオホスフェイト、モノフルオール酢酸、モノフルオール酢酸アミドがある（法別表第三より抜粋）。

□ 劇物を含有する製剤については、「毒物及び劇物指定令」第 2 条により、その劇物の含有量（%）が一定の数値以下のものは劇物より除外されているものがある。この劇物の除外規定については、第 3 章 03 毒物及び劇物の貯蔵その他取扱方法 2（2）除外規定のある劇物を含有する製剤（p.200 ～ 201）で詳述しているので参照すること。

[02 法の禁止規定]

□ 毒物劇物営業者とは、毒物劇物**製造**業者、毒物劇物**輸入**業者、毒物劇物**販売**業者、これらの登録を受けた者の総称である。

□ 特定毒物研究者とは、学術研究のため特定毒物を**製造**し、**使用**できる者として**都道府県知事**の許可を得た者である。

□ 特定毒物使用者とは、特定毒物を**使用**できる者として**品目**ごとに政令で指定する者である。

□ 法の**禁止**規定には、次のものがある。

1　毒物又は劇物の**取扱い**禁止（法第３条）

2　特定毒物の**取扱い**禁止（法第３条の２）

3　**興奮**、**幻覚**又は**麻酔**の作用を有する毒物又は劇物（これらを含有する物を含む）であって政令で定めるものの禁止（法第３条の３、法施行令第32条の２）

4　**引火**性、**発火**性又は**爆発**性のある毒物又は劇物であって政令で定めるものの禁止（法第３条の４、法施行令第32条の３）

なお、法第３条の３に規定する政令（法施行令第32条の２）で定める物（興奮、幻覚又は麻酔の作用を有する物）は、**トルエン**並びに**酢酸エチル**、**トルエン**又は**メタノール**を含有する**シンナー**、**接着剤**、**塗料**及び閉そく用又はシーリング用の充てん料とする。

また、法第３条の４に規定する政令（法施行令第32条の３）で定める物（発火性又は爆発性のある劇物）は、**亜塩素酸ナトリウム**及びこれを含有する製剤（**亜塩素酸ナトリウム30**パーセント以上を含有するものに限る。）、**塩素酸塩類**及びこれを含有する製剤（**塩素酸塩類35**パーセント以上を含有するものに限る。）、**ナトリウム**並びに**ピクリン酸**とする。

■ゴロ合わせで覚えよう！〔毒物劇物営業者〕

えー、きょう　父ちゃんが　つくるの？
（営業者）　（登録）　（造（製造））

夕（ゆう）飯（はん）
（輸入）　（販売）

毒物劇物営業者とは、毒物劇物製造業者、毒物劇物輸入業者、毒物劇物販売業者、これらの登録を受けた者の総称である。

過去問題

正解と解説は p.28

▽問題 1

次の記述は、毒物及び劇物取締法の条文の一部である。条文中の（　）内にあてはまる語句について、正しい組合せを下表から１つ選びなさい（二箇所のｄには、同じ語が入る。）。

第一条

この法律は、毒物及び劇物について、（　a　）の見地から必要な（　b　）を行うことを目的とする。

第二条第一項

この法律で「毒物」とは、別表第一に掲げる物であって、医薬品及び（　c　）以外のものをいう。

第三条第三項

毒物又は劇物の販売業の登録を受けた者でなければ、毒物又は劇物を販売し、（　d　）し、又は販売若しくは（　d　）の目的で貯蔵し、運搬し、若しくは陳列してはならない。

	a	b	c	d
1	保健衛生上	取締	医薬部外品	授与
2	保健衛生上	取締	危険物	所持
3	保健衛生上	規制	危険物	使用
4	危険防止上	規制	危険物	使用
5	危険防止上	取締	医薬部外品	授与

▽問題２

次のうち、毒物及び劇物取締法第３条の４の規定により「引火性、発火性又は爆発性のある毒物又は劇物であつて業務その他正当な理由による場合を除いては、所持してはならない」ものとして、政令で定められているものはどれか。

1　硝酸
2　ナトリウム
3　リチウム
4　硫酸

▽問題３

次の記述は、興奮、幻覚又は麻酔の作用を有する毒物又は劇物（これらを含有する物を含む。）に関する毒物及び劇物取締法施行令第32条の２の条文である。（　）の中に入るべき字句の正しい組合せはどれか。

法第３条の３に規定する政令で定める物は、（　a　）並びに酢酸エチル、（　a　）又は（　b　）を含有するシンナー（塗料の粘度を減少させるために使用される有機溶剤をいう。）、接着剤、塗料及び閉そく用又はシーリング用の充てん料とする。

	a	b
1	トルエン	メタノール
2	トルエン	キシレン
3	エタノール	キシレン
4	エタノール	メタノール

▽問題 4

毒物及び劇物取締法及びこれに基づく法令の規定に照らし、次のａ～ｃの字句（下記の下線部分）の正誤について、正しい組合せを下表から１つ選びなさい。

（法第３条第３項）

○毒物又は劇物の (a) 販売業の登録を受けた者でなければ、毒物又は劇物を販売し、授与し、又は販売若しくは授与の目的で貯蔵し、運搬し、若しくは陳列してはならない。但し、毒物又は劇物の (b) 製造業者又は輸入業者が、その (c) 製造し、又は輸入した毒物又は劇物を、他の毒物劇物営業者に販売し、授与し、又はこれらの目的で貯蔵し、運搬し、若しくは陳列するときは、この限りでない。

	a	b	c
1	正	誤	正
2	誤	正	誤
3	誤	誤	正
4	正	誤	誤
5	正	正	正

▽問題 5

次の物質について、毒物には１の番号を、劇物には２の番号を、それ以外には３の番号をつけなさい。
なお、各物質はすべて原体とする。

（1）セレン
（2）アンモニア
（3）水銀
（4）クロルスルホン酸
（5）ニコチン
（6）メタノール
（7）燐（りん）化亜鉛

▽問題 6

次の記述は、法の条文の一部である。(1) から (3) にあてはまる語句の組合せのうち、正しいものを下表から 1 つ選びなさい。

（　１　）、幻覚又は麻酔の作用を有する毒物又は劇物（これらを含有する物を含む。）であって政令で定めるものは、みだりに摂取し、若しくは（　２　）し、又はこれらの目的で（　３　）してはならない。

下表

	1	2	3
ア	鎮静	吸入	販売
イ	興奮	濫用	使用
ウ	覚醒	塗布	所持
エ	覚醒	濫用	販売
オ	興奮	吸入	所持

▽問題 7

以下の物質のうち、毒物に該当するものを 1 つ選びなさい。

1　モノクロル酢酸
2　硫酸タリウム
3　シアン化水素
4　クロロホルム

【正解と解説】

問題1　1　　正しい組合せは 1 である。 **a** は保管衛生上、**b** は取締、**c** は医薬部外品、**d** は授与（二箇所）である。

問題2　2　　政令（法施行令第 32 条の 3）で定められているものは 2 のナトリウムである。

問題3　1　　法第 3 条の 3 に規定する政令（法施行令第 32 条の 2）で定める物は、**a** はトルエン（二箇所）、**b** はメタノールが正しい。

問題4　5　　正しい組合せは 5 である。 **a**, **b**, **c** の下線部分はすべて正しい。

問題5　　毒物 **1** の番号→（1）セレン、（3）水銀、（5）ニコチン
劇物 **2** の番号→（2）アンモニア、（4）クロルスルホン酸、
（6）メタノール、（7）燐化亜鉛
それ以外 **3** の番号→なし

毒物は法別表第一、劇物は法別表第二に掲げられている。特定毒物は法別表第三に掲げられているが、問題の各物質の中には該当するものはない。なお、原体とは原則として化学的純品を指すものである。

問題6　オ　　禁止規定の法第 3 条の 3 により、**1** は興奮、**2** は吸入、**3** は所持である。

問題7　3　　毒物に該当するものは 3 のシアン化水素である。法第 2 条第 1 項→法別表第一で指定されている。

禁止規定の法第 3 条の 3（興奮、幻覚又は麻酔の作用を有するもの）、法第 3 条の 4（引火性、発火性又は爆発性のあるもの）についてもよく出題されています。要チェックです！

03 営業の登録・登録基準・登録事項

まず、登録（製造業・輸入業・販売業）は、だれが行うのか、更新はいつ行うのかなどを覚える。次に、登録の設備の基準について理解し、さらに、登録事項などについて学習する。

① 営業の登録

（営業の登録）
●法第４条　毒物又は劇物の製造業、輸入業又は販売業の登録は、製造所、営業所又は店舗ごとに、その製造所、営業所又は店舗の所在地の都道府県知事が行う。
２　毒物又は劇物の製造業、輸入業又は販売業の登録を受けようとする者は、製造業者にあっては製造所、輸入業者にあっては営業所、販売業者にあっては店舗ごとに、その製造所、営業所又は店舗の所在地の都道府県知事に申請書を出さなければならない。
３　製造業又は輸入業の登録は、５年ごとに、販売業の登録は、６年ごとに、更新を受けなければ、その効力を失う。

毒物又は劇物の営業登録手続

種　別	登　録	更　新
製造業・輸入業	都道府県知事が行う	５年ごと
販売業	都道府県知事が行う	６年ごと

［例　題］次のア〜ウの法の条文に関する記述の正誤について、正しいものの組合せを下欄の１〜５から選びなさい。

ア　毒物又は劇物の販売業の登録を受けようとする者は、店舗ごとに、その店舗の所在地の都道府県知事に申請書を出さなければならない。

イ　毒物又は劇物の製造業又は輸入業の登録は、６年ごとに、販売業の登録は、５年ごとに、更新を受けなければ、その効力を失う。

ウ　毒物又は劇物の製造業又は輸入業の登録を受けようとする者は、製造業者にあっては、製造所、輸入業者にあっては営業所ごとに、その製造所又は営業所の所在地の都道府県知事を経て、厚生労働大臣に申請書を出さなければならない。

	ア	イ	ウ
1	誤	正	正
2	誤	誤	正
3	正	正	誤
4	正	誤	正
5	正	誤	誤

〈正　解〉 正しいものの組合せは**5**である。 **ア**は法第4条第2項によって**正しい**。**イ**は法第４条第３項によって**誤り**。製造業又は輸入業の登録は５年ごとに更新、また販売業の登録は６年ごとに更新を受けなければならない。　**ウ**は法第４条第２項によって**誤り**。

(販売業の登録の種類)

●法第４条の２　毒物又は劇物の販売業の登録を分けて、次のとおりとする。

一　**一般**販売業の登録

二　**農業用**品目販売業の登録

三　**特定**品目販売業の登録

(販売品目の制限)

●法第４条の３　**農業**用品目販売業の登録を受けた者は、**農業**上必要な毒物又は劇物であって**厚生労働省令で定めるもの**以外の毒物又は劇物を**販売**し、**授与**し、又は販売若しくは授与の目的で貯蔵し、運搬し、若しくは陳列してはならない。

２　**特定**品目販売業の登録を受けた者は、**厚生労働省令で定める毒物又は劇物**以外の毒物又は劇物を**販売**し、**授与**し、又は販売若しくは授与の目的で貯蔵し、運搬し、若しくは陳列してはならない。

２ 登録基準

（登録基準）

●法第５条　都道府県知事は、毒物又は劇物の製造業、輸入業又は販売業の登録を受けようとする者の**設備**が、厚生労働省令で定める**基準に適合しない**と認めるとき、又はその者が規定により登録を取り消され、取消しの日から起算して**２**年を経過していないものであるときは、第４条第１項の登録をしてはならない。

（製造所等の設備）

●法施行規則第４条の４　毒物又は劇物の製造所の設備の基準は、次のとおりとする。

一　毒物又は劇物の**製造作業**を行なう場所は、次に定めるところに適合するものであること。

イ　コンクリート、板張り又はこれに準ずる構造とする等その外に毒物又は劇物が**飛散**し、**漏れ**、**しみ出**若しくは**流れ出**、又は**地下にしみ込む**おそれのない構造であること。

ロ　毒物又は劇物を含有する**粉じん**、**蒸気**又は**廃水**の処理に要する設備又は器具を備えていること。

二　毒物又は劇物の**貯蔵設備**は、次に定めるところに適合するものであること。

イ　毒物又は劇物とその他の物とを**区分して貯蔵**できるものであること。

ロ　毒物又は劇物を貯蔵するタンク、ドラムかん、その他の容器は、毒物又は劇物が**飛散**し、**漏れ**、又は**しみ出る**おそれのないものであること。

ハ　貯水池その他容器を用いないで毒物又は劇物を貯蔵する設備は、毒物又は劇物が飛散し、地下にしみ込み、又は流れ出るおそれがないものであること。

ニ　毒物又は劇物を貯蔵する場所に**かぎをかける設備**があること。ただし、その場所が性質上かぎをかけることができないものであるときは、この限りでない。

ホ　毒物又は劇物を貯蔵する場所が性質上かぎをかけることができないものであるときは、その周囲に、堅固なさくが設けてあること。

三　毒物又は劇物を陳列する場所にかぎをかける設備があること。

四　毒物又は劇物の運搬用具は、毒物又は劇物が飛散し、漏れ、又はしみ出るおそれがないものであること。

2　毒物又は劇物の輸入業の営業所及び販売業の店舗の設備の基準については、前項第二号から第四号までの規定を準用する。

［例　題］毒物及び劇物取締法施行規則第４条の４に規定される「毒物又は劇物の販売業の店舗の設備の基準」に関する記述について、正誤の組合せが正しいものはどれか。

a　毒物又は劇物とその他の物とを区分して貯蔵できるものであること。

b　毒物又は劇物を貯蔵するタンク、ドラムかん、その他の容器は、毒物又は劇物が飛散し、漏れ、又はしみ出るおそれのないものであること。

	a	b
1	正	正
2	正	誤
3	誤	正
4	誤	誤

〈正　解〉正誤の組合せが正しいものは１である。同規則第４条の４第２項の販売業の部分により、a、bとも正しい。

③ 登録事項

（登録事項）

●法第６条　第４条第１項の登録は、次に掲げる事項について行うものとする。

一　申請者の氏名及び住所（法人にあっては、その名称及び主たる事務所の所在地）

二　製造業又は輸入業の登録にあっては、製造し、又は輸入しようとする毒物又は劇物の品目

三　製造所、営業所又は店舗の所在地

［例　題］毒物及び劇物取締法第６条に規定されている毒物劇物販売業の登録事項として正しいものの組合せを下欄から選びなさい。

a　申請者の氏名及び住所（法人にあっては、その名称及び主たる事務所の所在地）

b　店舗の所在地

c　店舗の営業時間

d　販売しようとする毒物又は劇物の品目

＜下欄＞

1 (a, b)	2 (a, d)	3 (b, c)	4 (b, d)

〈正　解〉正しいものの組合せは 1（a, b）である。　c については該当しない。また、d についても、販売しようとする毒物又は劇物の品目は、登録事項となっていない。

第1章
毒物及び劇物に関する法規

04 毒物劇物取扱責任者

まず、毒物劇物営業者の毒物劇物取扱責任者の設置（義務と届出）について理解する。次に、毒物劇物取扱責任者の資格などについて学ぶ

1 毒物劇物取扱責任者の設置

（毒物劇物取扱責任者）

●法第7条　毒物劇物営業者は、毒物又は劇物を直接に取り扱う製造所、営業所又は店舗ごとに、専任の毒物劇物取扱責任者を置き、毒物又は劇物による保健衛生上の危害の防止に当たらせなければならない。ただし、自ら毒物劇物取扱責任者として毒物又は劇物による保健衛生上の危害の防止に当たる製造所、営業所又は店舗については、この限りでない。

2　毒物劇物営業者が毒物若しくは劇物の製造業、輸入業若しくは販売業のうち2以上を併せて営む場合において、その製造所、営業所若しくは店舗が互いに隣接しているとき、又は同一店舗において毒物若しくは劇物の販売業を2以上併せて営む場合には、毒物劇物取扱責任者は、前項の規定にかかわらず、これらの施設を通じて1人で足りる。

3　毒物劇物営業者は、毒物劇物取扱責任者を置いたときは、30日以内に、その製造所、営業所又は店舗の所在地の都道府県知事にその毒物劇物取扱責任者の氏名を届け出なければならない。毒物劇物取扱責任者を変更したときも、同様とする。

製造所、営業所、店舗 → 専任の毒物劇物取扱責任者が必要

重要！

毒物劇物取扱責任者を置いたときの氏名届出先	→	製造業は製造所、輸入業は営業所、販売業は店舗の所在地の都道府県知事（期間は30日以内）

［例　題］次の文は、毒物及び劇物取締法第7条第1項の条文である。（　）にあてはまる語句として正しいものはどれか。

（毒物劇物取扱責任者）
第7条第1項
毒物劇物営業者は、毒物又は劇物を直接に取り扱う製造所、営業所又は店舗ごとに、（　　）の毒物劇物取扱責任者を置き、毒物又は劇物による保健衛生上の危害の防止に当たらせなければならない。ただし、自ら毒物劇物取扱責任者として毒物又は劇物による保健衛生上の危害の防止に当たる製造所、営業所又は店舗については、この限りでない。

1　18歳以上　**2**　非常勤　**3**　常勤　**4**　2人以上　**5**　専任

〈正　解〉（　）にあてはまる語句として正しいものは**5**の**専任**である。法第7条第1項による。

❷ 毒物劇物取扱責任者の資格

（毒物劇物取扱責任者の資格）
●法第8条　次の各号に掲げる者でなければ、前条の毒物劇物取扱責任者となることができない。
一　**薬剤師**
二　厚生労働省令で定める学校で、**応用化学**に関する学課を修了した者
三　都道府県知事が行う**毒物劇物取扱者試験に合格**した者

2　次に掲げる者は、前条の毒物劇物取扱責任者となることができない。
一　18歳未満の者
二　心身の障害により毒物劇物取扱責任者の業務を適正に行うことができない者として厚生労働省令で定めるもの
三　麻薬、大麻、あへん又は覚せい剤の中毒者
四　毒物若しくは劇物又は薬事に関する罪を犯し、罰金以上の刑に処せられ、その執行を終り、又は執行を受けることがなくなった日から起算して3年を経過していない者
3　第1項第三号の毒物劇物取扱者試験を分けて、一般毒物劇物取扱者試験、農業用品目毒物劇物取扱者試験及び特定品目毒物劇物取扱者試験とする。
4　農業用品目毒物劇物取扱者試験又は特定品目毒物劇物取扱者試験に合格した者は、それぞれ第4条の3第1項の厚生労働省令で定める毒物若しくは劇物のみを取り扱う輸入業の営業所若しくは農業用品目販売業の店舗又は同条第2項の厚生労働省令で定める毒物若しくは劇物のみを取り扱う輸入業の営業所若しくは特定品目販売業の店舗においてのみ、毒物劇物取扱責任者となることができる。
5　（略）

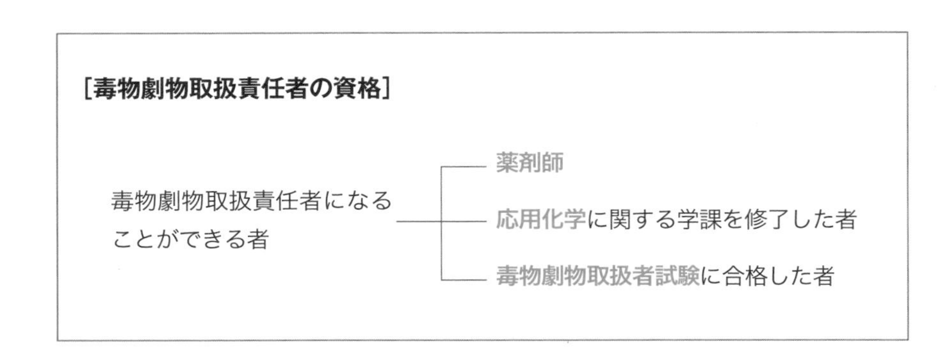

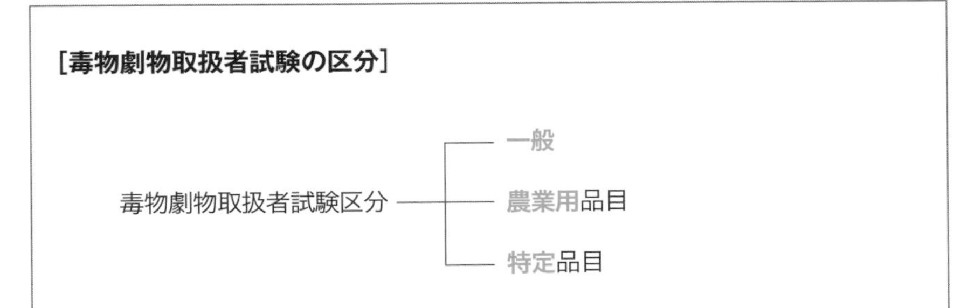

[例　題] 次の文章は、毒物劇物取扱責任者に関する記述である。各記述の正誤について、正しい組合せを選びなさい。

a 20歳未満の者は、毒物劇物取扱責任者になることはできない。
b 麻薬、大麻、あへん又は覚せい剤の中毒者は、毒物劇物取扱責任者になることはできない。
c 毒物若しくは劇物又は薬事に関する罪を犯し、罰金以上の刑に処せられ、その執行を終り、又は執行を受けることがなくなった日から起算して３年を経過していない者は、毒物劇物取扱責任者になることはできない。
d 東京都知事が実施する毒物劇物取扱者試験に合格した者は、東京都内においてのみ、毒物劇物取扱責任者になることができる。

	a	b	c	d
1	正	正	正	誤
2	正	正	誤	正
3	正	誤	正	誤
4	誤	正	正	誤
5	誤	正	正	正

〈正　解〉 各記述の正誤について正しい組合せは**4**である。　**a**は20歳未満の者ではなく**18**歳未満の者である。　**b**、**c**は**その通り**である。　**d**は**誤り**で、東京都知事に限らず、**全国の各都道府県知事**の実施する毒物劇物取扱者試験に合格した者は、**全国共通**で毒物劇物取扱責任者になることができる。

05 登録の変更・届出

登録の変更や届出先について学習する。特定毒物研究者の届出についても覚えるようにする。

① 登録の変更

（登録の変更）
●法第９条　毒物又は劇物の**製造業者**又は**輸入業者**は、登録を受けた毒物又は劇物**以外**の毒物又は劇物を製造し、又は輸入しようとするときは、**あらかじめ**、第６条第二号に掲げる事項につき登録の**変更**を受けなければならない。
２　第４条第２項及び第５条の規定は、登録の変更について準用する。

［例　題］次の文は、毒物及び劇物取締法第９条第１項の条文である。（　）にあてはまる語句として正しいものはどれか。

（登録の変更）
第９条第１項
毒物又は劇物の製造業者又は輸入業者は、登録を受けた毒物又は劇物以外の毒物又は劇物を製造し、又は輸入しようとするときは、（　　）、第６条第二号に掲げる事項につき登録の変更を受けなければならない。

1　六十日以内に　**2**　直ちに　**3**　あらかじめ
4　三十日以内に　**5**　十五日以内に

〈正　解〉**3（あらかじめ）**が正しい。法第６条第二号に掲げる事項とは、毒物又は劇物の品目についてである。

毒物又は劇物の製造業者、輸入業者による登録の変更

あらかじめ、受けなければならない

❷ 登録事項の変更等の届出

（届出）

●法第10条　毒物劇物営業者は、次の各号のいずれかに該当する場合には、30日以内に、その製造所、営業所又は店舗の所在地の都道府県知事にその旨を届け出なければならない。

一　氏名又は住所（法人にあっては、その名称又は主たる事務所の所在地）を変更したとき。

二　毒物又は劇物を製造し、貯蔵し、又は運搬する設備の重要な部分を変更したとき。

三　その他厚生労働省令で定める事項（※3）を変更したとき。

四　当該製造所、営業所又は店舗における営業を廃止したとき。

2　特定毒物研究者は、次の各号のいずれかに該当する場合には、30日以内に、その主たる研究所の所在地の都道府県知事にその旨を届け出なければならない。

一　氏名又は住所を変更したとき。

二　その他厚生労働省令で定める事項（※4）を変更したとき。

三　当該研究を廃止したとき。

3　第1項第四号又は前項第三号の場合において、その届出があったときは、当該登録又は許可は、その効力を失う。

（※3）法第10条第1項第三号に規定する厚生労働省令で定める事項（営業者の届出事項）

●法施行規則第10条の2

一　製造所、営業所又は店舗の名称

二　登録に係る毒物又は劇物の品目（当該品目の製造又は輸入を廃止した場合に限る。）

（※4）法第10条第2項第二号に規定する厚生労働省令で定める事項（特定毒物研究者の届出事項）

●法施行規則第10条の3

一　主たる研究所の名称又は所在地
二　特定毒物を必要とする研究事項
三　特定毒物の品目
四　主たる研究所の設備の重要な部分

毒物劇物営業者、特定毒物研究者による変更の届出 → 30日以内

［例　題］次のa～dのうち、法第10条の規定に基づき、法人たる毒物劇物販売業者が届け出なければならない事項はどれか。正しいものの組合せを選びなさい。

a　販売品目の変更
b　店舗の名称の変更
c　法人の住所（主たる事務所の所在地）の変更
d　役員の変更

1　a, b　　2　a, d　　3　b, c　　4　c, d

〈正　解〉正しいものの組合せは3（b, c）である。法第10条第1項第一号、第三号、法施行規則第10条の2第一号による。　なお、a販売品目の変更、d役員の変更については届出を要しない。

重要ポイント

[03 営業の登録・登録基準・登録事項]

□毒物又は劇物の製造業、輸入業又は販売業の登録は、製造所、営業所又は店舗ごとに、その製造所、営業所又は店舗の所在地の都道府県知事が行う。また、製造業又は輸入業の登録は、5年ごとに、販売業の登録は、6年ごとに更新を受けなければ効力を失う（法第４条第１項、第３項）。

□毒物又は劇物の製造業、輸入業又は販売業の登録を受けようとする者の設備（製造作業を行う場所、貯蔵設備、陳列する場所、運搬用具）は、厚生労働省令で定める基準に適合していなければならない（法第５条、法施行規則第４条の４）。

□法第４条第１項の登録は、次の事項について行う（法第６条）。

①申請者の氏名及び住所（法人にあっては、その名称及び主たる事務所の所在地）

②製造業又は輸入業の登録にあっては、製造し、又は輸入しようとする毒物又は劇物の品目

③製造所、営業所又は店舗の所在地

[04 毒物劇物取扱責任者]

□毒物劇物営業者は、毒物又は劇物を直接に取り扱う製造所、営業所又は店舗ごとに、専任の毒物劇物取扱責任者を置かなければならない。（法第７条第１項）。

□毒物劇物営業者は、毒物劇物取扱責任者を置いたときは、30日以内に、その製造所、営業所又は店舗の所在地の都道府県知事にその毒物劇物取扱責任者の氏名を届け出る必要がある（法第７条第３項）。

□毒物劇物取扱責任者になれる者は、次の３通りである（法第８条第１項）。

①薬剤師

②厚生労働省令で定める学校で、応用化学に関する学課を修了した者

③都道府県知事が行う毒物劇物取扱者試験に合格した者

□毒物劇物取扱責任者となることができない者は、次のような者である（法第８条第２項）。

①18歳未満の者

②心身の障害により毒物劇物取扱責任者の業務を適正に行うことができない者として厚生労働省令で定めるもの
③麻薬、大麻、あへん又は覚せい剤の中毒者
④毒物若しくは劇物又は薬事に関する罪を犯し、罰金以上の刑に処せられ、その執行を終り、又は執行を受けることがなくなった日から起算して3年を経過していない者

□毒物劇物取扱者試験区分は、一般、農業用品目、特定品目の3つである（法第8条第3項）。

[05 登録の変更・届出]

□毒物又は劇物の製造業者又は輸入業者は、登録を受けた毒物又は劇物以外の毒物又は劇物を製造し、又は輸入しようとするときは、あらかじめ、毒物又は劇物の品目の登録の変更を受ける必要がある（法第9条第1項、法第6条第二号）。

□毒物劇物営業者は、
①氏名又は住所（法人にあっては、その名称又は主たる事務所の所在地）を変更したとき
②毒物又は劇物を製造し、貯蔵し、又は運搬する設備の重要な部分を変更したとき
③その他厚生労働省令で定める事項を変更したとき
④当該製造所、営業所又は店舗における営業を廃止したとき
以上のいずれかに該当する場合には、30日以内に、届け出る必要がある。その届出先は、その製造所、営業所又は店舗の所在地の都道府県知事である（法第10条第1項）。

□特定毒物研究者は、
①氏名又は住所を変更したとき
②その他厚生労働省令で定める事項を変更したとき
③当該研究を廃止したとき
以上のいずれかに該当する場合には、30日以内に、都道府県知事に届け出る必要がある（法第10条第2項）。

過去問題

正解と解説は p.47

▽問題 1

法の営業の登録に関する記述について、（　）にあてはまる語句として、正しいものの組合せを１～５の中から１つ選びなさい。

<営業の登録>

第４条　第１項～第２項（略）

　　３　製造業又は輸入業の登録は、（　a　）年ごとに、販売業の登録は、（　b　）年ごとに、（　c　）を受けなければ、その効力を失う。

	a	b	c
1	5	6	検査
2	5	5	検査
3	5	6	更新
4	6	5	更新
5	6	5	検査

▽問題 2

次の記述のうち、毒物又は劇物の販売業の店舗における設備基準として、正誤の正しい組合せを下欄から１つ選びなさい。

a　毒物又は劇物を貯蔵する場所が性質上かぎをかけることができないものであるときは、その周囲に、堅固なさくが設けてあること。

b　毒物又は劇物の貯蔵設備は、毒物又は劇物とその他の物とを区分して貯蔵できるものであること。

c　毒物又は劇物の運搬用具は、毒物又は劇物が飛散し、漏れ、又はしみ出るおそれがないものであること。

d　毒物又は劇物を陳列する場所にかぎをかける設備があること。

<下欄>

	a	b	c	d
1	正	正	正	正
2	正	正	誤	正
3	正	誤	正	誤
4	誤	誤	正	正
5	誤	正	誤	誤

▽問題 3

毒物及び劇物取締法及びこれに基づく法令の規定に照らし、次のａ～ｃの毒物又は劇物の輸入業の登録事項の正誤について、正しい組合せを下表から１つ選びなさい。

a　申請者の氏名及び住所（法人にあつては、その名称及び主たる事務所の所在地）
b　輸入しようとする毒物又は劇物の品目
c　営業所の所在地

	a	b	c
1	誤	正	誤
2	正	正	誤
3	正	誤	誤
4	正	正	正
5	誤	誤	正

▽問題 4

毒物劇物取扱責任者に関する次の記述について、（　）にあてはまる語句として、正しいものの組合せを１～５の中から１つ選びなさい。

<毒物劇物取扱責任者>
第７条　毒物劇物営業者は、毒物又は劇物を直接に（　ａ　）製造所、営業所又は店舗ごとに、（　ｂ　）毒物劇物取扱責任者を置き、毒物又は劇物による（　ｃ　）の危害の防止に当たらせなければならない。ただし、自

ら毒物劇物取扱責任者として毒物又は劇物による（　c　）の危害の防止に当たる製造所、営業所又は店舗については、この限りでない。

	a	b	c
1	取り扱う	専任の	保健衛生上
2	取り扱う	２名以上の	健康上
3	取り扱う	専任の	健康上
4	管理する	２名以上の	保健衛生上
5	管理する	専任の	健康上

▽問題５

次の１～４の記述は、毒物劇物取扱責任者に関するものである。誤っているものを１つ選びなさい。

1　毒物劇物営業者は、自ら毒物劇物取扱責任者となることができる。
2　毒物劇物営業者が毒物又は劇物の製造業、輸入業又は販売業のうち２つ以上を併せて営む場合において、その製造所、営業所又は店舗が互いに隣接しているとき、毒物劇物取扱責任者は、これらの施設を通じて１人で足りる。
3　毒物劇物営業者は、毒物劇物取扱責任者を置いたときは、30日以内に、その毒物劇物取扱責任者の氏名を届け出なければならない。
4　毒物劇物営業者は、毒物劇物取扱責任者を変更するときは、あらかじめ、その毒物劇物取扱責任者の氏名を届け出なければならない。

▽問題６

次のa～dのうち、毒物劇物取扱責任者に関する記述として、毒物及び劇物取締法令の規定に照らし、正しいものの組合せを１～５から一つ選びなさい。

a　毒物劇物取扱責任者になることができる年齢は17歳以上である。
b　厚生労働省令で定める学校で、応用化学に関する学課を修了した者は毒物劇物取扱責任者となることができる。
c　毒物若しくは劇物又は薬事に関する罪を犯し、罰金以上の刑に処せられた者は、いかなる場合も毒物劇物取扱責任者になることができない。
d　薬剤師は毒物劇物取扱責任者になることができる。

1 (a, b)　2 (a, c)　3 (a, d)
4 (b, d)　5 (c, d)

▽問題 7

法第 9 条の規定により、毒物又は劇物の製造業者又は輸入業者があらかじめ登録の変更を受けなければならない事項に関する以下の記述の正誤について、正しい組合せはどれか。

a 登録を受けた毒物又は劇物以外の毒物又は劇物を製造し、又は輸入しようとするとき。
b 製造所又は営業所の電話番号を変更しようとするとき。
c 法人である毒物又は劇物の製造業者又は輸入業者が代表者を変更しようとするとき。
d 製造所又は営業所の名称を変更しようとするとき。

	a	b	c	d
1	正	誤	誤	誤
2	誤	正	正	誤
3	正	誤	正	正
4	正	正	誤	正

▽問題 8

販売業の登録を受けている者がその店舗の所在地の都道府県知事に 30 日以内に届け出なければならない場合として、正しいものの組合せを 1 ～ 5 の中から 1 つ選びなさい。

a 法人の名称を変更した場合
b 法人の代表者名を変更した場合
c 法人の主たる事務所の所在地を変更した場合
d 店舗の名称を変更した場合

1 (a, b, c)　2 (a, b, d)　3 (b, c, d)
4 (a, c, d)　5 (b, d)

【正解と解説】

問題１　３　　正しいものの組合せは３である。法第４条第３項により、製造業又は輸入業の登録は、５年ごとに、販売業の登録は、６年ごとに、更新を受けなければ、その効力を失う。

問題２　１　　正しい組合せは１である。法施行規則第４条の４第２項の販売業の部分により、a、b、c、d ともすべて正しい。

問題３　４　　正しい組合せは４である。輸入業の登録事項は、法第６条により a、b、c ともすべて正しい。

問題４　１　　正しいものの組合せは１である。法第７条第１項の条文の通りである。

問題５　４　　４が誤り。法第７条第３項により、毒物劇物取扱責任者の変更については、あらかじめではなく、30日以内に毒物劇物取扱責任者の氏名を届け出なければならない。　なお、**1** は法第７条第１項による。　**2** も同条第２項の通りである。　また、**3** も同条第３項の通りである。

問題６　４　　正しいものの組合せは４（b，d）である。**b**，**d** は法第８条第１項第二号、第一号による。　**a** は18歳以上である。　**c** は法第８条第２項第四号により、刑の執行を終り、又は執行を受けることがなくなった日から起算して３年を経過していない者は、毒物劇物取扱責任者になることができない（いかなる場合も、ではない）。

問題７　１　　正しい組合せは１である。　**a** は法第９条第１項により正しい（条文中の第６条第二号に掲げる事項とは、毒物又は劇物の品目である）。　**b**、**c**、**d** については該当しないので誤りである。法第９条の規定の問題であることに注意する。

問題８　４　　正しいものの組合せは４（a，c，d）である。法第10条第１項、法施行規則第10条の２による。　なお、**b** の法人の代表者名を変更した場合は届出を要しない。

06 毒物劇物の取扱い・表示

まず、毒物劇物営業者及び特定毒物研究者が、盗難や紛失、事故防止に必要な措置を講ずることを学ぶ。次に、毒物又は劇物の容器や被包についての表示方法や表示内容などについて把握する。

1 毒物又は劇物の取扱い

（毒物又は劇物の取扱）

●法第11条　毒物劇物営業者及び特定毒物研究者は、毒物又は劇物が盗難にあい、又は紛失することを防ぐのに必要な措置を講じなければならない。

2　毒物劇物営業者及び特定毒物研究者は、毒物若しくは劇物又は毒物若しくは劇物を含有する物であって政令で定めるもの（※5）がその製造所、営業所若しくは店舗又は研究所の外に飛散し、漏れ、流れ出、若しくはしみ出、又はこれらの施設の地下にしみ込むことを防ぐのに必要な措置を講じなければならない。

3　毒物劇物営業者及び特定毒物研究者は、その製造所、営業所若しくは店舗又は研究所の外において毒物若しくは劇物又は前項の政令で定める物を運搬する場合には、これらの物が飛散し、漏れ、流れ出、又はしみ出ることを防ぐのに必要な措置を講じなければならない。

4　毒物劇物営業者及び特定毒物研究者は、毒物又は厚生労働省令で定める劇物（※6）については、その容器として、飲食物の容器として通常使用される物を使用してはならない。

（※5）法第11条第2項に規定する政令で定めるもの
（毒物又は劇物を含有する物）

●法施行令第38条第1項

一　無機シアン化合物たる毒物を含有する液体状の物（シアン含有量が１リツトルにつき１ミリグラム以下のものを除く。）

二　塩化水素、硝酸若しくは硫酸又は水酸化カリウム若しくは水酸化ナトリウムを含有する液体状の物（水で 10 倍に希釈した場合の水素イオン濃度が水素指数 2.0 から 12.0 までのものを除く。）

（※ 6）法第 11 条第４項に規定する厚生労働省令で定める劇物
（飲食物の容器を使用してはならない劇物）

●法施行規則第 11 条の４　法第 11 条第４項に規定する劇物は、すべての劇物とする。

［例　題］次の記述は、毒物及び劇物取締法の一部を抜き出したものである。（　）にあてはまる字句の正しい組み合せはどれか。

（毒物又は劇物の取扱）
第 11 条　毒物劇物営業者及び特定毒物研究者は、毒物又は劇物が（　a　）、又は（　b　）ことを防ぐのに必要な措置を講じなければならない。

	a	b
1	盗難にあい	漏れ出す
2	盗難にあい	紛失する
3	飛散し	漏れ出す
4	飛散し	紛失する

〈正　解〉（　）にあてはまる字句の正しい組合せは２である。法第 11 条第１項の通りである。

② 毒物又は劇物の表示

（毒物又は劇物の表示）

●法第12条　毒物劇物営業者及び特定毒物研究者は、毒物又は劇物の容器及び被包（注）に、「医薬用外」の文字及び毒物については赤地に白色をもって「毒物」の文字、劇物については白地に赤色をもって「劇物」の文字を表示しなければならない。

2　毒物劇物営業者は、その容器及び被包に、次に掲げる事項を表示しなければ、毒物又は劇物を販売し、又は授与してはならない。

一　毒物又は劇物の名称

二　毒物又は劇物の成分及びその含量

三　厚生労働省令で定める毒物又は劇物については、それぞれ厚生労働省令で定めるその解毒剤の名称（※7）

四　毒物又は劇物の取扱及び使用上特に必要と認めて、厚生労働省令で定める事項（※8）

3　毒物劇物営業者及び特定毒物研究者は、毒物又は劇物を貯蔵し、又は陳列する場所に、「医薬用外」の文字及び毒物については「毒物」、劇物については「劇物」の文字を表示しなければならない。

（注）被包とは、紙、布、ビニール等のような入れ物を指す（包装材料）。

（※7）法第12条第2項第三号に規定する厚生労働省令で定める毒物又は劇物の解毒剤に関する表示

（解毒剤に関する表示）

●法施行規則第11条の5　法第12条第2項第三号に規定する毒物及び劇物は、有機燐化合物及びこれを含有する製剤たる毒物及び劇物とし、同号に規定するその解毒剤は、2−ピリジルアルドキシムメチオダイド（別名PAM）の製剤及び硫酸アトロピンの製剤とする。

(※８) 法第 12 条第２項第四号に規定する厚生労働省令で定める事項（取扱及び使用上特に必要な表示事項）

●法施行規則第 11 条の６　法第 12 条第２項第四号に規定する毒物又は劇物の取扱及び使用上特に必要な表示事項は、次の通りとする。

一　毒物又は劇物の製造業者又は輸入業者が、その製造し、又は輸入した毒物又は劇物を販売し、又は授与するときは、その氏名及び住所（法人にあっては、その名称及び主たる事務所の所在地）

二　毒物又は劇物の製造業者又は輸入業者が、その製造し、又は輸入した塩化水素又は硫酸を含有する製剤たる劇物（住宅用の洗浄剤で液体状のものに限る。）を販売し、又は授与するときは、次に掲げる事項

イ　小児の手の届かないところに保管しなければならない旨

ロ　使用の際、手足や皮膚、特に眼にかからないように注意しなければならない旨

ハ　眼に入った場合は、直ちに流水でよく洗い、医師の診断を受けるべき旨

三　毒物及び劇物の製造業者又は輸入業者が、その製造し、又は輸入したジメチル−2,2−ジクロルビニルホスフェイト（別名 DDVP）を含有する製剤（衣料用の防虫剤に限る。）を販売し、又は授与するときは次に掲げる事項

イ　小児の手の届かないところに保管しなければならない旨

ロ　使用直前に開封し、包装紙等は直ちに処分すべき旨

ハ　居間等人が常時居住する室内では使用してはならない旨

ニ　皮膚に触れた場合には、石けんを使ってよく洗うべき旨

四　毒物又は劇物の販売業者が、毒物又は劇物の直接の容器又は直接の被包を開いて、毒物又は劇物を販売し、又は授

与するときは、その氏名及び住所（法人にあっては、その名称及び主たる事務所の所在地）並びに毒物劇物取扱責任者の氏名

［例　題］毒物又は劇物の表示に関する記述の正誤について、正しい組合せはどれか。

a　毒物劇物営業者は、毒物の容器及び被包に、「医薬用外」の文字及び黒地に白色をもって「毒物」の文字を表示しなければならない。

b　毒物劇物営業者は、劇物の容器及び被包に、「医薬用外」の文字及び赤地に白色をもって「劇物」の文字を表示しなければならない。

c　毒物劇物営業者は、毒物たる有機燐化合物の容器及びその被包に、厚生労働省令で定めるその解毒剤の名称を記載しなければ、その毒物を販売してはならない。

d　特定毒物研究者は、取り扱う特定毒物を貯蔵する場所に、「医薬用外」の文字及び「毒物」の文字を表示しなければならない。

	a	b	c	d
1	正	正	誤	誤
2	正	誤	正	誤
3	誤	正	誤	正
4	誤	誤	正	正

〈正　解〉記述の正誤について、正しい組合せは4である。　aは、黒地に白色ではなく、法第12条第1項により赤地に白色であるので誤り。　bは、赤地に白色ではなく、法第12条第1項により白地に赤色であるので誤り。　cは、法第12条第2項第三号、法施行規則第11条の5により正しい。　dは、法12条第3項により正しい。

07 毒物劇物の譲渡手続・交付の制限

まず、毒物又は劇物の譲渡手続について理解する。次に、毒物又は劇物の交付の制限を学習する。

① 譲渡と交付

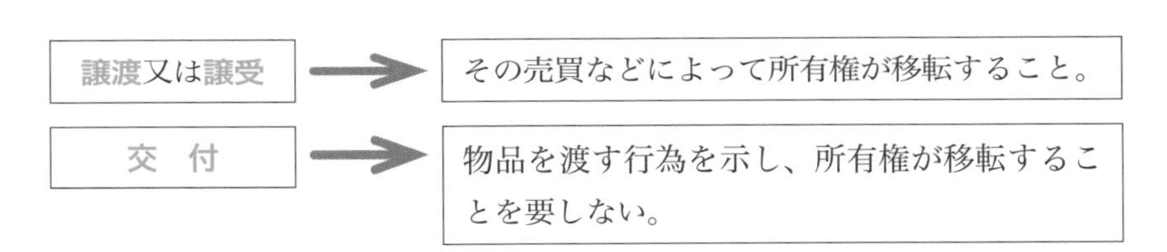

② 毒物又は劇物の譲渡手続

（毒物又は劇物の譲渡手続）

●法第14条　毒物劇物営業者は、毒物又は劇物を他の毒物劇物営業者に販売し、又は授与したときは、その都度、次に掲げる事項を書面に記載しておかなければならない。

一　毒物又は劇物の名称及び数量

二　販売又は授与の年月日

三　譲受人の氏名、職業及び住所（法人にあっては、その名称及び主たる事務所の所在地）

2　毒物劇物営業者は、譲受人から前項各号に掲げる事項を記載し、厚生労働省令で定めるところにより作成した書面（※9）の提出を受けなければ、毒物又は劇物を毒物劇物営業者以外の者に販売し、又は授与してはならない。

3　前項の毒物劇物営業者は、同項の規定による書面の提出に代えて、政令で定めるところにより、当該譲受人の承諾を得て、当該書面に記載すべき事項について電子情報処理組織を使用する方法その他の情報通信の技術を利用する方法であって厚生労働省令で定めるものにより提供を受けることができる。この場合において、当該毒物劇物営業者は、当該書面の提出を受けたものとみなす。

4　毒物劇物営業者は、販売又は授与の日から５年間、第１項及び第２項の書面並びに前項前段に規定する方法が行われる場合に当該方法において作られる電磁的記録を保存しなければならない。

（※９）法第14条第２項に規定する厚生労働省令で定めるところにより作成した書面
（毒物又は劇物の譲渡手続に係る書面）

●法施行規則第12条の２　法第14条第２項の規定により作成する書面は、譲受人が押印した書面とする。

［例　題］次の記述は、毒物及び劇物取締法第14条に規定する毒物又は劇物の譲渡手続に関するものである。（　）にあてはまる字句として、正しい組合せを１つ選びなさい。

毒物劇物営業者は、譲受人から毒物又は劇物の名称及び数量、販売又は授与の年月日、譲受人の氏名、（　a　）及び住所（法人にあっては、その名称及び主たる事務所の所在地）を記載し、厚生労働省令で定めるところにより作成した書面の提出を受けなければ、毒物又は劇物を（　b　）に販売し、又は授与してはならない。

	a	b
1	年齢	毒物劇物営業者
2	職業	毒物劇物営業者
3	年齢	毒物劇物営業者以外の者
4	職業	毒物劇物営業者以外の者

〈正　解〉（　）にあてはまる字句として、正しい組合せは４（a 職業、b 毒物劇物営業者以外の者）である。法第 14 条第１項、第２項による。厚生労働省令の定めるところにより作成した書面とは、法施行規則第 12 条の２により譲受人が押印した書面である。

③ 毒物又は劇物の交付の制限等

（毒物又は劇物の交付の制限等）

●法第 15 条　毒物劇物営業者は、毒物又は劇物を次に掲げる者に交付してはならない。

一　18 歳未満の者

二　心身の障害により毒物又は劇物による保健衛生上の危害の防止の措置を適正に行うことができない者として厚生労働省令で定めるもの

三　麻薬、大麻、あへん又は覚せい剤の中毒者

２　毒物劇物営業者は、厚生労働省令の定めるところにより、その交付を受ける者の氏名及び住所を確認した後でなければ、第３条の４に規定する政令で定める物（発火性又は爆発性のある劇物／ p.21 参照）を交付してはならない。

３　毒物劇物営業者は、帳簿を備え、前項の確認をしたときは、厚生労働省令の定めるところにより、その確認に関する事項を記載しなければならない。

４　毒物劇物営業者は、前項の帳簿を、最終の記載をした日から５年間、保存しなければならない。

［例　題］次の(　)の中にあてはまる語句の正しい組合せを下欄から選びなさい。

毒物及び劇物取締法第 15 条　毒物劇物営業者は、毒物又は劇物を次に掲げる者に交付してはならない。

一　（　ア　）未満の者

二　略

三　（　イ　）、大麻、あへん又は（　ウ　）の中毒者
2　略
3　略
4　毒物劇物営業者は、前項の帳簿を、最終の記載をした日から（　エ　）、保存しなければならない。

＜下欄＞

	ア	イ	ウ	エ
1	18歳	メタノール	覚せい剤	5年間
2	16歳	トルエン	メタノール	3年間
3	17歳	シンナー	覚せい剤	6年間
4	18歳	麻薬	覚せい剤	5年間

〈正　解〉（　）の中にあてはまる語句の正しい組合せは**4**（**ア 18歳**、**イ麻薬**、**ウ覚せい剤**、**エ 5年間**）である。法第15条第1項第一号、第三号、同条第4項による。

■ゴロ合わせで覚えよう！〔毒物又は劇物の交付の制限等〕

18未満　で　しょう
（18歳未満）　（心身の障害）

ま　た　あ、
（麻薬、大麻、アヘン）

学生は　ダメです
（覚せい）　（交付できない）

毒物劇物営業者は、①18歳未満の者、②心身の障害により毒物又は劇物による保健衛生上の危害の防止の措置を適正に行うことができない者、③麻薬、大麻、あへん又は覚せい剤の中毒者に毒物又は劇物を交付してはならない。

重要ポイント

［06 毒物劇物の取扱い・表示］

□ 毒物劇物営業者及び特定毒物研究者は、毒物又は劇物の盗難や紛失の防止、また事故防止に必要な措置を講ずる必要がある(法第11条第1項～第3項)。

□ 毒物劇物営業者及び特定毒物研究者は、毒物又は厚生労働省令で定める劇物（すべての劇物）については、その容器として、飲食物の容器として通常使用される物を使用しないこと（法第11条第4項)。

□ 毒物劇物営業者及び特定毒物研究者は、毒物又は劇物の容器及び被包に、「医薬用外」の文字及び毒物については赤地に白色をもって「毒物」の文字、劇物については白地に赤色をもって「劇物」の文字を表示しなければならない(法第12条第1項)。

□ 毒物劇物営業者は、その容器及び被包に、次に掲げる事項を表示しなければ、毒物又は劇物を販売し、又は授与してはならない（法第12条第2項第一号～第三号、法施行規則第11条の5)。

①毒物又は劇物の名称

②毒物又は劇物の成分及びその含量

③厚生労働省令で定める毒物又は劇物については、それぞれ厚生労働省令で定めるその解毒剤の名称（2–ピリジルアルドキシムメチオダイド（別名PAM）の製剤及び硫酸アトロピンの製剤）

□ 毒物又は劇物の取扱及び使用上特に必要な表示事項（法第12条第2項第四号、法施行規則第11条の6第一号～第四号）

①毒物又は劇物の製造業者又は輸入業者が、その製造し、又は輸入した毒物又は劇物を販売し、又は授与するときは、その氏名及び住所（法人にあっては、その名称及び主たる事務所の所在地）

②毒物又は劇物の製造業者又は輸入業者が、その製造し、又は輸入した塩化水素又は硫酸を含有する製剤たる劇物（住宅用の洗浄剤で液体状のものに限る。）を販売し、又は授与するときは、次に掲げる事項

（イ）小児の手の届かないところに保管しなければならない旨

（ロ）使用の際、手足や皮膚、特に眼にかからないように注意しなければならない旨

（ハ）眼に入った場合は、直ちに流水でよく洗い、医師の診断を受けるべき旨

③毒物及び劇物の製造業者又は輸入業者が、その製造し、又は輸入したジメチル−2,2−ジクロルビニルホスフェイト（別名 DDVP）を含有する製剤（衣料用の防虫剤に限る。）を販売し、又は授与するときは次に掲げる事項

（イ）小児の手の届かないところに保管しなければならない旨

（ロ）使用直前に開封し、包装紙等は直ちに処分すべき旨

（ハ）居間等人が常時居住する室内では使用してはならない旨

（ニ）皮膚に触れた場合には、石けんを使ってよく洗うべき旨

④毒物又は劇物の販売業者が、毒物又は劇物の直接の容器又は直接の被包を開いて、毒物又は劇物を販売し、又は授与するときは、その氏名及び住所（法人にあっては、その名称及び主たる事務所の所在地）並びに毒物劇物取扱責任者の氏名

[07 毒物劇物の譲渡手続・交付の制限]

□ 毒物又は劇物の譲渡手続については、毒物劇物営業者は、毒物又は劇物を他の毒物劇物営業者に販売し、又は授与したときは、その都度、次に掲げる事項を書面に記載しておかなければならない（法第 14 条第 1 項第一号～第三号、法施行規則第 12 条の 2）。

①毒物又は劇物の名称及び数量

②販売又は授与の年月日

③譲受人の氏名、職業及び住所（法人にあっては、その名称及び主たる事務所の所在地）

他に、作成する書面（毒物又は劇物の譲渡手続に係る書面）は、譲受人が押印した書面とする。

□ 毒物劇物営業者は、販売又は授与の日から 5 年間毒物又は劇物の譲渡手続に係る書面を保管する（法第 14 条第 4 項）。

□ 毒物劇物営業者は、毒物又は劇物を次に掲げる者に交付してはならない（法第 15 条第 1 項第一号～第三号）。

① 18 歳未満の者

②心身の障害により毒物又は劇物による保健衛生上の危害の防止の措置を適正に行うことができない者として厚生労働省令で定めるもの

③麻薬、大麻、あへん又は覚せい剤の中毒者

過去問題

正解と解説は p.63

▽問題 1

次の記述は、毒物及び劇物取締法の一部を抜き出したものである。（　）にあてはまる字句はどれか。

（毒物又は劇物の取扱）
第 11 条
　4　毒物劇物営業者及び特定毒物研究者は、毒物又は厚生労働省令で定める劇物については、その容器として、（　　）を使用してはならない。

1　医薬品の容器として通常使用される物
2　密閉が容易にできない構造の物
3　壊れやすい又は腐食しやすい物
4　飲食物の容器として通常使用される物

▽問題 2

次の文は、毒物及び劇物取締法第十一条第一項の条文である。（ア）、（イ）及び（ウ）にあてはまる語句として正しい組合せはどれか。

（毒物又は劇物の取扱）
第十一条第一項
　毒物劇物営業者及び特定毒物研究者は、毒物又は劇物が（　ア　）にあい、又は（　イ　）することを防ぐのに必要な（　ウ　）を講じなければならない。

	ア	イ	ウ
1	災害	飛散	措置
2	盗難	紛失	措置
3	盗難	飛散	対策
4	災害	飛散	対策
5	災害	紛失	対策

▽問題 3

次の記述は、毒物及び劇物取締法に定められている毒物又は劇物の表示に関するものです。（　）の中にあてはまる正しい語句を下欄から 1 つ選び、その記号を記入しなさい。

毒物劇物営業者は、毒物又は劇物の容器及び被包に、「医薬用外」の文字及び毒物については（ 問 1 ）をもって「毒物」の文字、劇物については（ 問 2 ）をもって「劇物」の文字を表示しなければならない。

A　赤地に白色
B　赤地に黒色
C　白地に赤色
D　白地に黒色
E　黒地に赤色
F　黒地に白色

▽問題 4

以下のうち、法律第 12 条第 2 項及び省令第 11 条の 6 の規定により、毒物又は劇物の製造業者が、その製造した塩化水素を含有する製剤たる劇物（住宅用の洗浄剤で液体状のものに限る。）を販売する際にその容器及び被包に表示しなければならない事項として、定められていないものを 1 つ選びなさい。

1　居間等人が常時居住する室内では使用してはならない旨
2　使用の際、手足や皮膚、特に眼にかからないように注意しなければならない旨
3　眼に入った場合は、直ちに流水でよく洗い、医師の診断を受けるべき旨
4　小児の手の届かないところに保管しなければならない旨

▽問題５

次の物質のうち、毒物及び劇物取締法第 12 条第２項の規定に基づき、毒物劇物営業者がその容器及び被包に解毒剤の名称を表示しなければ、販売し、又は授与してはならないとされているものはどれか。

1　シアン化合物及びこれを含有する製剤たる毒物及び劇物
2　タリウム化合物及びこれを含有する製剤たる毒物及び劇物
3　有機燐（りん）化合物及びこれを含有する製剤たる毒物及び劇物
4　砒（ひ）素化合物及びこれを含有する製剤たる毒物及び劇物
5　水銀化合物及びこれを含有する製剤たる毒物及び劇物

▽問題６

次の文章は、毒物及び劇物取締法の条文である。文中の（　）にあてはまる語句の組合せとして、正しいものを下欄から１つ選びなさい。

（第十四条第一項）

毒物劇物営業者は、毒物又は劇物を他の毒物劇物営業者に販売し、又は授与したときは、（　ア　）、次に掲げる事項を書面に記載しておかなければならない。

一　毒物又は劇物の名称及び数量
二　販売又は授与の（　イ　）
三　譲受人の氏名、（　ウ　）及び住所（法人にあっては、その名称及び主たる事務所の所在地）

<下欄>

	ア	イ	ウ
1	その都度	目的	年齢
2	その都度	年月日	職業
3	その都度	年月日	年齢
4	初回のみ	目的	年齢
5	初回のみ	年月日	職業

▽問題 7

毒物劇物営業者が、毒物又は劇物を他の毒物劇物営業者に販売したとき、その譲渡手続きに係る書面の保存期間として、正しいものを 1 つ選びなさい。

1 販売した日から 1 年間
2 販売した日から 2 年間
3 販売した日から 3 年間
4 販売した日から 4 年間
5 販売した日から 5 年間

▽問題 8

次の文章は、法第 15 条の条文の一部である。(　) 内にあてはまる語句として、正しいものを下欄から選びなさい。

毒物劇物営業者は、毒物又は劇物を次に掲げる者に交付してはならない。
一　(問 1) 歳未満の者
二　略
三　麻薬、大麻、(問 2) 又は覚せい剤の中毒者

<下欄>

問 1	1 十四　2 十六　3 十八　4 二十　5 二十二
問 2	1 あへん　2 危険ドラッグ　3 向精神薬　4 タバコ　5 アルコール

【正解と解説】

問題１　４　（　）にあてはまる字句は４である。法第 11 条第４項、法施行規則第 11 条の４（飲食物の容器を使用してはならない劇物）「法第 11 条第４項に規定する劇物は、すべての劇物とする。」の通りである。

問題２　２　（**ア**）、（**イ**）及び（**ウ**）にあてはまる語句として正しい組合せは２（**ア**盗難、**イ**紛失、**ウ**措置）である。法第 11 条第１項の通りである。

問題３（問１）Ａ　（問２）Ｃ

（　）の中にあてはまる正しい語句は、問１はＡ（赤地に白色）、問２はＣ（白地に赤色）である。法第 12 条第１項による。

問題４　１　法第 12 条第２項第四号、法施行規則第 11 条の６第二号により、定められていないものは１の居間等人が常時居住する室内では使用してはならない旨である。**2**、**3**、**4** は定められている。

問題５　３　題意に基づき３が正解である。法第 12 条第２項第三号→法施行規則第 11 条の５で、有機燐化合物及びこれを含有する製剤たる毒物及び劇物については、解毒剤としての① 2–ピリジルアルドキシムメチオダイド（別名 PAM）の製剤、②硫酸アトロピンの製剤を表示しなければならない。

問題６　２　（　）にあてはまる語句の組合せとして正しいものは２（**ア**その都度、**イ**年月日、**ウ**職業）である。毒物劇物営業者が毒物又は劇物について他の毒物劇物営業者に販売又は授与したときに書面に記載しておかなければならない事項の規定についての記述であり、法第 14 条第１項の通りである。

問題７　５　法第 14 条第４項による譲渡手続に係る書面の保存期間として正しいものは、５の販売した日から５年間である。

問題８（問１）３（十八）（問２）１（あへん）

問１は、法第 15 条第１項第一号により３の十八、問２は、法第 15 条第１項第三号により１のあへんである。

08 廃棄方法

毒物又は劇物の廃棄方法について学習する。特に、政令で定める物の廃棄方法に関する技術上の基準について理解する。

1 廃棄の方法に関する技術上の基準

（廃棄）

●法第15条の2　毒物若しくは劇物又は第11条第2項に規定する政令で定める物（※10）は、廃棄の方法（※11）について政令で定める技術上の基準に従わなければ、廃棄してはならない。

（※10）法第11条第2項に規定する政令で定める物

p.48～49（※5）（毒物又は劇物を含有する物）法施行令第38条を参照。

（※11）

（廃棄の方法）

●法施行令第40条　法第15条の2の規定により、毒物若しくは劇物又は法第11条第2項に規定する政令で定める物の廃棄の方法に関する技術上の基準を次のように定める。

一　中和、加水分解、酸化、還元、稀釈その他の方法により、毒物及び劇物並びに法第11条第2項に規定する政令で定める物のいずれにも該当しない物とすること。

二　ガス体又は揮発性の毒物又は劇物は、保健衛生上危害を生ずるおそれがない場所で、少量ずつ放出し、又は揮発させること。

三　可燃性の毒物又は劇物は、保健衛生上危害を生ずるおそれがない場所で、少量ずつ燃焼させること。

四　前各号により難い場合には、地下1メートル以上で、かつ、地下水を汚染するおそれがない地中に確実に埋め、海面上に引き上げられ、若しくは浮き上がるおそれがない方法で海水中に沈め、又は保健衛生上危害を生ずるおそれがないその他の方法で処理すること。

［例　題］次の記述について、法令の規定に照らし、毒物又は劇物の廃棄の方法に関して、(1)～(3)にあてはまる語句の組合せのうち、正しいものを下表から1つ選びなさい。

（　1　）、加水分解、酸化、還元、（　2　）その他の方法により、毒物及び劇物並びに法第11条第2項に規定する政令で定める物のいずれにも該当しない物とすること。
ガス体又は揮発性の毒物又は劇物は、保健衛生上危害を生ずるおそれがない場所で、少量ずつ（　3　）し、又は揮発させること。

下表

	1	2	3
ア	中和	濃縮	燃焼
イ	飽和	稀釈	燃焼
ウ	脱水	濃縮	水に溶解
エ	中和	稀釈	放出
オ	飽和	加熱	放出

〈正　解〉題意の記述に関して、1から3にあてはまる語句の組合せのうち、正しいものはエ（1 中和、2 稀釈、3 放出）である。法施行令第40条第一号、第二号による。

09 運搬方法

毒物又は劇物の運搬方法について学習する。運搬方法には、技術上の基準が定められているのでよく理解する。

① 運搬等についての技術上の基準

（運搬等についての技術上の基準等）

●法第16条第1項　保健衛生上の危害を防止するため必要があるときは、政令（※12、※15）で、毒物又は劇物の運搬、貯蔵その他の取扱について、技術上の基準を定めることができる。

（※12）

（運搬方法）

●法施行令第40条の5　四アルキル鉛を含有する製剤を鉄道によって運搬する場合には、有がい貨車（一般的な箱型の貨車をいう）を用いなければならない。

2　（法施行令）別表第二に掲げる毒物又は劇物を車両を使用して1回につき5000キログラム以上運搬する場合には、その運搬方法は、次の各号に定める基準に適合するものでなければならない。

一　厚生労働省令で定める時間を超えて運搬する場合には、車両1台について運転者のほか交替して運転する者を同乗（※13）させること。

二　車両には、厚生労働省令で定めるところにより標識（※14）を掲げること。

三　車両には、防毒マスク、ゴム手袋その他事故の際に応急の措置を講ずるために必要な保護具で厚生労働省令で定めるものを2人分以上備えること。

四　車両には、運搬する毒物又は劇物の名称、成分及びその含量並びに事故の際に講じなければならない応急の措置の内容を記載した書面を備えること。

(※13)

(交替して運転する者の同乗)

●法施行規則第13条の４　法施行令第40条の５第２項第一号の規定により交替して運転する者を同乗させなければならない場合は、運搬の経路、交通事情、自然条件その他の条件から判断して、次の各号のいずれかに該当すると認められる場合とする。

一　一の運転者による連続運転時間（１回が連続10分以上で、かつ、合計が30分以上の運転の中断をすることなく連続して運転する時間をいう。）が、４時間を超える場合

二　一の運転者による運転時間が、１日当たり９時間を超える場合

(※14)

(毒物又は劇物を運搬する車両に掲げる標識)

●法施行規則第13条の５　法施行令第40条の５第２項第二号に規定する標識は、0.3メートル平方の板に地を黒色、文字を白色として「毒」と表示し、車両の前後の見やすい箇所に掲げなければならない。

(※15)

(荷送人の通知義務)

●法施行令第40条の６第１項　毒物又は劇物を車両を使用して、又は鉄道によって運搬する場合で、当該運搬を他に委託するときは、その荷送人は、運送人に対し、あらかじめ、当該毒物又は劇物の名称、成分及びその含量並びに数量並びに事故の際に講じなければならない応急の措置の内容を記載した書面を交付しなければならない。ただし、厚生労働省令で定める数量（※16）以下の毒物又は劇物を運搬する場合は、この限りでない。

(※ 16)
（荷送人の通知義務を要しない毒物又は劇物の数量）

●法施行規則第 13 条の 7　法施行令第 40 条の 6 第 1 項に規定する厚生労働省令で定める数量は、1 回の運搬につき 1000 キログラムとする。

［例　題］次の記述は、法施行令第 40 条の 6 の条文の一部である。（ア）～（エ）にあてはまる語句の組合せとして正しいものはどれか。

> 第四十条の六　毒物又は劇物を車両を使用して、又は鉄道によって運搬する場合で、当該運搬を他に委託するときは、その荷送人は、運送人に対し、あらかじめ、当該毒物又は劇物の名称、成分及びその（　ア　）並びに（　イ　）並びに（　ウ　）の際に講じなければならない（　エ　）の内容を記載した書面を交付しなければならない。ただし、厚生労働省令で定める数量以下の毒物又は劇物を運搬する場合は、この限りでない。

	ア	イ	ウ	エ
1	重量	密度	事故	応急の措置
2	重量	密度	引渡	手順
3	重量	数量	事故	応急の措置
4	含量	数量	引渡	手順
5	含量	数量	事故	応急の措置

〈正　解〉**ア～エ**にあてはまる語句の組合せとして正しいものは **5** である。法施行令第 40 条の 6 第 1 項による。問題の条文は、毒物又は劇物について、運搬を他に委託する場合に、荷送人が運送人に対して書面に記載する事項についての記述である。

10 事故の際の措置

毒物又は劇物の事故（飛散、漏れ、流れ出など、又は盗難や紛失）の際の措置について学習する。

① 事故の際の措置

（事故の際の措置）

●法第 17 条　毒物劇物営業者及び特定毒物研究者は、その取扱いに係る毒物若しくは劇物又は第 11 条第 2 項の政令で定める物（※ 17）が飛散し、漏れ、流れ出し、染み出し、又は地下に染み込んだ場合において、不特定又は多数の者について保健衛生上の危害が生ずるおそれがあるときは、直ちに、その旨を保健所、警察署又は消防機関に届け出るとともに、保健衛生上の危害を防止するために必要な応急の措置を講じなければならない。

2　毒物劇物営業者及び特定毒物研究者は、その取扱いに係る毒物又は劇物が盗難にあい、又は紛失したときは、直ちに、その旨を警察署に届け出なければならない。

（※ 17）法第 11 条第 2 項に規定する政令で定める物

p.48 ～ 49（※ 5）（毒物又は劇物を含有する物）法施行令第 38 条第 1 項を参照。

（事故の際の措置）法第 17 条における「直ちに」とは、時間的即時性が強く、一切の遅れを許さない趣旨で用いられており、「速やかに」「遅滞なく」よりも急迫の程度が高い表現となっています。

［例題 1］次のうち、毒物及び劇物取締法第 17 条の規定に照らし、毒物劇物営業者がその取扱いに係る毒物又は劇物を紛失した場合は、直ちに、その旨を届け出なければならない機関はどれか。正しいものを 1 つ選びなさい。

1　都道府県庁　　2　保健所　　3　警察署　　4　消防機関

〈正　解〉題意の記述に関して、正しいものは 3（警察署）である。法第 17 条第 2 項による。

［例題 2］次の記述は、法の条文の一部である。（　）の中に入れるべき字句の正しい組合せはどれか。

第 17 条
毒物劇物営業者及び特定毒物研究者は、その取扱いに係る毒物若しくは劇物又は第 11 条第 2 項の政令で定める物が飛散し、漏れ、流れ出し、染み出し、又は地下に染み込んだ場合において、不特定又は多数の者について（　A　）上の危害が生ずるおそれがあるときは、（　B　）、その旨を（　C　）、警察署又は消防機関に届け出るとともに、（　A　）上の危害を防止するために必要な応急の措置を講じなければならない。

＜下欄＞

	A	B	C
1	保健衛生	直ちに	保健所
2	公衆衛生	15 日以内に	市町村役場
3	生活衛生	遅滞なく	知事
4	保健衛生	15 日以内に	保健所
5	環境衛生	直ちに	市町村役場

〈正　解〉（　）の中に入れるべき字句の正しい組合せは 1（A 保健衛生、B 直ちに、C 保健所）である。法第 17 条第 1 項による。

11 登録等の失効

毒物劇物営業者、特定毒物研究者、特定毒物使用者の登録又は許可が失効した場合の措置について学習する。

① 登録等の失効

（登録が失効した場合等の措置）

●法第 21 条　毒物劇物営業者、特定毒物研究者又は特定毒物使用者は、その営業の登録若しくは特定毒物研究者の許可が効力を失い、又は特定毒物使用者でなくなったときは、15 日以内に、毒物劇物営業者にあってはその製造所、営業所又は店舗の所在地の都道府県知事（販売業にあってはその店舗の所在地が、保健所を設置する市又は特別区の区域にある場合においては、市長又は区長）に、特定毒物研究者にあってはその主たる研究所の所在地の都道府県知事（その主たる研究所の所在地が指定都市の区域にある場合においては、指定都市の長）に、特定毒物使用者にあっては都道府県知事に、それぞれ現に所有する特定毒物の品名及び数量を届け出なければならない。

２　前項の規定により届出をしなければならない者については、これらの者がその届出をしなければならないこととなった日から起算して 50 日以内に同項の特定毒物を毒物劇物営業者、特定毒物研究者又は特定毒物使用者に譲り渡す場合に限り、その譲渡し及び譲受けについては、第３条の２第６項及び第７項の規定を適用せず、また、その者の前項の特定毒物の所持については、同期間に限り、同条第 10 項の規定を適用しない。

３　毒物劇物営業者又は特定毒物研究者であった者が前項の期間内に第１項の特定毒物を譲り渡す場合においては、第３条の２第８項及び第９項の規定の適用については、その者は、毒物劇物営業者又は特定毒物研究者であるものとみなす。

４　（略）

毒物劇物営業者の**登録**又は特定毒物研究者の**許可**が**失効した場合**、特定毒物使用者が特定毒物使用者でなくなった場合の届出

15日以内に、現に所有する特定毒物の**品名**及び**数量**を届け出る

[例　題] 次の文章は、毒物及び劇物取締法の条文である。文中の（　）にあてはまる語句の組合せとして、正しいものを下欄から1つ選びなさい。

(法第21条第1項)
毒物劇物営業者、特定毒物研究者又は特定毒物使用者は、その営業の登録若しくは特定毒物研究者の許可が効力を失い、又は特定毒物使用者でなくなったときは、(　ア　)以内に、毒物劇物営業者にあってはその製造所、営業所又は店舗の所在地の都道府県知事（販売業にあってはその店舗の所在地が、保健所を設置する市又は特別区の区域にある場合においては、市長又は区長）に、特定毒物研究者にあってはその主たる研究所の所在地の都道府県知事（その主たる研究所の所在地が指定都市の区域にある場合においては、指定都市の長）に、特定毒物使用者にあっては都道府県知事に、それぞれ現に所有する（　イ　）の（　ウ　）を届け出なければならない。

＜下欄＞

	ア	イ	ウ
1	10日	全ての毒物及び劇物	品目
2	10日	全ての毒物及び劇物	品名及び数量
3	15日	特定毒物	品目
4	15日	特定毒物	品名及び数量
5	15日	全ての毒物及び劇物	品目

〈正　解〉 文中の（　）にあてはまる語句の組合せとして、正しいものは**4**（**ア15日**、**イ特定毒物**、**ウ品名及び数量**）である。

12 業務上取扱者の届出

毒物又は劇物を業務上取り扱う者について学習する。具体的には、業務上取扱者の届出先、届出事項、業務上取扱者の届出事業を確実に把握する。

① 業務上取扱者の届出

(業務上取扱者の届出等)

●法第22条　政令で定める事業（※18）を行う者であってその業務上シアン化ナトリウム又は政令で定めるその他の毒物若しくは劇物（※19）を取り扱うものは、事業場ごとに、その業務上これらの毒物又は劇物を取り扱うこととなった日から30日以内に、厚生労働省令で定めるところにより、次に掲げる事項を、その事業場の所在地の都道府県知事（その事業場の所在地が保健所を設置する市又は特別区の区域にある場合においては、市長又は区長。第３項において同じ。）に届け出なければならない。

一　氏名又は住所（法人にあっては、その名称及び主たる事務所の所在地）

二　シアン化ナトリウム又は政令で定めるその他の毒物若しくは劇物のうち取り扱う毒物又は劇物の品目

三　事業場の所在地

四　その他厚生労働省令で定める事項（※20）

２　前項の政令が制定された場合においてその政令の施行により同項に規定する者に該当することとなった者は、その政令の施行の日から30日以内に、同項の規定の例により同項各号に掲げる事項を届け出なければならない。

３　前２項の規定により届出をした者は、当該事業場におけるその事業を廃止したとき、当該事業場において第１項の毒物若しくは劇物を業務上取り扱わないこととなったとき、又は同項各号に掲げる事項を変更したときは、その旨を当該事業場の

所在地の都道府県知事に届け出なければならない
4～7（略）

（※18）法第22条第1項に規定する政令で定める事業
（業務上取扱者の届出）

●法施行令第41条　法第22条第1項に規定する政令で定める事業は、次のとおりとする。

一　電気めっきを行う事業
二　金属熱処理を行う事業
三　最大積載量が5000キログラム以上の自動車若しくは被牽引自動車（以下「大型自動車」という。）に固定された容器を用い、又は内容積が厚生労働省令で定める量以上の容器を大型自動車に積載して行う毒物又は劇物の運送の事業
四　しろありの防除を行う事業

（※19）法第22条第1項に規定する政令で定める毒物又は劇物
（業務上取扱者の届出）

●法施行令第42条　法第22条第1項に規定する政令で定める毒物又は劇物は、次の各号に掲げる事業にあっては、それぞれ当該各号に定める物とする。

一　前条（法施行令第41条）第一号及び第二号に掲げる事業　無機シアン化合物たる毒物及びこれを含有する製剤
二　前条第三号に掲げる事業　（法施行令）別表第二に掲げる物（略）
三　前条第四号に掲げる事業　砒素化合物たる毒物及びこれを含有する製剤

(※ 20)

(業務上取扱者の届出等)

●法施行規則第 18 条第 1 項　法第 22 条第 1 項第四号に規定する厚生労働省令で定める事項は、事業場の名称とする。

［例題 1］次のうち、法第22条第1項の規定に基づき、業務上取扱者の届出が必要な事業の正誤について、正しい組合せはどれか。下欄から選びなさい。

a　無機シアン化合物たる毒物及びこれを含有する製剤を用いて電気めっきを行う事業

b　無機シアン化合物たる毒物及びこれを含有する製剤を用いて金属熱処理を行う事業

c　砒素化合物たる毒物及びこれを含有する製剤を用いてしろありの防除を行う事業

d　砒素化合物たる毒物及びこれを含有する製剤を用いてねずみの駆除を行う事業

＜下欄＞

	a	b	c	d
1	正	正	正	正
2	正	正	正	誤
3	正	正	誤	正
4	正	誤	正	正
5	誤	正	正	正

〈正　解〉題意の正しい組合せは 2 である。法第22条第1項→法施行令第41条、第42条による。　d は誤り。

［例題 2］次のうち、法第 22 条の規定により、業務上取扱者が事業場の所在地の都道府県知事に届け出なければならない事項について、誤っているものを 1 つ選びなさい。

1　氏名又は住所（法人にあっては、その名称及び主たる事務所の所在地）
2　事業場の営業時間
3　事業場の所在地
4　事業場の名称

〈正　解〉題意について、誤っているものは 2（事業場の営業時間）である。法第 22 条第 1 項第一号、第三号、第四号→法施行規則第 18 条第 1 項（事業場の名称）による。

法第 22 条第 1 項に規定する政令で定める事業（届出が必要な業務上取扱者）は次の 4 つの事業です。しっかりと覚えましょう。

業務上取扱者の届出が必要な政令で定める事業

	事業	取り扱う毒物又は劇物
①	電気めっきを行う事業	無機シアン化合物（シアン化ナトリウム等）たる毒物及びこれを含有する製剤
②	金属熱処理を行う事業	無機シアン化合物（シアン化ナトリウム等）たる毒物及びこれを含有する製剤
③	運送の事業*	法施行令別表第二に掲げるもの
④	しろありの防除を行う事業	砒素化合物たる毒物及びこれを含有する製剤

＊最大積載量が 5000kg 以上の自動車若しくは被牽引自動車（以下「大型自動車」という。）に固定された容器を用い、又は内容積が厚生労働省令で定める量以上の容器を大型自動車に積載して行う毒物又は劇物の運送の事業

重要ポイント

[08 廃棄方法]

□毒物又は劇物の廃棄の方法に関する技術上の基準（法施行令第 40 条）

①**中和**、**加水分解**、**酸化**、**還元**、**稀釈**その他の方法により、毒物及び劇物並びに法第 11 条第 2 項に規定する政令で定める物のいずれにも該当しない物とすること。

②ガス体又は揮発性の毒物又は劇物は、保健衛生上危害を生ずるおそれがない場所で、少量ずつ**放出**し、又は**揮発**させること。

③可燃性の毒物又は劇物は、保健衛生上危害を生ずるおそれがない場所で、少量ずつ**燃焼**させること。

④前①～③により難い場合には、地下 **1** メートル以上で、かつ、**地下水**を汚染するおそれがない地中に確実に**埋め**、海面上に引き上げられ、若しくは浮き上がるおそれがない方法で海水中に**沈め**、又は保健衛生上危害を生ずるおそれがないその他の方法で処理すること。

[09 運搬方法]

□運搬方法については、四アルキル鉛を含有する製剤を鉄道によって運搬する場合には、**有がい貨車**を用いなければならない（法施行令第 40 条の 5 第 1 項）。

□（法施行令）別表第二に掲げる毒物又は劇物を車両を使用して 1 回につき **5000** キログラム以上運搬する場合の運搬方法は、次の基準に適合すること（法施行令第 40 条の 5 第 2 項）。

①厚生労働省令で定める時間を超えて運搬する場合には、車両 1 台について運転者のほか**交替して運転する者**を同乗させること。

②車両には、厚生労働省令で定めるところにより**標識**を掲げること。

③車両には、**防毒マスク**、**ゴム手袋**その他事故の際に応急の措置を講ずるために必要な保護具で厚生労働省令で定めるものを **2** 人分以上備えること。

④車両には、運搬する毒物又は劇物の**名称**、**成分**及びその**含量**並びに事故の際に講じなければならない**応急の措置**の内容を記載した書面を備えること。

□荷送人の通知義務については、毒物又は劇物を車両を使用して、又は鉄道によって運搬する場合で、当該運搬を他に委託するときは、その荷送人は、運送人に対し、あらかじめ、当該毒物又は劇物の名称、成分及びその含量並びに数量並びに事故の際に講じなければならない応急の措置の内容を記載した書面を交付しなければならない。ただし、厚生労働省令で定める数量以下の毒物又は劇物を運搬する場合は、この限りでない（法施行令第 40 条の 6 第 1 項）。

□上記の荷送人の通知義務を要しない毒物又は劇物の数量については、法施行令第 40 条の 6 第 1 項に規定する厚生労働省令で定める数量は、1 回の運搬につき 1000 キログラムとする（法施行規則第 13 条の 7）。

□運転者のほか交替して運転する者の同乗については、法施行令第 40 条の 5 第 2 項第一号の規定により交替して運転する者を同乗させなければならない場合は、運搬の経路、交通事情、自然条件その他の条件から判断して、次のいずれかに該当すると認められる場合とする（法施行規則第 13 条の 4）。

①一の運転者による連続運転時間（1 回が連続 10 分以上で、かつ、合計が 30 分以上の運転の中断をすることなく連続して運転する時間をいう。）が、4 時間を超える場合

②一の運転者による運転時間が、1 日当たり 9 時間を超える場合

□毒物又は劇物を運搬する車両に掲げる標識については、0.3 メートル平方の板に地を黒色、文字を白色として「毒」と表示し、車両の前後の見やすい箇所に掲げなければならない（法施行規則第 13 条の 5）。

[10 事故の際の措置]

□毒物劇物営業者及び特定毒物研究者は、その取扱いに係る毒物若しくは劇物又は第 11 条第 2 項に規定する政令で定める物が飛散し、漏れ、流れ出し、染み出し、又は地下に染み込んだ場合において、不特定又は多数の者について保健衛生上の危害が生ずるおそれがあるときは、直ちに、その旨を保健所、警察署又は消防機関に届け出るとともに、保健衛生上の危害を防止するために必要な応急の措置を講じなければならない（法第 17 条第 1 項）。

□毒物劇物営業者及び特定毒物研究者は、その取扱いに係る毒物又は劇物が盗難にあい、又は紛失したときは、直ちに、その旨を警察署に届け出なければならない（法第 17 条第 2 項）。

[11 登録等の失効]

□毒物劇物営業者の登録又は特定毒物研究者の許可が失効した場合、特定毒物使用者が特定毒物使用者でなくなった場合の措置については、毒物劇物営業者、特定毒物研究者又は特定毒物使用者は、その営業の登録若しくは特定毒物研究者の許可が効力を失い、又は特定毒物使用者でなくなったときは、15 日以内に、毒物劇物営業者にあってはその製造所、営業所又は店舗の所在地の都道府県知事（販売業にあってはその店舗の所在地が、保健所を設置する市又は特別区の区域にある場合においては、市長又は区長）に、特定毒物研究者にあってはその主たる研究所の所在地の都道府県知事（その主たる研究所の所在地が指定都市の区域にある場合においては、指定都市の長）に、特定毒物使用者にあっては都道府県知事に、それぞれ現に所有する特定毒物の品名及び数量を届け出なければならない（法第 21 条第 1 項)。

[12 業務上取扱者の届出]

□業務上取扱者の届出については、政令で定める事業を行う者であってその業務上シアン化ナトリウム又は政令で定めるその他の毒物若しくは劇物を取り扱うものは、事業場ごとに、その業務上これらの毒物又は劇物を取り扱うこととなった日から 30 日以内に、厚生労働省令で定めるところにより、次の事項を、その事業場の所在地の都道府県知事（その事業場の所在地が保健所を設置する市又は特別区の区域にある場合においては、市長又は区長。）に届け出なければならない（法第 22 条第 1 項)。

①氏名又は住所（法人にあっては、その名称及び主たる事務所の所在地)

②シアン化ナトリウム又は政令で定めるその他の毒物若しくは劇物のうち取り扱う毒物又は劇物の品目

③事業場の所在地

④その他厚生労働省令で定める事項（事業場の名称である)

□業務上取扱者の届出についての政令で定める事業と政令で定める毒物又は劇物（法施行令第 41 条、第 42 条)

①電気めっきを行う事業

②金属熱処理を行う事業

(①、②とも、無機シアン化合物たる毒物及びこれを含有する製剤)

③最大積載量が 5000 キログラム以上の自動車若しくは被牽引自動車（以下「大型自動車」という。）に固定された容器を用い、又は内容積が厚生

労働省令で定める量以上の容器を大型自動車に積載して行う毒物又は劇物の運送の事業（（法施行令）別表第二に掲げる物（略））
④しろありの防除を行う事業（砒素化合物たる毒物及びこれを含有する製剤）

運搬については、運搬方法、交替して運転する者の同乗、車両に掲げる標識、荷送人の通知義務などをしっかりと確認しておきましょう。

■ゴロ合わせで覚えよう！〔事故の際の措置〕

ひでさん　流
（飛散）（流れ出）

ほっ　け　に　しよう
（保健所）（警察署）（消防機関）

フン！ 失　敬な
（紛失は）（警察）

毒物劇物営業者及び特定毒物研究者は、毒物又は劇物が①飛散し又は流れ出すなどした場合は、直ちに、その旨を保健所、警察署又は消防機関へ、②盗難にあい、又は紛失した場合は、直ちに、その旨を警察署に届け出なければならない。

過去問題

正解と解説は p.85 ～ 86

▽問題１

次の文は、毒物及び劇物取締法施行令第 40 条の記述である。（　）にあてはまる語句として、正しい組合せを下欄から、１つ選びなさい。

法第 15 条の２の規定により、毒物若しくは劇物又は法第 11 条第２項に規定する政令で定める物の廃棄の方法に関する（　a　）上の基準を次のように定める。

一　中和、加水分解、酸化、還元、稀釈その他の方法により、毒物及び劇物並びに法第 11 条第２項に規定する政令で定める物のいずれにも該当しない物とすること。

二　（　b　）又は揮発性の毒物又は劇物は、（　c　）上危害を生ずるおそれがない場所で、少量ずつ放出し、又は揮発させること。

三　可燃性の毒物又は劇物は、（　c　）上危害を生ずるおそれがない場所で、少量ずつ燃焼させること。

四　前各号により難い場合には、地下（　d　）以上で、かつ、地下水を汚染するおそれがない地中に確実に埋め、海面上に引き上げられ、若しくは浮き上がるおそれがない方法で海水中に沈め、又は（　c　）上危害を生ずるおそれがないその他の方法で処理すること。

<下欄>

	a	b	c	d
1	衛生	ガス体	保健衛生	１メートル
2	技術	ガス体	環境衛生	２メートル
3	衛生	流動性	環境衛生	２メートル
4	技術	ガス体	保健衛生	１メートル
5	処理	流動性	危機管理	１メートル

▽問題 2

次の文章は、毒物及び劇物の廃棄の方法に関する技術上の基準を定めた、毒物及び劇物取締法施行令第 40 条の条文の一部である。(　)の中にあてはまる正しい語句の組合せはどれか。下欄の中から選びなさい。

中和、(　ア　)、酸化、(　イ　)、(　ウ　)その他の方法により、毒物及び劇物並びに法第 11 条第 2 項に規定する政令に定める物のいずれにも該当しない物とすること。

	ア	イ	ウ
1	電気分解	希釈	放流
2	電気分解	希釈	揮発
3	電気分解	還元	放流
4	加水分解	希釈	揮発
5	加水分解	還元	希釈

▽問題 3

1 回の運搬につき 1,000 キログラムを超えて、毒物又は劇物を車両を使用して運搬する場合で、当該運搬を他に委託するときは、その荷送人は、運送人に対し、あらかじめ書面を交付しなければならない。
次のうち、毒物及び劇物取締法施行令第 40 条の 6 第 1 項の規定により、その書面に記載されていなければならない内容として、誤っているものはどれか。

1　毒物又は劇物の成分及びその含量
2　毒物又は劇物の製造業者名
3　毒物又は劇物の数量
4　事故の際に講じなければならない応急の措置の内容

▽問題４

発煙硫酸を車両を使用して１回につき 5,000kg 以上運搬する場合の運搬方法にかかる基準に関する記述の正誤について、正しい組合せはどれか。

a　車両には、防毒マスク、ゴム手袋その他事故の際に応急措置を講ずるために必要な保護具で厚生労働省令で定めるものを１人分以上備えること。
b　一人の運転者による運転時間が、１日当たり４時間の場合には、交替して運転する者を同乗させること。
c　車両には、運搬する毒物又は劇物の名称、成分及びその含量並びに事故の際に講じなければならない応急の措置の内容を記載した書面を備えること。

	a	b	c
1	誤	正	正
2	正	誤	正
3	正	誤	誤
4	誤	誤	正
5	正	正	正

▽問題５

毒物劇物営業者及び特定毒物研究者が、その取扱いに係る毒物又は劇物の事故の際に講じた措置に関する記述の正誤について、正しい組合せはどれか。

a　毒物劇物販売業者の店舗において、毒物が飛散し、不特定多数の者に保健衛生上の危害が生ずるおそれがあったため、直ちに保健所、警察署及び消防機関に届け出るとともに、保健衛生上の危害を防止するための応急の措置を講じた。
b　毒物劇物製造業者の製造所で保管していた毒物が盗難にあったが、保健衛生上の危害が生ずるおそれのない量であったので、警察署に届け出なかった。
c　毒物劇物販売業者の店舗内で保管していた劇物を紛失したため、直ちに警察署に届け出た。
d　特定毒物研究者の取り扱う毒物が盗難にあったが、特定毒物ではなかったため、警察署に届け出なかった。

	a	b	c	d
1	正	正	誤	誤
2	正	誤	正	誤
3	正	誤	誤	正
4	誤	正	正	正

▽問題 6

法律第 21 条第 1 項に関する以下の記述について、（　）の中に入れるべき数字を下から 1 つ選びなさい。

特定毒物研究者は、特定毒物研究者の許可が効力を失ったときは、（　　）日以内に、現に所有する特定毒物の品名及び数量を届け出なければならない。

1　10
2　15
3　30
4　50

▽問題 7

法第 22 条第 1 項の規定に基づき、届出の必要な業務上取扱者が都道府県知事に届け出る事項の正誤について、正しい組合せはどれか。下欄から選びなさい。

a　氏名又は住所
b　シアン化ナトリウム又は政令で定めるその他の毒物若しくは劇物のうち取り扱う毒物又は劇物の品目
c　事業場の名称
d　事業場の所在地

<下欄>

	a	b	c	d
1	正	正	正	正
2	正	正	正	誤
3	正	正	誤	正
4	正	誤	正	正
5	誤	正	正	正

▽問題 8

次の a ～ d のうち、法第 22 条に基づく毒物劇物業務上取扱者として、届出が必要なものはどれか。正しいものの組合せを選びなさい。

a　四アルキル鉛を含有する製剤を使用して、石油の精製を行う事業
b　シアン化カリウムを使用して、電気めつきを行う事業
c　亜砒（ひ）酸を使用して、しろありの防除を行う事業
d　モノフルオール酢酸アミドを含有する製剤を使用して、かんきつ類、りんご、なし、桃又はかきの害虫の防除を行う事業

1　a, b
2　b, c
3　b, d
4　c, d

【正解と解説】

問題 1　4　題意の記述で、(　)にあてはまる語句として正しい組合せは 4（**a** 技術、**b** ガス体、**c** 保健衛生、**d** 1 メートル）である。法施行令第 40 条第一号～第四号による。

問題 2　5　題意の（　）にあてはまる正しい語句の組合せは 5（**ア** 加水分解、**イ** 還元、**ウ** 希釈）である。法第 15 条の 2 →法施行令第 40 条第一号による。

問題3　2　法施行令第40条の6第1項の規定により、その書面に記載する内容とは、毒物又は劇物の①名称、②成分、③その含量、④数量、⑤事故の際の応急措置の内容を記載した書面である。したがって、記載内容として誤っているものは2の毒物又は劇物の製造業者名である。

問題4　4　発煙硫酸は、法施行令別表第二に掲げられている。題意の記述の正誤について、正しい組合せは4である。　**c**のみが法施行令第40条の5第2項第四号により正しい。　**a**は、正しくは法施行令同条同項第三号により、保護具を2人分以上備えることと規定している。　**b**は、正しくは法施行令同条同項第一号→法施行規則第13条の4第二号により、1日当たり9時間を超える場合は、交替して運転する者を同乗させなければならない。

問題5　2　題意に関する記述の正誤について、正しい組合せは2である。**a**は法第17条第1項に示されていて正しい。　**c**も法第17条第2項に示されていて正しい。　**b**は、正しくは、保健衛生上の危害の生ずるおそれのない量であっても法第17条第2項により、直ちに、その旨を警察署に届け出なければならない。　**d**については、毒物が特定毒物ではなかったためとあるが、法第17条第2項により、毒物又は劇物が盗難にあい、又は紛失したときは、警察署に届け出なければならない。また、特定毒物も毒物に含まれるため、届出は必要である。

問題6　2　法第21条第1項に関する記述について、(　)の中に入れるべき数字は2の15である。法第21条第1項の通りである。

問題7　1　題意の記述についての正しい組合せは1であり、すべて正しい。法第22条第1項第一号～第四号→法施行規則第18条第1項(事業場の名称）による。

問題8　2　題意の記述について正しいものの組合せは2（b, c）である。**b**は、法第22条第1項→法施行令第41条第一号及び第42条第一号による。　**c**は、法第22条第1項→法施行令第41条第四号及び第42条第三号による。なお、亜砒酸は砒素化合物で三酸化二砒素のこと。　**a**、**d**は誤り。

第 2 章
基礎化学

第2章 基礎化学

01 物質

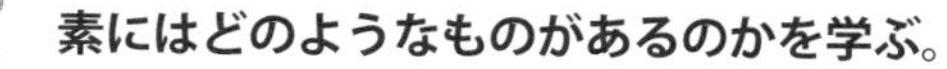

物質にはどのようなものがあるのか、また、物質の構成成分である元素にはどのようなものがあるのかを学ぶ。

❶ 物質の分類

物質には、**単体**、**化合物**という**純物質**と、それらが混ざり合った**混合物**がある。

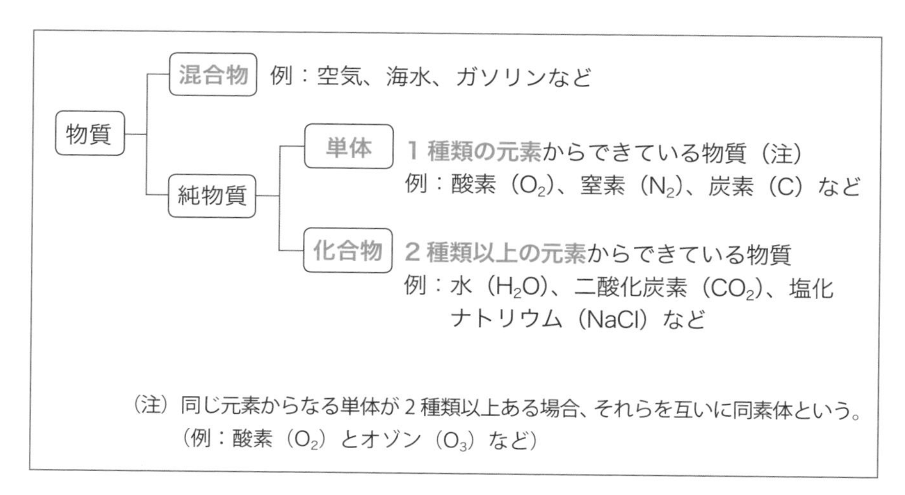

❷ 同素体

同素体は、**同じ元素**からなる単体であるが、その原子の配列や結合が異なり、それぞれの**性質も異なる**単体どうしのことをいう。

[同素体の例（酸素とオゾン）]

●空気（または酸素）中で放電が起こったり、空気に紫外線が当たると、**酸素**の一部が**オゾン**（O_3）に変わる。

$$3\,O_2 \longrightarrow 2\,O_3$$

（酸素）　（オゾン）

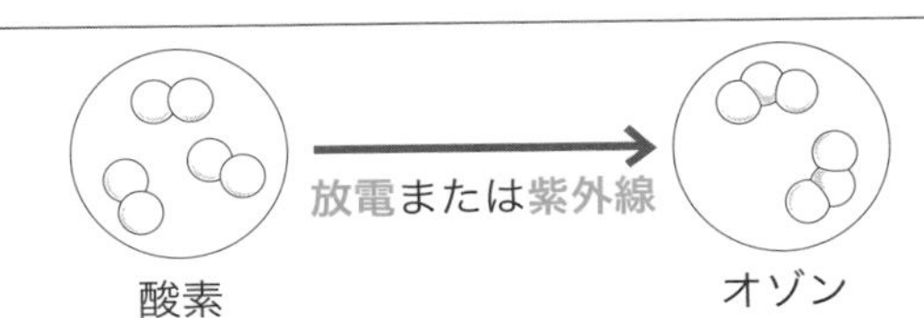

同素体の他の例としては、次のものがある。

リン（P）……黄リン、赤リン

炭素（C）……黒鉛（グラファイト）、ダイヤモンド、無定形炭素

硫黄（S）……斜方硫黄、単斜硫黄、ゴム状硫黄

注意!! 同素体は同位体（p.96）とはまったく異なるものであるため、混同しないこと。

③ 元素名と元素記号

物質を構成する基本的成分である元素には、それぞれ固有の記号、すなわち元素記号がある。

代表的な元素名とその元素記号

元素名	元素記号	元素名	元素記号	元素名	元素記号
水素	H	硫黄	S	スズ	Sn
銅	Cu	フッ素	F	窒素	N
カリウム	K	臭素	Br	ヒ素	As
カルシウム	Ca	鉄	Fe	酸素	O
カドミウム	Cd	ナトリウム	Na	マンガン	Mn
アルミニウム	Al	銀	Ag	塩素	Cl
ケイ素	Si	マグネシウム	Mg	ヨウ素	I
鉛	Pb	亜鉛	Zn	ヘリウム	He
リン	P	水銀	Hg		
クロム	Cr	炭素	C		

第2章 基礎化学 02 元素の周期表

元素の周期表とはどのような表なのか、族と周期はそれぞれどのようなことを表しているかを学ぶ。

① 周期表

元素を原子番号の順に並べた表のことを**周期表**（以下の表）という。周期表の縦の列を**族**、横の列を**周期**という。

元素の周期表（抜粋）

周期＼族	1	2	3	4	5	6	7	8	9	10	11	12	13	14	15	16	17	18
1	$_{1}$H 水素 1.0																	$_{2}$He ヘリウム 4.0
2	$_{3}$Li リチウム 6.9	$_{4}$Be ベリリウム 9.0											$_{5}$B ホウ素 10.8	$_{6}$C 炭素 12.0	$_{7}$N 窒素 14.0	$_{8}$O 酸素 16.0	$_{9}$F フッ素 19.0	$_{10}$Ne ネオン 20.2
3	$_{11}$Na ナトリウム 23.0	$_{12}$Mg マグネシウム 24.3											$_{13}$Al アルミニウム 27.0	$_{14}$Si ケイ素 28.1	$_{15}$P リン 31.0	$_{16}$S 硫黄 32.1	$_{17}$Cl 塩素 35.5	$_{18}$Ar アルゴン 40.0
4	$_{19}$K カリウム 39.1	$_{20}$Ca カルシウム 40.1	$_{21}$Sc スカンジウム 45.0	$_{22}$Ti チタン 47.9	$_{23}$V バナジウム 50.9	$_{24}$Cr クロム 52.0	$_{25}$Mn マンガン 54.9	$_{26}$Fe 鉄 55.9	$_{27}$Co コバルト 58.9	$_{28}$Ni ニッケル 58.7	$_{29}$Cu 銅 63.6	$_{30}$Zn 亜鉛 65.4	$_{31}$Ga ガリウム 69.7	$_{32}$Ge ゲルマニウム 72.6	$_{33}$As ヒ素 74.9	$_{34}$Se セレン 79.0	$_{35}$Br 臭素 79.9	$_{36}$Kr クリプトン 83.8
5	$_{37}$Rb ルビジウム 85.5	$_{38}$Sr ストロンチウム 87.6	$_{39}$Y イットリウム 88.9	$_{40}$Zr ジルコニウム 91.2	$_{41}$Nb ニオブ 92.9	$_{42}$Mo モリブデン 96.0	$_{43}$Tc テクネチウム (99)	$_{44}$Ru ルテニウム 101.1	$_{45}$Rh ロジウム 102.9	$_{46}$Pd パラジウム 106.4	$_{47}$Ag 銀 107.9	$_{48}$Cd カドミウム 112.4	$_{49}$In インジウム 114.8	$_{50}$Sn スズ 118.7	$_{51}$Sb アンチモン 121.8	$_{52}$Te テルル 127.6	$_{53}$I ヨウ素 126.9	$_{54}$Xe キセノン 131.3
6	$_{55}$Cs セシウム 132.9	$_{56}$Ba バリウム 137.3	57－71 ランタノイド	$_{72}$Hf ハフニウム 178.5	$_{73}$Ta タンタル 180.9	$_{74}$W タングステン 183.8	$_{75}$Re レニウム 186.2	$_{76}$Os オスミウム 190.2	$_{77}$Ir イリジウム 192.2	$_{78}$Pt 白金 195.1	$_{79}$Au 金 197.0	$_{80}$Hg 水銀 200.6	$_{81}$Tl タリウム 204.4	$_{82}$Pb 鉛 207.2	$_{83}$Bi ビスマス 209.0	$_{84}$Po ポロニウム (210)	$_{85}$At アスタチン (210)	$_{86}$Rn ラドン (222)
7	$_{87}$Fr フランシウム (223)	$_{88}$Ra ラジウム (226)	89－103 アクチノイド	$_{104}$Rf ラザホージウム (267)	$_{105}$Db ドブニウム (268)	$_{106}$Sg シーボーギウム (271)	$_{107}$Bh ボーリウム (272)	$_{108}$Hs ハッシウム (277)	$_{109}$Mt マイトネリウム (276)									

▼凡例

原子番号 → $_{1}$H ← 元素記号
水素 ← 元素名
原子量 → 1.0

（注）色のついているものは特に重要な元素を示す。

② 族と周期

（1）族

周期表の縦の列である族は、1～18族までである。特に、1族（Hを除く）をアルカリ金属元素、2族（BeとMgを除く）をアルカリ土類金属元素、17族をハロゲン元素、18族を希ガス元素という。また、縦の列の元素を同族元素という。

（2）周期

周期表の横の列である周期は、1～7周期までである。

③ 典型元素と遷移元素

（1）典型元素

1、2、12～18族の元素を典型元素と呼ぶ。典型元素は、同じ族の元素の性質がよく似ている。

（2）遷移元素（せんい）

3～11族の元素を遷移（せんい）元素と呼ぶ。遷移元素では、同じ周期の元素もよく似た性質を示す。

1869年、ロシアの化学者メンデレーエフが現在の周期表の原形を発表しました。彼は元素を原子量の順序に並べましたが、現在の周期表は元素を原子番号の順序に並べた合理的なものとなっています。

■ゴロ合わせで覚えよう！〔アルカリ金属元素とアルカリ土類金属元素〕

ゾクッとしたことある？
（1族）（アルカリ金属元素）

ゾクゾクしたら同類よ
（2族）（アルカリ土類金属元素）

1族（Hを除く）をアルカリ金属元素、2族（BeとMgを除く）をアルカリ土類金属元素という。

03 原子量と分子量

原子の相対的な質量（原子量）の基準について学ぶ。さらに、原子量を用いての分子量、式量の求め方を理解する。

❶ 原子量と分子量

（1）原子量

原子量とは、特定の原子の質量を基準にして、**原子**の相対的な質量（**質量の比**）を表した数値をいう。今日では、**質量数 12 の炭素原子 $^{12}_{6}C$**（p.95 図「原子番号と質量数」参照）の質量を基準とすることが、国際的に決められている（炭素原子 $^{12}_{6}C$ の原子量を 12 とし、他の原子の原子量は、その原子 1 個の質量の炭素原子 $^{12}_{6}C$ 1 個の質量に対する比の 12 倍で表される）。原子量は質量の比であるため、**単位はない**。

原子量の例

元素名	元素記号	原子量の概数（注）
水素	H	1.0
炭素	C	12.0
窒素	N	14.0
酸素	O	16.0
ナトリウム	Na	23.0
硫黄	S	32.1
塩素	Cl	35.5
カリウム	K	39.1
カルシウム	Ca	40.1

（注）原子量の概数は、p.90 表「元素の周期表」参照。

(2) 分子量

分子量とは、分子を構成する原子の原子量の総和のことをいう。原子量に単位がないのと同様に、分子量にも単位はない。

次の例題で、水素分子と酸素分子と水分子の分子量を求めてみよう。

化学式中の下付数字は、その直前の原子の数を表す。原子の数が1の場合は、1は省略される。

[例題1] 水素分子（H_2）の分子量を求めよ。ただし、Hの原子量＝1.0とする。
〈正　解〉水素（H_2）の分子量　1.0 × 2 ＝ 2.0

[例題2] 酸素分子（O_2）の分子量を求めよ。ただし、Oの原子量＝16.0とする。
〈正　解〉酸素（O_2）の分子量　16.0 × 2 ＝ 32.0

[例題3] 水分子（H_2O）の分子量を求めよ。ただし、Hの原子量＝1.0、Oの原子量＝16.0とする。
〈正　解〉水（H_2O）の分子量　1.0 × 2 ＋ 16.0 ＝ 18.0

2 式量

式量とは、イオン（正または負の電気をもつ原子または原子団）やイオンからなる化合物の原子量の和をいう。式量も原子量、分子量と同様に、単位はない。

式量は、次のように計算される。

[例題1] アンモニウムイオン（NH_4^+）の式量を求めよ。
〈正　解〉アンモニウムイオン（NH_4^+）の式量　14.0 ＋ 1.0 × 4 ＝ 18.0

[例題2] 硫酸イオン（SO_4^{2-}）の式量を求めよ。
〈正　解〉硫酸イオン（SO_4^{2-}）の式量　32.1 ＋ 16.0 × 4 ＝ 96.1

[例題3] 塩化ナトリウム（NaCl）の式量を求めよ。
〈正　解〉塩化ナトリウム（NaCl）の式量　23.0 ＋ 35.5 ＝ 58.5

第2章 基礎化学 04 原子の構造

原子の構造（原子を構成する基本粒子）について学び、また、原子の表し方（元素記号、質量数、原子番号）についても学ぶ。

1 原子の構造

（1）原子を構成する基本粒子

原子は、原子核とその周りにある電子で構成されている。原子核は正（+）の電気を、電子は負（−）の電気を帯びている。さらに、原子核は、普通、正の電気をもつ陽子と、電気的に中性な中性子からできている。陽子の数と電子の数は等しく、原子全体としては電気的に中性である。

原子核が正の電気を帯びているのは、陽子があるためである。

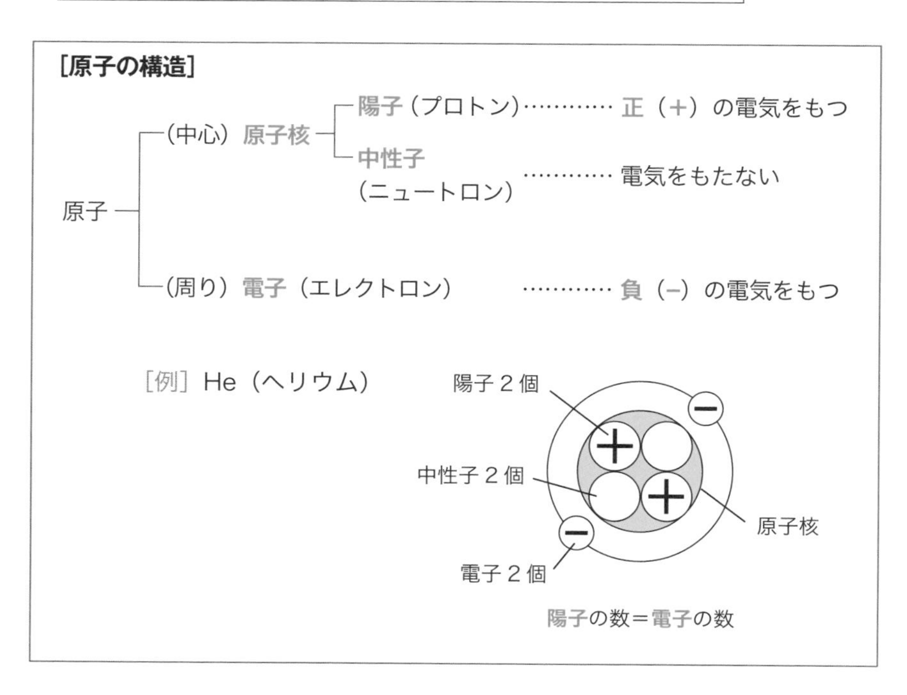

② 原子の表し方

（1）原子番号

原子核の中の陽子の数を、その元素の原子番号という。

陽子の数＝原子番号＝電子の数

（2）質量数

質量数とは、原子核を構成する陽子の数と中性子の数の和である。原子の質量のほとんどは陽子と中性子の質量であり、陽子1個と中性子1個の質量はほぼ等しいことから、質量数は原子の質量（原子量）にきわめて近い整数となる（ただし、質量数と原子量は厳密には一致しない）。

陽子の数＋中性子の数＝質量数

（3）元素記号の原子番号と質量数の書き方

[原子番号と質量数]

●原子番号＝陽子の数（＝電子の数）

●質量数＝陽子の数＋中性子の数

したがって、中性子の数を求めるような場合は、

中性子の数＝質量数－陽子の数（原子番号）

[例] 炭素原子 $^{12}_{6}C$

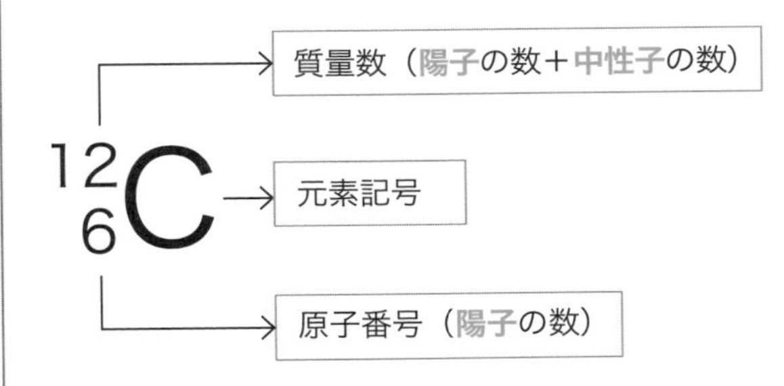

この場合の中性子の数は、
12 － 6 ＝ 6個
（Cの左肩の数字から左下の数字を引けばよい）

(4) 同位体

同じ元素の原子は、どれをとっても原子核の中の陽子の数（原子番号）は同じであるが、中性子の数が異なるもの、つまり質量数が異なるものがある。これらを、互いに同位体（アイソトープ）または同位元素という。

元素の同位体の例

元素名	同位体の記号	陽子の数 P	中性子の数 N	質量数 M＝P＋N
水素	$^{1}_{1}H$ $^{2}_{1}H$（注）	1 1	0 1	1 2
炭素	$^{12}_{6}C$ $^{13}_{6}C$	6 6	6 7	12 13
塩素	$^{35}_{17}Cl$ $^{37}_{17}Cl$	17 17	18 20	35 37

（注）$^{2}_{1}H$ のことを重水素という。

■ゴロ合わせで覚えよう！〔質量数、陽子の数、中性子の数の関係〕

失礼！
（質量〔数〕）

中世の　　**洋式を**
（中性子〔の数〕）（陽子〔の数〕）

プラスしてみました
（たす）

質量数＝陽子の数＋中性子の数

第2章 基礎化学 05 電子配置

電子が原子核の周りにどのように配置されるのか（電子殻）を理解する。また、電子殻の最外殻にある価電子について学ぶ。

❶ ボーアの原子モデル

デンマークのボーアの理論によれば、原子の中の**電子**は、**原子核の周り**をいくつかの決まった**軌道に沿って回転**している。この考え方をボーアの**原子モデル**という。

[ボーアの原子モデル]

1+

2+

6+

H（水素原子）

He（ヘリウム原子）

C（炭素原子）

○は**原子核**、●は**電子**、原子核の中の＋（プラス）の前の数字は**正電荷**の数を表す。電子は1個当たり**負電荷**1をもつ。

デンマークの理論物理学者**ボーア**（1885～1962年）は、**原子模型の理論**を確立し、近代原子論の基礎を築きました。

② 電子殻

原子核の周りをまわっている電子の軌道を**電子殻**という。電子殻は、原子核に近いものから順に**K**殻・**L**殻・**M**殻……と呼ばれる。

それぞれの電子殻に収容することのできる**電子の数**は決まっていて、K殻は2個まで、L殻は8個まで、M殻は18個まで、内側からn番目の殻は$2n^2$個まで収容することができる。

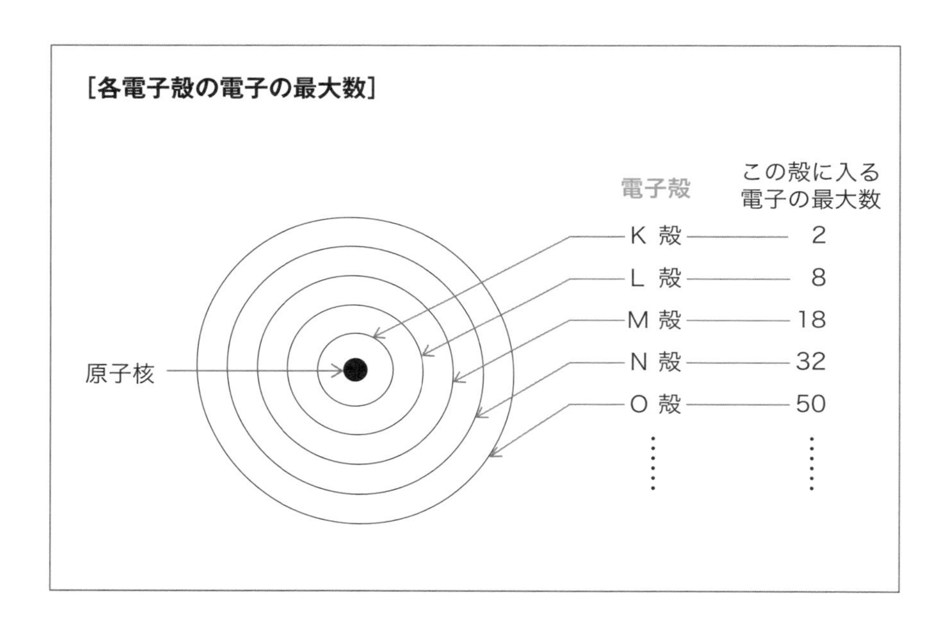

③ 価電子

原子の**最外殻の電子**（最も外側の殻に配置されている電子）が**7**個以下の場合、普通、これを**価電子**という。価電子は、他の原子との化学結合や化学反応に関与する。価電子の数が**同一**の元素は、**同じような性質**をもつ。最外殻が全部埋まっているときは、価電子の数は0である。

④ 希ガスの電子配置

希ガス（He、Ne、Ar、Kr、Xe、Rn）は、**きわめて安定**な元素で、他の物質と**ほとんど反応しない**。希ガスの電子配置は次表の通りである。

周期	元　素	元素記号	原子番号	電子殻					
				K	L	M	N	O	P
1	ヘリウム	He	2	2					
2	ネオン	Ne	10	2	8				
3	アルゴン	Ar	18	2	8	8			
4	クリプトン	Kr	36	2	8	18	8		
5	キセノン	Xe	54	2	8	18	18	8	
6	ラドン	Rn	86	2	8	18	32	18	8

希ガスの元素は、最外殻の電子の数がヘリウムでは **2** 個、その他の希ガスでは **8** 個なので、化学的に安定している。希ガスの元素の価電子の数は **0** である。

■理解を深めよう！〔希ガスの元素の価電子の数が０の理由〕

原子は、希ガスの He、Ne、Ar の電子配置（閉殻という）の状態が化学的に最も安定している。他の電子配置をもつ原子が、安定した閉殻の電子配置になろうとして、電子が移動する。この移動する電子が価電子である。

希ガスの場合、電子の移動はないので、価電子の数は０となる。

重要ポイント

[01 物質とは]

□ 物質は、純物質と混合物に分類される。

□ 純物質は、単体と化合物に分類される。

□ 同素体とは、同じ元素からなる単体であるが、その原子の配列や結合が異なり、それぞれの性質も異なる単体どうしのことをいう。

□ 元素には、元素名と元素記号がある。

[02 元素の周期表]

□ 元素の周期表とは、元素を原子番号の順に並べた表のことである。

□ 周期表の縦の列を族、横の列を周期という。

□ 元素の周期表で、1、2 族と 12 〜 18 族の元素を典型元素といい、3 〜 11 族の元素を遷移(せんい)元素という。

[03 原子量と分子量]

□ 原子量とは、特定の原子の質量を基準にして、原子の相対的な質量（質量の比）を表した数値をいう。今日では、質量数 12 の炭素原子 $^{12}_{6}C$ の質量を基準とする。

□ 分子量とは、分子を構成する原子の原子量の総和をいう。

□ 式量とは、イオンやイオンからなる化合物の原子量の和をいう。

[04 原子の構造]

□ 原子は、原子核とその周りにある電子で構成されている。原子核は正（+）の電気を、電子は負（−）の電気を帯びている。

□ 原子核は、普通、正の電気をもつ陽子と、電気的に中性な中性子からできている。

□ 陽子の数＝電子の数＝原子番号。原子全体としては、電気的に中性である。

□ 質量数＝陽子の数（原子番号）＋中性子の数。

□ 同位体（または同位元素）とは、同じ原子番号をもつ原子間で、質量数が異なる原子をいう。同位体を区別するため、元素記号の左上に質量数をつけて表す。

［05 電子配置］

□ 原子核の周りをまわっている電子の軌道を電子殻という。原子核に近いものから順に、K殻・L殻・M殻…と呼ばれる。それぞれの電子殻に収容することのできる電子の数は決まっていて、K殻は2個まで、L殻は8個まで、M殻は18個まで、内側から n 番目の殻は $2n^2$ 個まで収容することができる。

□ 原子の最外殻の電子（最も外側の殻に配置されている電子）が7個以下の場合、普通、これを価電子という。最外殻が全部埋まっているときは、価電子の数は0である。

□ 価電子は他の原子との化学結合や化学反応に関与する。価電子の数が同一の元素は、同じような性質をもつ。

□ 希ガス（He、Ne、Ar、Kr、Xe、Rn）は、きわめて安定な元素で、他の物質とほとんど反応しない。

□ 希ガスの元素は、最外殻の電子の数が、ヘリウムでは2個、その他の希ガスでは8個なので、化学的に安定している。希ガス元素の価電子の数は0である。

■ゴロ合わせで覚えよう！〔典型元素と遷移元素〕

1、2、　10（テン）
（1、2族）　（典型元素）

飛んで　12
（12～）

3月から　入れ歯に
（3から）　（イレブン（11））

せんと
（遷移元素）

元素の周期表で、1、2族と12～18族の元素を典型元素といい、3～11族の元素を遷移元素という。

過去問題

正解と解説は p.105

▽問題 1

次の a ～ c の記述の正誤について、正しい組合せはどれか。

a　同じ元素の同位体は、陽子の数が異なるだけで、化学的性質は同等である。
b　同じ元素の単体で、性質の異なるものを互いに同素体であるという。
c　アルミニウム（Al）は、遷移元素に分類される。

	a	b	c
1	正	正	正
2	正	誤	誤
3	誤	正	誤
4	誤	誤	正

▽問題 2

元素の周期表に関する記述の正誤について、正しい組合せはどれか。

a　水素を除いた 1 族元素は、アルカリ金属と呼ばれる。
b　2 族元素は、全てアルカリ土類金属と呼ばれる。
c　18 族元素の原子は、他の原子に比べて極めて安定である。
d　3 ～ 11 族の元素は、典型元素と呼ばれる。

	a	b	c	d
1	正	正	誤	誤
2	正	誤	正	誤
3	誤	正	誤	正
4	誤	誤	正	正

▽問題3

次の物質のうち、同族元素であるものの組合せとして正しいものを下欄から選びなさい。

a　炭素
b　フッ素
c　ケイ素
d　硫黄

<下欄>
1　（a，c）
2　（a，d）
3　（b，c）
4　（b，d）

▽問題4

次の物質のうち、純物質はどれか。

1　石油
2　塩酸
3　食塩水
4　ドライアイス
5　空気

▽問題5

次のうち、単体である物質はどれか。下欄から選びなさい。

<下欄>
1　水蒸気
2　ダイヤモンド
3　塩化ナトリウム
4　アンモニア
5　メタン

▽問題 6

次の物質の組合せのうち、互いに同素体であるものとして、正しい組合せを選びなさい。

1　酸素 ―― オゾン
2　塩素 ―― ヨウ素
3　銀　 ―― 水銀
4　亜鉛 ―― 黒鉛

▽問題 7

次の物質の組合せのうち、互いに同位体であるものを 1 つ選びなさい。

1　ダイヤモンドと黒鉛
2　水素と重水素
3　一酸化窒素と二酸化窒素
4　黄リンと赤リン
5　尿素とアンモニア

▽問題 8

原子の構造に関する以下の記述の正誤について、正しい組合せを、下から 1 つ選びなさい。

ア　原子の中心には原子核がある。
イ　原子核は正の電気を帯びた陽子と負の電気を帯びた電子からできている。
ウ　中性子は電気を帯びていない。
エ　原子では、電子の数と陽子の数は異なり、電気的に中性ではない。

	ア	イ	ウ	エ
1	正	正	誤	誤
2	正	誤	正	誤
3	正	誤	誤	正
4	誤	正	正	正

【正解と解説】

問題１　３　**a**　同位体とは、同じ元素であるが、中性子の数が異なるものである。　**b** はその通りである。　**c**　アルミニウムは 13 族の元素であるため、典型元素に分類される。

問題２　２　**a** はその通りである。　**b**　ベリリウム、マグネシウムを除いた２族元素をアルカリ土類金属という。　**c** はその通りで、希ガスと呼ばれている。　**d**　３～ 11 族の元素を遷移元素と呼ぶ。

問題３　１　炭素とケイ素は、ともに 14 族元素で同族である。フッ素は 17 類、硫黄は 16 類の元素である。

問題４　４　ドライアイス（CO_2）は、純物質（化合物）である二酸化炭素の固体の状態である。他はすべて混合物に該当する。　**1** 石油は各種の炭化水素を主成分とする混合物（炭化水素は炭素原子（C）と水素原子（H）のみからなる化合物の総称）、**2** 塩酸は塩化水素（HCl）の水溶液、**3** 食塩水は食塩（NaCl）の水溶液、**5** 空気は主として酸素と窒素の混合物である。

問題５　２　ダイヤモンドは炭素（C）の単体である。他は化合物である。それぞれを表す化学式は、**1** 水蒸気（H_2O）、**3** 塩化ナトリウム（NaCl）、**4** アンモニア（NH_3）、**5** メタン（CH_4）である。

問題６　１　同素体とは同じ元素からなる単体であるが、それぞれの性質は異なる。正しい組合せは酸素（O_2）とオゾン（O_3）である。あとは同じ元素ではない。　**2** 塩素（Cl）とヨウ素（I）、**3** 銀（Ag）と水銀（Hg）、**4** 亜鉛（Zn）と黒鉛（C）、黒鉛はグラファイトといい、炭素の同素体の１つである。

問題７　２　同位体とは、原子番号が同じで質量数が異なるものである。したがって、水素 $^{1}_{1}H$ と重水素 $^{2}_{1}H$ が互いに同位体である。　**1**、**4** は同素体。　**3** 一酸化窒素（NO）と二酸化窒素（NO_2）、**5** 尿素〔$(NH_2)_2CO$〕とアンモニア（NH_3）は異なる化合物である。

問題８　２　**ア**、**ウ**はその通りである。　**イ**　原子核は、普通、正の電気を帯びた陽子と電気をもたない中性子からできている。　**エ**　原子では、電子の数と陽子の数は同じで、原子全体としては電気的に中性である。

■ゴロ合わせで覚えよう！〔同素体の例〕

山荘で大損、
（酸素・オゾン）

黄信号も赤信号も
（黄リン・赤リン）

リンリンならして、

黒煙噴き上げるタイヤ
（黒鉛・ダイヤモンド）

酸素とオゾン、黄リンと赤リン、黒鉛（グラファイト）とダイヤモンドは、それぞれが互いに同素体である。

■ゴロ合わせで覚えよう！〔希ガス元素〕

気がすすまなくて無反応
（希ガス元素）（反応しない）

彼氏もゼロ
（価電子 0）

18 族の希ガス元素は、きわめて安定な元素で、他の物質とほとんど反応しない。希ガス元素の価電子は 0 である。

06 物質量

- 物質量（モル）に関係するアボガドロ定数について学び、物質1モルの質量の求め方を理解する。また、気体についてのアボガドロの法則について学ぶ。

① アボガドロ定数

水素原子 1.0g や炭素原子 12.0g や酸素原子 16.0g は、それぞれ 6.02×10^{23} 個の原子の集まりである。このように、ある原子を、その原子量に〔g〕（グラム）という単位をつけた質量だけ集めると、その中には 6.02×10^{23} 個の原子が存在する。この 6.02×10^{23} という数値を、アボガドロ定数という。

② 物質量の単位　― mol（モル）―

6.02×10^{23} 個（アボガドロ定数の個数）の原子の集まりのことを、原子 1mol（1モル）という。

同様に、6.02×10^{23} 個の分子の集まりを、分子 1mol、6.02×10^{23} 個のイオンの集まりを、イオン 1mol などという。

12個を1ダースというように、原子や分子は 6.02×10^{23} 個を 1mol（1モル）とまとめています。

mol は、化学で使用される物質量の単位。　重要!

ある元素の原子量に単位〔g〕をつけると、その原子 1mol の質量になる。同様に、ある物質の分子量に単位〔g〕をつけると、その分子 1mol の質量になる。mol（モル）は物質量の単位である。

[物質の 1mol の質量の例]

●**炭素原子** 1mol の質量は、炭素の**原子量** 12.0 に〔g〕をつけた 12.0g である。

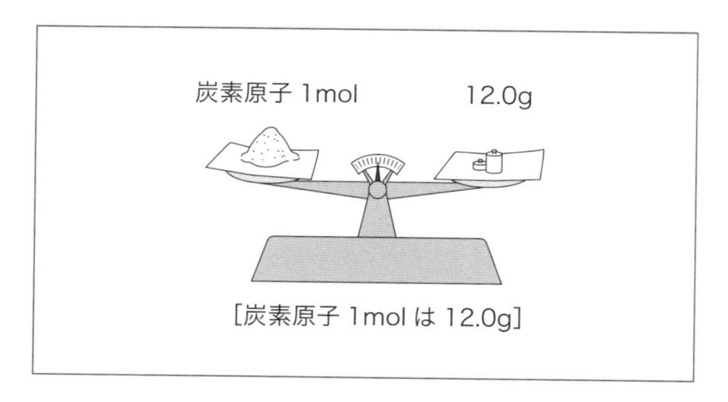

[炭素原子 1mol は 12.0g]

●**水分子** 1mol の質量は、水の**分子量** 18.0 に〔g〕をつけた 18.0g である。

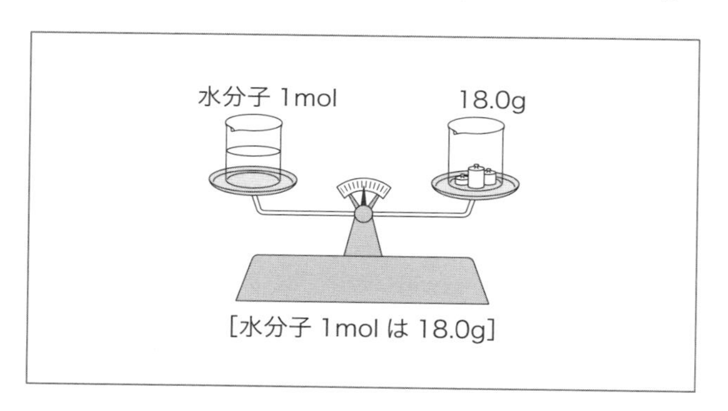

[水分子 1mol は 18.0g]

③ 気体の物質量と体積　－アボガドロの法則－

（1）アボガドロの法則

アボガドロの法則とは、「すべての気体は、**同温同圧**のとき同体積中に**同数の分子**を含む」という法則である。この法則より、**標準状態**（0℃、1atm）*では、すべての気体 **1mol** は体積約 **22.4L** を占め、その中に **6.02×10^{23} 個**（アボガドロ定数という）の分子を含む。

用語　**標準状態**　0℃、1atm（1 気圧）の状態。1atm は 1013hPa（ヘクトパスカル）。

［アボガドロの法則］

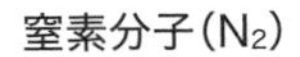

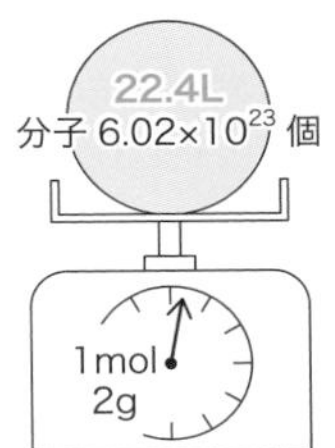

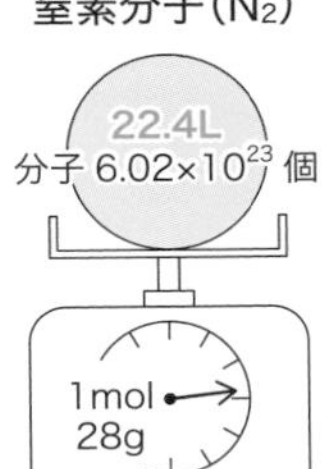

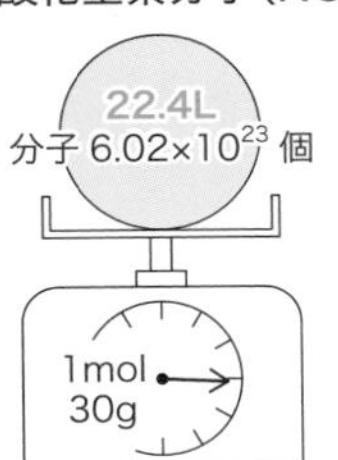

どの気体も**標準状態**（0℃、1atm）では**22.4L**を占める

［例　題］ 酸素（O_2）64.0g の体積は、0℃、1atm で何Lか。

〈解法のヒント〉 まず、酸素の分子量を求め、アボガドロの法則により酸素 64.0g の体積〔L〕を求める。

〈正　解〉 酸素（O_2）の分子量は、$O_2 = 16.0 \times 2 =$ **32.0** である。ゆえに、酸素 1mol は **32.0**g であり、これは 0℃、1atm において **22.4**L を占める。したがって、64.0g の 0℃、1atm における酸素の体積は、

$$22.4\text{L} \times \frac{64.0\text{g}}{32.0\text{g}} = \mathbf{44.8}\text{L}$$ となる。

アボガドロは、イタリアの物理学者、化学者です。**アボガドロの法則**（1811年）で有名です。

07 溶液の濃度

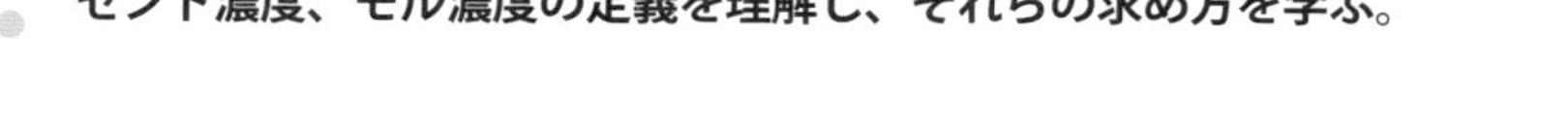

まず、溶液（溶媒と溶質からなる）の定義について学び、次に、質量パーセント濃度、モル濃度の定義を理解し、それらの求め方を学ぶ。

① 溶液

塩化ナトリウム（食塩）は水に溶ける。この場合、水のように物質を溶かす働きをする液体を**溶媒**といい、塩化ナトリウム（食塩）のように溶ける物質を**溶質**という。溶媒に溶質の溶けたものを**溶液**という。溶媒が水ならば**水溶液**と呼ぶ。単に溶液といえば水溶液を指すことが多い。

溶液＝**溶媒**＋**溶質**

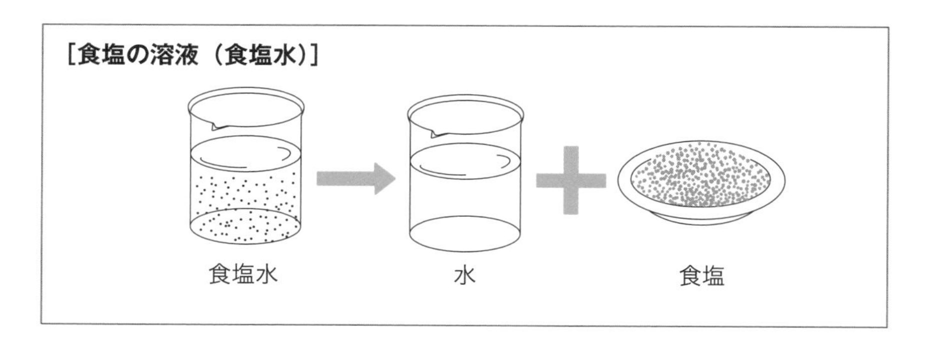

② パーセント濃度（質量パーセント濃度）

質量パーセント濃度（質量百分率濃度）〔wt%〕は、**溶液**（溶媒＋溶質）に含まれる**溶質**の質量の割合をパーセント（百分率）で表す。たとえば、ショ糖水溶液の場合、ショ糖の濃度〔wt%〕は、次の式で表される。

$$\text{ショ糖の濃度} = \frac{\text{ショ糖の質量}}{\text{ショ糖の質量} + \text{水の質量}} \times 100 = \frac{\text{ショ糖の質量}}{\text{溶液の質量}} \times 100 \text{〔wt\%〕}$$

[質量パーセント濃度]

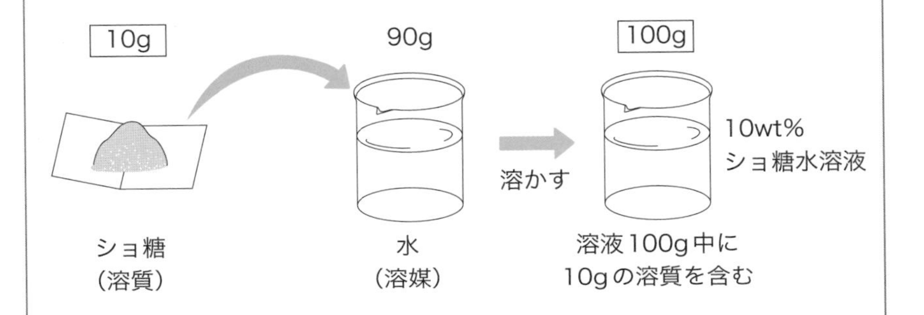

溶液の質量が 100g の場合、**その中に含まれる溶質**の質量〔g〕の数値が、質量パーセント濃度の数値になる。

注意 !! 溶液として 100g であるので、溶液を 110g（10g + 100g）としないよう注意する。

[例　題] 水 500g にショ糖 75g を溶かしてショ糖水溶液をつくった。ショ糖の濃度〔wt%〕を求めよ。

〈正　解〉 ショ糖の濃度$=\dfrac{\text{ショ糖の質量}}{\text{溶液の質量}}\times 100=\dfrac{75}{500+75}\times 100$

$$=\frac{75}{575}\times 100 \fallingdotseq 13.0\text{wt\%}$$

③ モル濃度

化学では一般に**モル濃度**を用いる。

モル濃度は、**溶液**（溶媒ではない）1L 中に溶けている**溶質の物質量**〔mol〕で表す。単位は〔mol/L〕である。

$$\text{モル濃度〔mol/L〕} = \frac{\text{溶質の物質量〔mol〕}}{\text{溶液の体積〔L〕}}$$

溶液 1L 中に物質量 n〔mol〕の溶質があるとき、モル濃度は n〔mol/L〕で表す。

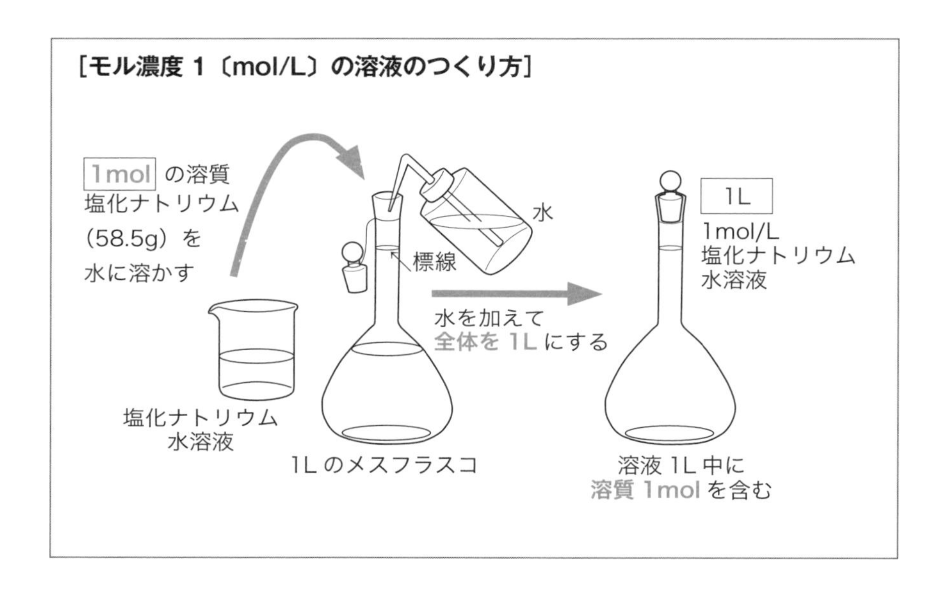

[例題 1] 塩化ナトリウム 100g を水に溶かして 1L の溶液とした。塩化ナトリウムのモル濃度を求めよ。ただし、原子量は、Na = 23.0、Cl = 35.5 とする。

〈正 解〉 塩化ナトリウム（NaCl）の式量は 58.5（Na（23.0）+ Cl（35.5））であるから、1mol の質量は 58.5g である。
したがって、100g の NaCl は、

$$\frac{100}{58.5} \fallingdotseq 1.71\text{mol}$$

これが 1L の溶液中に含まれているから、モル濃度は、1.71mol/L である。

［例題２］水酸化ナトリウム（NaOH）150g を水に溶かして 1L の溶液とした。水酸化ナトリウムのモル濃度を求めよ。ただし、原子量は、Na ＝ 23.0、O ＝ 16.0、H=1.0 とする。

〈正　解〉水酸化ナトリウム（NaOH）1mol の質量は 40.0g（Na（23.0）＋ O（16.0）＋ H （1.0））である。
したがって、150g の NaOH は、

$$\frac{150}{40.0} = 3.75\text{mol}$$

これが 1L の溶液中に含まれているから、モル濃度は、3.75mol/L である。

［例題３］0.4mol/L の硫酸水溶液 300mL には、何 mol の硫酸が溶けているか。

〈正　解〉モル濃度〔mol/L〕に溶液の体積〔L〕（300mL ＝ 0.3L、〔mL〕を〔L〕に直す）を掛け合わせると、溶質の物質量〔mol〕となる。
したがって、0.4 × 0.3 ＝ 0.12mol

■ゴロ合わせで覚えよう！〔モル濃度〕

飯盛るの　よ！
（モル濃度＝）（溶液

駅弁の　よ〜、知ってる？
分の　　　溶質）

$$\text{モル濃度〔mol/L〕} = \frac{\text{溶質の物質量〔mol〕}}{\text{溶液の体積〔L〕}}$$

第2章
基礎化学

08 化学結合

原子と原子との結びつきは化学結合と呼ばれ、その機構によって、イオン結合・共有結合・金属結合・配位結合・水素結合などに分けられる。主な化学結合について学び、それぞれの化学結合の結合様式の違いを理解する。

① 化学結合

化学結合には、イオン結合、共有結合、水素結合などがある。

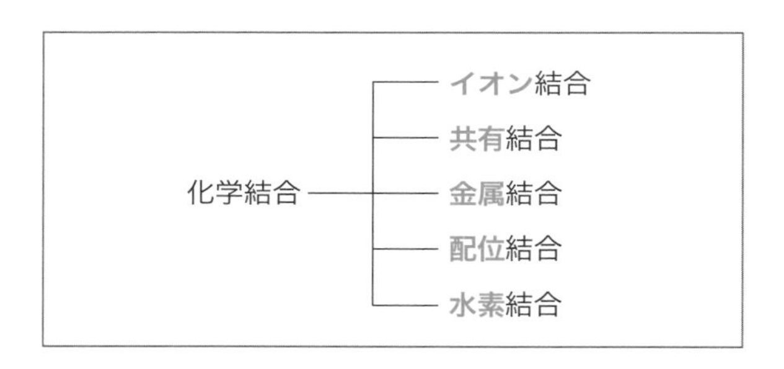

これらの結合の強さは、**共有結合＞配位結合＞イオン結合＞金属結合＞水素結合**の順である。

② 化学結合の種類

(1) イオン結合

陽イオンと**陰イオン**が静電気的に**引き合って**できる結合を**イオン結合**という。

たとえば、塩化ナトリウム（NaCl）は、Na^{+}（ナトリウムイオン、陽イオン）と Cl^{-}（塩化物イオン、陰イオン）がイオン結合したものである。

$$Na^{+} + Cl^{-} \longrightarrow Na^{+}Cl^{-} \longrightarrow NaCl$$

（符号は省略）

(2) 共有結合

2つの原子が**電子を共有**してできる結合を**共有結合**という。

たとえば、水素分子（H_2）は、水素原子（H）どうしが電子を共有してできる共有結合である。

H・＋・H ⟶ H：H
↑　　　　　　↑
価電子　　　共有電子対*

用語　**共有電子対**　原子どうしに共有された２個（１対）の電子のこと。

(3) 金属結合

金属は、原子が整然と並んだ結晶からできているが、その原子から**価電子**がとび出して、以下の図に示すように**金属陽イオンの周囲**を自由にとびまわっている。このような電子を**自由電子**という。

このように**自由電子**によって**陽イオン**が結びつけられている結合を、**金属結合**という。

［金属結合］

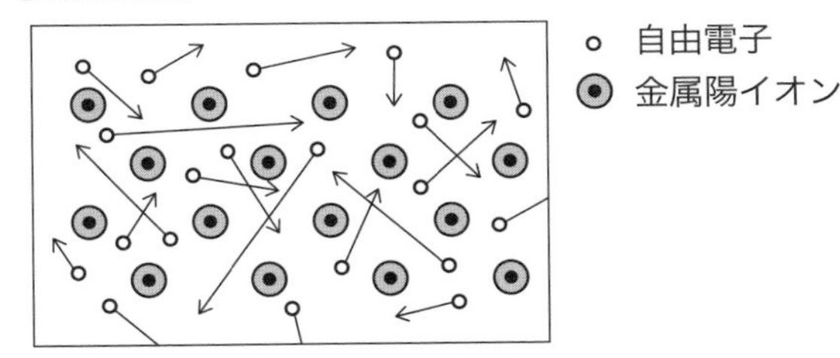

金属結合の例として、鉄（Fe）、銅（Cu）、ナトリウム（Na）、アルミニウム（Al）などがある。

(4) 配位結合

２つの原子がどちらか一方の原子の**非共有電子対**（孤立電子対）**を共有**して起きる化学結合を**配位結合**という（共有結合の仲間である）。

たとえば、アンモニウムイオン（NH_4^+）の場合、次図のように非共有電子対が陽イオンに供給される。これを配位結合という。

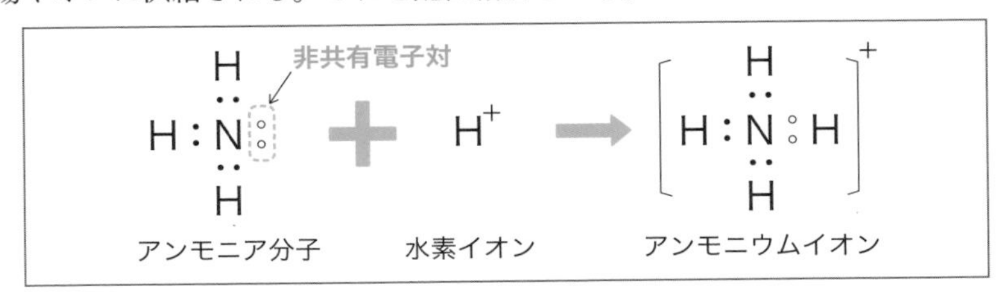

（5）水素結合

水素原子（H）を介して結びつく結合を水素結合という。

たとえば、次図に示す水（H_2O）の結合の場合、水分子どうしの水素結合である。

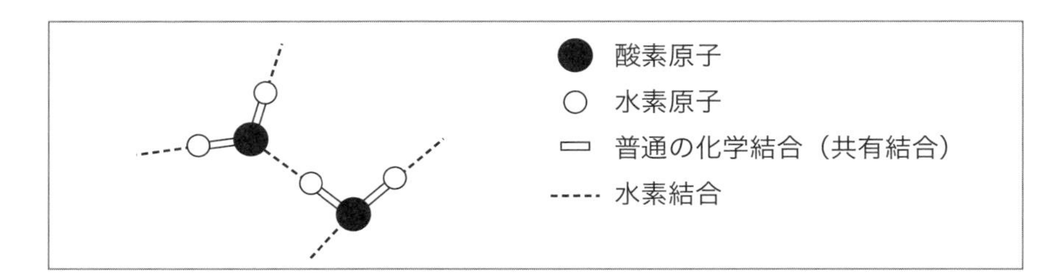

［例題 1］互いに電子を出し合って、対になった電子を共有してできる結合を、何というか。

1　イオン結合　　2　水素結合　　3　共有結合　　4　金属結合

〈正　解〉対になった電子を共有する結合は、3 の共有結合である。

［例題 2］化学結合の強い順は、イオン結合＞共有結合＞水素結合である。正しいかどうか答えよ。

〈正　解〉正しくない。化学結合の強い順序は、共有結合＞イオン結合＞水素結合の順である。

［例題 3］次に示した物質は、イオン結合・共有結合・金属結合のうち、どれにあたるか答えよ。

1　塩化ナトリウム　　2　銅　　3　水酸化ナトリウム
4　水　　5　メタノール

〈正　解〉イオン結合……1　塩化ナトリウム、3　水酸化ナトリウム
共有結合……4　水、5　メタノール
金属結合……2　銅

09 化学反応式

化学式（分子式・構造式・イオン式などの総称）を使って化学反応を書き表したものが化学反応式である。ここでは、化学反応式の書き方と、化学反応式が表す物質の量的関係を学ぶ。同時に、質量保存の法則を把握する。

① 化学反応式の書き方

化学反応式の書き方には、次の3つのルールがある。

①反応する物質の化学式を式の左辺に書き、生成する物質の化学式を式の右辺に書いて、両辺を矢印（⟶）で結ぶ。

②左辺と右辺とで、それぞれの原子数が等しくなるように化学式の前に係数をつける。係数は最も簡単な整数比になるようにし、係数が1になるときは省略する。

③触媒のように反応の前後で変化しない物質は、化学反応式の中には書かない。

[例] 炭素Cが燃えて二酸化炭素 CO_2 になる反応

$$C + O_2 \longrightarrow CO_2$$

（炭素）（酸素）（二酸化炭素）

	左辺（原系）＝右辺（生成系）
C	1 ＝ 1
O	2 ＝ 2

（係数1は書かない）

化学反応式の係数は、左辺と右辺の各原子の数を一致させる。 重要！

[例題 1] 炭素（C）が不完全燃焼して一酸化炭素（CO）になる反応で、正しい化学反応式を書け。

〈正　解〉 $2C + O_2 \longrightarrow 2CO$
（炭素）（酸素）　（一酸化炭素）

この式を $C + O_2 \longrightarrow CO$ と書いてしまうと、矢印の左右の酸素原子（O）の数が一致しないため、誤りである。

そこで、$C + \frac{1}{2}O_2 \longrightarrow CO$ とすれば、矢印の左右の各原子の数が一致し、正しいと思われる化学反応式となる。
ただし、化学式の前の係数は整数とするのが普通であるから、全体を2倍にして正解の式のように書くのがよい。

[例題 2] メタン（CH_4）が燃えて二酸化炭素（CO_2）と水蒸気（H_2O）になる反応で、正しい化学反応式を書け。

〈正　解〉 $CH_4 + 2O_2 \longrightarrow CO_2 + 2H_2O$
（メタン）（酸素）　（二酸化炭素）（水蒸気）

この式を $CH_4 + O_2 \longrightarrow CO_2 + H_2O$ と書いてしまうと、矢印の左右の水素原子（H）と酸素原子（O）の数が一致しないため、誤りである。
まず、H の数を合わせるために、右辺の H_2O の係数を 2 とする。
次に、CO_2 と H_2O の中の O の数を数えると、O は4個必要であることがわかる。
そこで、左辺の O_2 の係数を 2 とすれば、正しい化学反応式になる。

[例題 3] 水素（H_2）が燃えて水（H_2O）になる反応で、正しい化学反応式を書け。

〈正　解〉 $2H_2 + O_2 \longrightarrow 2H_2O$
（水素）（酸素）　　（水）

この式を $H_2 + O_2 \longrightarrow H_2O$ と書いてしまうと、矢印の左右の酸素原子（O）の数が一致しないため、誤りである。
まず、O の数を合わせるために H_2O の係数を 2 とすると、$2H_2O$ の中の水素原子（H）の数は4個になる。次に、左辺の H の数は2個であるから、Hの数が合わない。
そこで、左辺のH_2を2倍にすればHの数は4個になり、正しい化学反応式になる。

② 化学反応式が表す物質の量的関係

化学反応式をみると、反応に必要な物質の量や反応後の物質の量など、**反応の前後の物質の量的関係**がわかる。

［例］窒素（N_2）と水素（H_2）からアンモニア（NH_3）が生じる反応（アンモニアの合成）

化学反応式	N_2　＋	$3H_2$　⟶	$2NH_3$
①分子の数	1分子	3分子	2分子
②物質量	1mol	3mol	2mol
③質量	1×（14.0×2）＝28.0g	3×（1.0×2）＝6.0g	2×（14.0＋1.0×3）＝34.0g
④気体の体積	1×22.4L	3×22.4L	2×22.4L

➡①係数は、分子の数の比を表す。
②係数は、物質量〔mol〕の比を表す。
③物質1mol当たりの質量（分子量に〔g〕をつけたもの）に〔mol〕数を掛けた値が物質の質量を表す。化学反応式の左辺と右辺の質量は等しく、質量保存の法則（後述）が成り立っている。
④アボガドロの法則により、「気体1mol当たりの体積は、標準状態（0℃、1atm）ではすべて22.4L」であるから、上の式は、窒素1mol、22.4Lと、水素3mol、67.2Lでアンモニア2mol、44.8Lが生成することを表す。

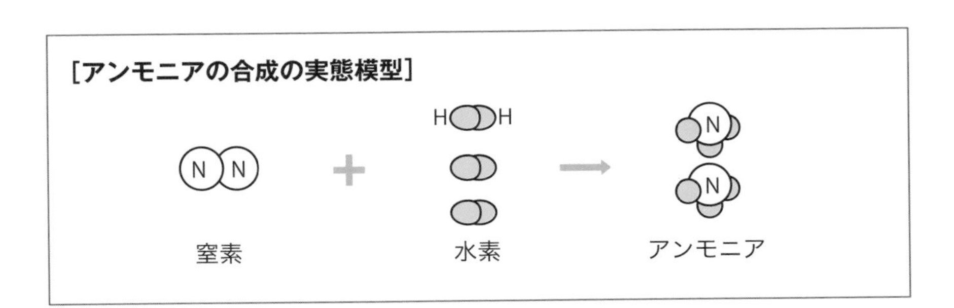

③ 質量保存の法則

どのような化学反応が起こっても、原子の結合が変化するだけで、原子そのものは消滅したり新たに生じたりすることはない。したがって、化学反応が起こる前（原系）に含まれる物質の全質量と、化学反応が起こったあと（生成系）に含まれる物質の全質量とは等しい。これを質量保存の法則という。

［例 1］ 炭素 12.0g と酸素 32.0g が反応して、二酸化炭素 44.0g ができる。

原系 ／ 生成系

$$C + O_2 \longrightarrow CO_2$$

12.0g + 32.0g = 44.0g ←［等しい］→ 44.0g

［例 2］ 水素 4.0g と酸素 32.0g が反応して、水 36.0g ができる。

原系 ／ 生成系

$$2\,H_2 + O_2 \longrightarrow 2\,H_2O$$

4.0g (2 × 2.0) + 32.0g = 36.0g ←［等しい］→ 36.0g (2 × 18.0)

ラボアジェは、フランスの化学者です。1774 年、化学反応の定量的研究から質量保存の法則を発見、確立しました。

■ゴロ合わせで覚えよう！〔化学反応式の係数〕

早く万能に（化学反応式）　**消す薬みつけた**（係数）

現地の（原子の数）　**医師**（一致）

化学反応式の係数は、左辺と右辺の各原子の数を一致させる。

重要ポイント

[06 物質量]

□ ある原子を、その原子量に〔g〕（グラム）という単位をつけた質量だけ集めると、その中には 6.02×10^{23} 個の原子が存在する。この 6.02×10^{23} という数値をアボガドロ定数という。

□ mol は、化学で使用される物質量の単位である。

□ある元素の原子量に単位〔g〕をつけると、その原子 1mol の質量になる。同様に、ある物質の分子量に単位〔g〕をつけると、その分子 1mol の質量になる。

□ アボガドロの法則とは、「すべての気体は、同温同圧のとき同体積中に同数の分子を含む」という法則である。

□ アボガドロの法則より、標準状態（0℃、1atm）では、すべての気体 1mol は体積約 22.4L を占め、その中に 6.02×10^{23} 個（アボガドロ定数）の分子を含む。

[07 溶液の濃度]

□ 溶液とは、溶媒（溶かす成分）に溶質（溶かされる成分）の溶けたものをいう。単に溶液という場合、水溶液をさすことが多い。
溶液＝溶媒＋溶質

□ 質量パーセント濃度〔wt%〕は、溶液に含まれる溶質の質量の割合をパーセント（百分率）で表す。

$$\text{質量パーセント濃度〔wt\%〕} = \frac{\text{溶質}}{\text{溶液（溶媒＋溶質）}} \times 100$$

□ モル濃度〔mol/L〕は、溶液 1L 中に溶けている溶質の物質量〔mol〕で表す。

$$\text{モル濃度〔mol/L〕} = \frac{\text{溶質の物質量〔mol〕}}{\text{溶液の体積〔L〕}}$$

[08 化学結合]

□ 化学結合には、イオン結合、共有結合、金属結合、配位結合、水素結合などがある。

□ イオン結合とは、陽イオンと陰イオンが静電気的に引き合ってできる結合である。

□ 共有結合とは、２つの原子が電子を共有してできる結合である。
□ 金属は、原子が整然と並んだ結晶からできているが、その原子から価電子がとび出して、金属陽イオンの周囲を自由にとびまわっている。このような電子を自由電子という。
□ 自由電子によって陽イオンが結びつけられている結合を、金属結合という。
□ 配位結合とは、２つの原子がどちらか一方の原子の非共有電子対（孤立電子対）を共有して起きる化学結合である。
□ 水素原子を介して結びつく結合を水素結合という。

［09 化学反応式］

□ 化学反応式の書き方で、化学反応式の係数は、左辺と右辺の各原子の数を一致させる。
□ 化学反応が起こる前（原系）に含まれる物質の全質量と、化学反応が起こったあと（生成系）に含まれる物質の全質量とは等しい。これを質量保存の法則という。

■ゴロ合わせで覚えよう！〔化学結合の種類〕

いい音楽を共有
（イオン結合・共有結合）

金管いっぱいの吹奏楽
（金属結合・配位結合・水素結合）

化学結合には、イオン結合、共有結合、金属結合、配位結合、水素結合などがある。

過去問題

正解と解説は p.125 ～ 126

▽問題１

アルミニウム（Al）を希硫酸（H_2SO_4）に溶かすと、硫酸アルミニウム（$Al_2(SO_4)_3$）が生じ、同時に水素（H_2）が発生する。この時の化学反応式について、a～cの（　）に入る数字の正しい組合せを下表から１つ選びなさい。

(a) Al ＋ **(b)** $H_2SO_4 \longrightarrow Al_2(SO_4)_3$ ＋ **(c)** H_2

	a	b	c
1	1	2	3
2	1	3	2
3	2	1	2
4	2	3	3
5	2	2	3

▽問題２

次の記述があてはまる法則名はどれか。下欄から１つ選びなさい。

「同温・同圧で同体積の気体の中には、気体の種類によらず、同じ数の分子が含まれる。」

＜下欄＞

1　アボガドロの法則
2　シャルルの法則
3　ファラデーの法則
4　ボイルの法則
5　ヘスの法則

▽問題 3

物質と結合の種類に関する記述の正誤について、正しい組合せはどれか。

a　イオン結合では、陽イオンと陰イオンがクーロン力でお互いに引き合い、結合を形成している。
b　共有結合のうち、一方の原子の非共有電子対が他方の原子に提供されてできている結合を、配位結合という。
c　ダイヤモンドを構成する原子間の結合は金属結合である。
d　水素結合はイオン結合や共有結合より強く、切れにくい。

	a	b	c	d
1	正	正	誤	誤
2	正	誤	正	誤
3	誤	正	誤	正
4	誤	誤	正	正

▽問題 4

5%食塩水 200g と 10%食塩水 300g を混合した溶液は何%になるか、正しいものを下欄から 1 つ選びなさい。なお、%は質量パーセント濃度とする。

＜下欄＞
1　7%　　**2**　7.5%　　**3**　8%　　**4**　8.5%

▽問題 5

2mol/L の水酸化ナトリウム水溶液を 1L つくるには、水酸化ナトリウムが何 g 必要か。ただし、原子量を H = 1、O = 16、Na = 23 とする。

1　0.25g　　**2**　2g　　**3**　4g　　**4**　40g　　**5**　80g

▽問題６

水（H_2O）を180g計り取った時は、何molになるか。最も近いものを下欄の中から選びなさい。ただし、原子量は、H＝1、O＝16とする。

１　1mol　　２　2mol　　３　5mol　　４　10mol　　５　100mol

▽問題７

標準状態（温度0℃、圧力1013hPa）の体積が44.8LのプロパンC_3H_8の質量〔g〕として、正しいものはどれか。ただし、原子量は、水素＝1、炭素＝12とし、標準状態で1molの気体の体積は、22.4Lとする。

１　22g　　２　44g　　３　88g　　４　176g

▽問題８

二酸化炭素22.0gの標準状態における体積は何Lか。原子量はO＝16、C＝12とし、標準状態での気体1molの体積は22.4Lとする。

１　5.6L　　２　11.2L　　３　22.0L　　４　22.4L　　５　44.8L

【正解と解説】

問題１　４　　化学反応式の係数は、左辺と右辺の各原子の数を一致させる。Alは右辺で２個であるから、左辺のAlの係数（a）は２となる。右辺の$(SO_4)_3$については、左辺のH_2SO_4の係数（b）を３にすればよい。右辺のH_2の係数（c）を３にすれば、Hの数は６個、また、左辺のHの数も６個で一致する。

問題２　１　　２　シャルルの法則は、圧力一定の場合の気体の温度と体積との関係を表す。　３　ファラデーの法則と呼ばれる法則には、電磁誘導に関する法則と、電気分解に関する法則の２つがある。４　ボイルの法則は、温度一定の場合の気体の圧力と体積との関係を表す。　５　ヘスの法則は、反応熱に関する法則である。

問題３　１　　a　クーロン力は静電気的な引力であり、正しい。　b　配位結合は共有結合の仲間であり、正しい。 **c** ダイヤモンドは、炭素原子が共有結合により結ばれている単体である。したがって、金属結合は誤り。 **d** 水素結合は、共有結合やイオン結合に比べて弱い結合であるので、誤り。

問題 4 3 5%食塩水 200g に含まれる溶質は 10g、10%食塩水 300g に含まれる溶質は 30g である。
よって、この混合溶液の濃度は、

$$\frac{(10 + 30)}{(200 + 300)} \times 100 = 8\%$$

問題 5 5 水酸化ナトリウム（$NaOH$）の式量は 40 なので、1mol の質量は 40g である。2mol/L の水溶液を 1L つくるのであるから、必要な水酸化ナトリウムの量は、
40 × 2 = 80g

問題 6 4 水（H_2O）1mol は水の分子量 18 に〔g〕をつけた質量である。題意により、水 180g を計り取ったときは、1mol の 10 倍の 10mol となる。

問題 7 3 題意の圧力 1013hPa（1013 ヘクトパスカル）は 1atm に相当する。44.8L のプロパン（C_3H_8）（分子量 44）のモル数は、
44.8 ÷ 22.4 = 2mol
したがってこのプロパンの重さは、1mol は 44g であるから、
44 × 2 = 88g

問題 8 2 気体の種類に関係なく、1mol の気体は標準状態（0℃、1atm）で 22.4L である。二酸化炭素（CO_2）（分子量は 12 + 16 × 2 = 44 なので、1mol の質量は 44g）が問題では 22.0g であることから、このときの体積は、

$$\frac{22.0}{44} \times 22.4 = 11.2\text{L}$$

質量パーセント濃度とモル濃度は要チェックです。
どちらも求められるように、しっかりと理解しておきましょう。

第2章 基礎化学

10 酸と塩基

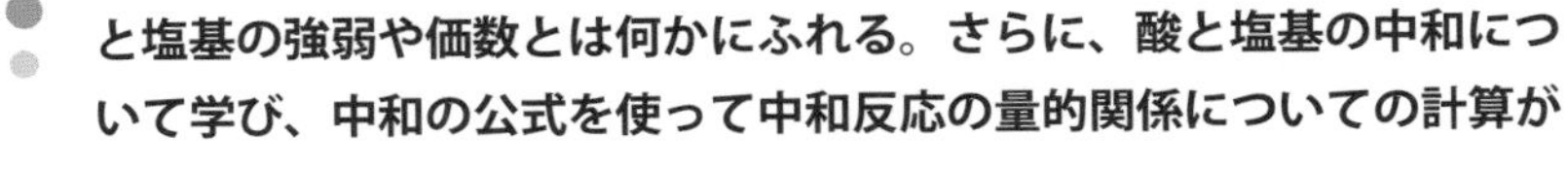

まず、酸と塩基の定義を学び、酸と塩基の性質を理解する。次に、酸と塩基の強弱や価数とは何かにふれる。さらに、酸と塩基の中和について学び、中和の公式を使って中和反応の量的関係についての計算ができるようにする。

1 酸と塩基の定義

(1) アレニウスの定義

アレニウスは、「**酸**とは水溶液中で電離*して**水素イオン（H^+）**を**生じる**物質であり、また、**塩基**とは、水溶液中で電離して**水酸化物イオン（OH^-）**を**生じる**物質である」と定義した。これが**アレニウスの定義**である。

用語　**電離**　化合物が水に溶解して陰イオンと陽イオンに分かれる現象。

(2) ブレンステッド・ローリーの定義

ブレンステッドとローリーによってそれぞれ独立に提案された理論で、「**酸**とは、他の物質に**水素イオン（H^+）**を**与える**物質であり、**塩基**とは、他の物質から**水素イオン（H^+）**を**受け取る**物質である」と定義した。これが**ブレンステッド・ローリーの定義**である。

アレニウスは、スウェーデンの化学者です。1887年、酸と塩基の定義を発表しました。また、1903年、ノーベル化学賞を受賞しました。ブレンステッドはデンマークの化学者、ローリーはイギリスの化学者です。1923年、酸と塩基を定義しました。

2 酸と塩基の性質

酸性を示す物質を**酸**（塩化水素や硫酸などの水溶液）といい、**アルカリ性**を示す物質を**塩基**（水酸化ナトリウムや水酸化カルシウムなどの水溶液）という。

(1) 酸の性質

・青色のリトマス試験紙*を赤色に変える。

・水中で電離すると水素イオン(H^+)を生じる。

[例] 塩酸:$HCl \longrightarrow \underline{H}^+ + Cl^-$

用語 リトマス試験紙(リトマス紙) リトマス溶液をろ紙にしみ込ませて乾燥した試験紙。溶液の酸性、アルカリ性を検出するのに用いられる。青色と赤色の2種類があり、青色のリトマス試験紙を溶液に浸して赤色になればその溶液は酸性、赤色のものを浸して青色になればアルカリ性である。

(2) 塩基の性質

・赤色のリトマス試験紙を青色に変える。

・水中で電離すると水酸化物イオン(OH^-)を生じる。

[例] 水酸化ナトリウム:$NaOH \longrightarrow Na^+ + \underline{OH}^-$

[主な指示薬と酸性・アルカリ性]

指示薬	色の変化
●リトマス	酸性:青→赤、 アルカリ性:赤→青
●メチルオレンジ	酸性:赤、 中性・アルカリ性:オレンジ
●フェノールフタレイン	酸性・中性:無色のまま、 アルカリ性:赤
●ブロムチモールブルー(BTB)	酸性:黄、 中性:緑、 アルカリ性:青

3 酸と塩基の強弱

溶解した物質量に対する電離した物質量の割合を、電離度という。

[塩酸の電離のモデル]

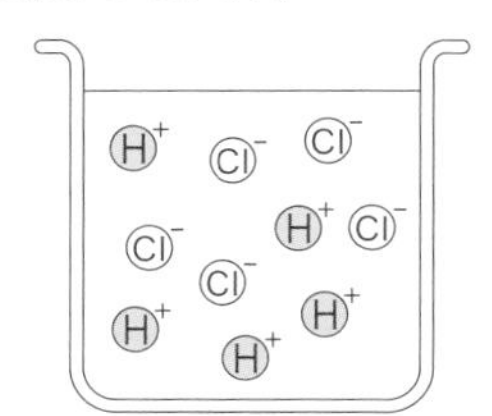

かりに5個のHCl分子を水中に溶かしたら、すべてのHCl分子が電離した。この場合の電離度は1である。

酸と塩基は電離度の大小によって、次表のように分けられる。塩酸(HCl)のように電離度の大きい酸を、強酸という。これに対して、酢酸（CH_3COOH）のように電離度の小さい酸を、弱酸という。同様に、電離度の大きい塩基を強塩基といい、電離度の小さい塩基を弱塩基という。

酸・塩基の強弱の分類

酸		塩　基	
強酸	H_2SO_4、HCl、HNO_3	強塩基	KOH、$NaOH$、$Ba(OH)_2$、$Ca(OH)_2$
弱酸	H_2SO_3、CH_3COOH、H_2CO_3	弱塩基	NH_3、$Al(OH)_3$、$Fe(OH)_3$

④ 酸と塩基の価数

（1）酸の価数

酸の１分子中にある水素原子のうち、電離して水素イオンになることができる水素原子（**H**（下表の太字部分））の数を、酸の価数という。

[酸の価数による酸の分類]

- **１価の酸**（一塩基酸）…… $\mathbf{H}Cl$、$\mathbf{H}NO_3$、$CH_3COO\mathbf{H}$ など
- **２価の酸**（二塩基酸）…… $\mathbf{H_2}SO_4$、$\mathbf{H_2}CO_3$、$\mathbf{H_2}S$ など
- **３価の酸**（三塩基酸）…… $\mathbf{H_3}PO_4$ など

（2）塩基の価数

塩基の１分子中に含まれる水酸基（**－OH**）の数を、塩基の価数という。

[塩基の価数による塩基の分類]

- **１価の塩基**（一酸塩基）…… $Na\mathbf{OH}$、$K\mathbf{OH}$、NH_3（注）など
- **２価の塩基**（二酸塩基）…… $Ca(\mathbf{OH})_2$、$Ba(\mathbf{OH})_2$ など
- **３価の塩基**（三酸塩基）…… $Al(\mathbf{OH})_3$、$Fe(\mathbf{OH})_3$ など

（注）アンモニア（NH_3）は、水と反応して１個の水酸化物イオン（OH^-）を生じるので、１価の塩基として扱われる。

$$NH_3 + H_2O \longrightarrow NH_4^+ + OH^-$$

（アンモニウムイオン）（水酸化物イオン）

5 酸と塩基の中和

酸と塩基の水溶液を混合すると、水素イオン（H^+）と水酸化物イオン（OH^-）とが反応して**水**（H_2O）を生じる。この現象を**中和**（または**中和反応**）という。一般に、中和の際に水と同時に生じる物質を**塩**（えん）という。

［例］塩酸と水酸化ナトリウム溶液の中和

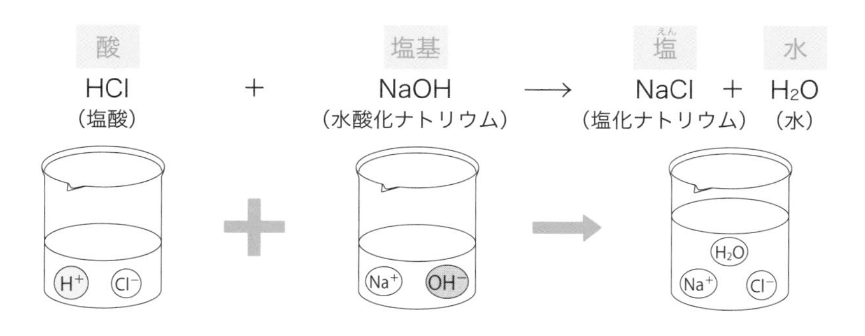

酸と塩基の中和反応を利用して、中和の公式により未知の値である水溶液の濃度や物質量を求めることができる。そのような操作を**中和滴定**という。中和滴定において、酸の水素イオン（H^+）と塩基の水酸化物イオン（OH^-）の数が一致する箇所を**中和点**という。

なお、中和反応によってできる塩の水溶液は中性とはかぎらない。強酸と弱塩基の中和により生じた塩の水溶液は酸性を示し、弱酸と強塩基の中和により生じた塩の水溶液はアルカリ性を示す。

6 中和反応の量的関係（中和の公式）

水素イオン（H^+）と水酸化物イオン（OH^-）が**同じ物質量**で**中和**することを利用して、酸と塩基の水溶液の一方の濃度から他方の濃度を計算することができる。これを式に表すと、次のようになる。この式を**中和の公式**という。

$aC_1V_1 = bC_2V_2$

a、b：酸、塩基の価数
C_1、C_2：酸、塩基のモル濃度〔mol/L〕
V_1、V_2：酸、塩基の体積〔mL〕

［例題1］濃度のわからない水酸化ナトリウム溶液20.00mLを中和するのに、濃度0.106mol/Lの硫酸21.25mLを要した。水酸化ナトリウム溶液の濃度は何mol/Lか。

〈正　解〉設問の化学反応式は、$2\,NaOH + H_2SO_4 \longrightarrow Na_2SO_4 + 2\,H_2O$

中和の公式 $\underset{(酸側)}{aC_1V_1} = \underset{(塩基側)}{bC_2V_2}$ より、硫酸の価数 $a = 2$、$C_1 = 0.106$mol/L、$V_1 = 21.25$mL、水酸化ナトリウムの価数 $b = 1$、$V_2 = 20.00$mL であるから、水酸化ナトリウム溶液の濃度は、

$$C_2 = \frac{aC_1V_1}{bV_2} = \frac{2 \times 0.106 \times 21.25}{1 \times 20.00} \fallingdotseq 0.225\text{mol/L}$$

［例題2］濃度0.275mol/Lの水酸化ナトリウム溶液150mLを中和するために、硫酸20.0mLを要した。この硫酸の濃度は何mol/Lか。

〈正　解〉中和の公式 $\underset{(酸側)}{aC_1V_1} = \underset{(塩基側)}{bC_2V_2}$ より、水酸化ナトリウムの価数 $b = 1$、$C_2 = 0.275$mol/L、$V_2 = 150$mL、硫酸の価数 $a = 2$、$V_1 = 20.0$mL であるから、硫酸の濃度は、

$$C_1 = \frac{bC_2V_2}{aV_1} = \frac{1 \times 0.275 \times 150}{2 \times 20.0} \fallingdotseq 1.031\text{mol/L}$$

［例題3］1.0mol/Lの水酸化カルシウム水溶液20mLを過不足なく中和するのに必要な2.0mol/Lの塩酸の量は何mLか。

〈正　解〉設問の化学反応式は、$Ca(OH)_2 + 2\,HCl \longrightarrow CaCl_2 + 2\,H_2O$

中和の公式 $\underset{(酸側)}{aC_1V_1} = \underset{(塩基側)}{bC_2V_2}$ より、水酸化カルシウムの価数 $b = 2$、$C_2 = 1.0$mol/L、$V_2 = 20$mL、塩酸の価数 $a = 1$、$C_1 = 2.0$mol/L であるから、塩酸の量 V_1〔mL〕は、

$$V_1 = \frac{bC_2V_2}{aC_1} = \frac{2 \times 1.0 \times 20}{1 \times 2.0} = 20\text{ mL}$$

11 水素イオン指数(pH)

水素イオン指数(pH)とは何か。また、水素イオン指数(pH)が示す酸性・アルカリ性の強弱を把握する。

① 水素イオン指数(pH)とは

水溶液の酸性またはアルカリ性の強弱は、**水素イオン濃度 $[H^+]$**(注1)の大きさで表すことができる。その数値はきわめて小さいので、これを取り扱いやすくするために、10^{-1} を1、10^{-7} を7のように表す。このような表記のしかたを**水素イオン指数(pH)**(「ピーエイチ」と読む)という。

すなわち、$[H^+] = 10^{-n}$〔mol/L〕ならば $pH = n$ である。pH には**単位はない**。pH は、$pH = -\log [H^+]$ の式で表される。

(注1)$[H^+]$ は水素イオン濃度を表す記号。

② 水素イオン指数(pH)が示す酸性・アルカリ性

水溶液の水素イオン指数は、**pH = 7** で**中性**を示す。pH が7より**大きく**14に近づくほど強い**アルカリ性**を示し、また pH が7より**小さく**0に近づくほど強い**酸性**を示す。

酸性 $pH < 7$	中性 $pH = 7$	アルカリ性 $pH > 7$

中性は、水溶液中の水素イオン(H^+)と水酸化物イオン(OH^-)の量が**等しい**状態である。H^+が多いと $pH < 7$ となって**酸性**が強くなり、OH^-が多いと $pH > 7$ となって**アルカリ性**が強くなる。次図は、水素イオン指数(pH)と水素イオン濃度 $[H^+]$ および水酸化物イオン濃度 $[OH^-]$(注2)と酸性・アルカリ性の強弱の関係を示している。

(注2)$[OH^-]$ は水酸化物イオン濃度を表す記号。

［pHと［H^+］および［OH^-］と酸性・アルカリ性の強弱の関係］

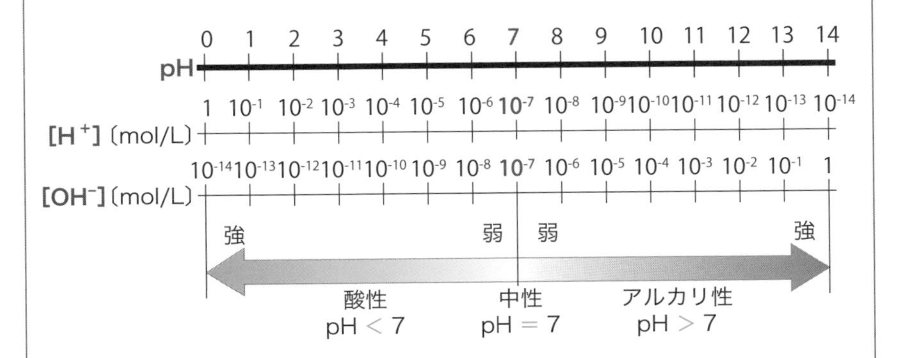

※水溶液中の水素イオン濃度［H^+］と水酸化物イオン濃度［OH^-］の積を、**水のイオン積**という。その値は温度が一定ならば一定で、25℃では約 **1.0×10^{-14}**$(mol/L)^2$ である。

［身近なもののpHの例］

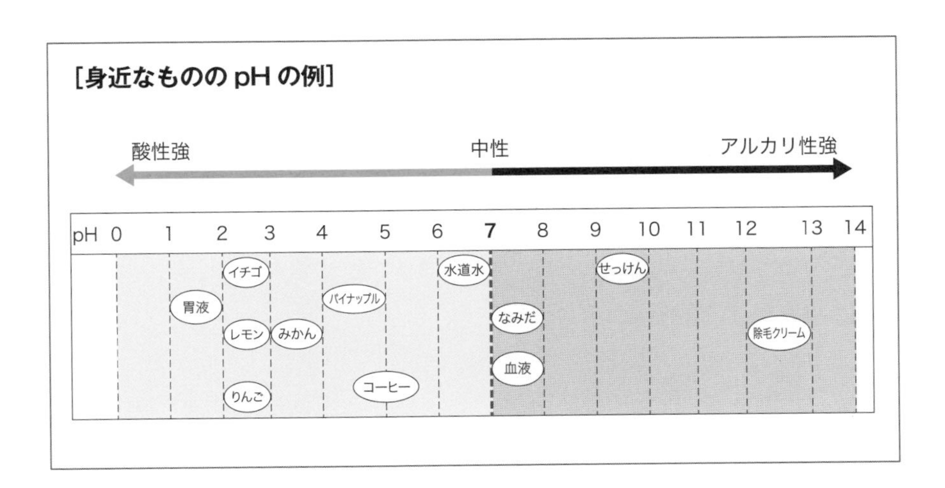

［例題1］ 0.01mol/Lの塩酸（HCl）のpHを求めよ。ただし、塩酸の電離度を1とする。

〈正　解〉 電離度は1であるから、

$[H^+] = [Cl^-] = 0.01 mol/L = 10^{-2} mol/L$

ゆえに、pH = 2
または、pH = − log［H^+］ = − log0.01 = − $\log 10^{-2}$ = 2

［例題 2］ 0.001mol/L の硝酸溶液（HNO_3）の pH を求めよ。ただし、硝酸溶液の電離度を 1 とする。

〈正　解〉［H^+］ = 0.001mol/L = 10^{-3}mol/L
ゆえに、pH = 3
または、pH = − log［H^+］ = − log0.001 = − $\log 10^{-3}$ = 3

［例題 3］ pH = 3 の水溶液の水素イオン濃度は、pH = 5 の水溶液の水素イオン濃度の何倍か。

〈正　解〉 $\dfrac{\text{pH3 の［H}^+\text{］}}{\text{pH5 の［H}^+\text{］}} = \dfrac{10^{-3}}{10^{-5}} = \dfrac{10^5}{10^3} = \dfrac{100000}{1000} = 100$ 倍

電離度については、p.128 で確認しましょう。

■ゴロ合わせで覚えよう！〔pH〕

ピーッ！エッチな話は
（p）　（H）　（7 より）

小さい声で！　賛成！
（小さい）　（酸性）

pH が 7 よりも小さい水溶液は酸性である。

12 酸化と還元

まず、酸化と還元は同時に起こることを理解し、酸化と還元の定義を把握する。特に、酸化数については、酸化数の決め方のルールを覚える。また、酸化剤と還元剤の働きについてふれる。

① 酸化と還元の同時性

酸化と**還元**は１つの反応で**同時に起こる**。１つの反応は、部分的に見れば酸化反応あるいは還元反応であるが、全体としては**酸化還元**反応である。

［例］ 水素（H_2）と酸化銅（Ⅱ）（CuO）が、水（H_2O）と銅（Cu）になる反応

酸化されて（H_2 → H_2O）

$$H_2 + CuO \longrightarrow H_2O + Cu$$

（水素）（酸化銅（Ⅱ））（水）（銅）

還元されて（CuO → Cu）

酸化・還元は１つの反応で**同時に起こる**。この場合、H_2 は還元剤、CuO は酸化剤である（還元剤、酸化剤については後述）。

② 酸化と還元の定義

（1）酸素のやりとりによる酸化と還元の定義

たとえば、CuO と C の反応では、

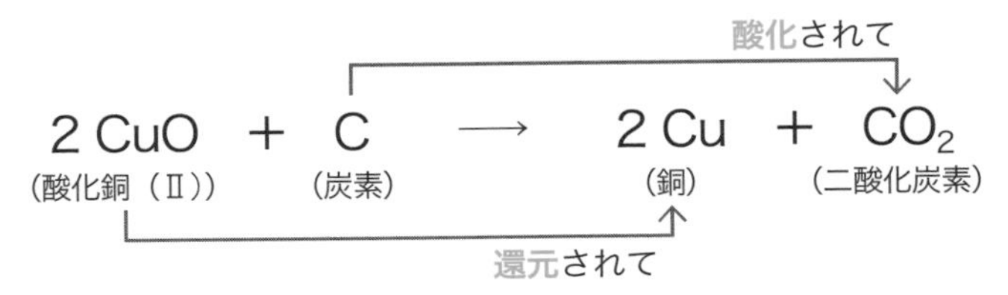

CuO は**還元**、C は**酸化**されている。

このように、**酸化**とは物質が「**酸素と化合した**」ことであり、**還元**とは物質が

「**酸素を失った**」ことである。

なお、このほかに、ある物質が「**水素原子を失う**」ことを酸化とし、物質が「**水素原子と化合する**」ことを還元とする定義もある。

(2) 電子のやりとりによる酸化と還元の定義

$2\,Cu + O_2 \longrightarrow 2\,CuO$

（銅）　（酸素）　（酸化銅（Ⅱ））

この反応で、電子を e^- で表すと、

$$2\,Cu \longrightarrow 2\,Cu^{2+} + 4e^-$$
$$O_2 + 4e^- \longrightarrow 2\,O^{2-}$$
$$2\,Cu + O_2 \longrightarrow 2\,CuO\ (= 2\,Cu^{2+}O^{2-})$$

2 Cu は電子 4 個を**失い**（**酸化**）、O_2 は電子 4 個を**得て**（**還元**）いる。つまり、**酸化**とは「**電子を失った**」ことであり、**還元**とは「**電子を得た**」ことである。

(3) 酸化数の増減による酸化と還元の表し方

酸化数とは、単体または化合物の中の原子に割り当てる数値であり、次のようにして決める。

酸化数の決め方（ルール）	例
①**単体**の中の原子の酸化数は **0**（ゼロ）とする。	H_2、O_2、C、S、金属などの原子は 0
②通常、化合物中の**水素**原子の酸化数は **＋1**、**酸素**原子の酸化数は **－2** とする。	H_2O では、H は＋1、O は－2
③化合物中の各原子の酸化数の総和は **0** である。	SO_2 では、O は－2 なので、S は＋4 ＋4＋(－2)×2＝0
④単原子のイオンの酸化数はその**イオンの価数**に等しい。	K^+、H^+では＋1、S^{2-}では－2
⑤原子団からできているイオンでは、その中の原子の酸化数の総和はその**イオンの価数**に等しい。	CO_3^{2-}では、O は－2 であるから、C は＋4 ＋4＋(－2)×3＝－2

（注）1. 過酸化物（H_2O_2、Na_2O_2 など）では、酸素原子の酸化数を－1 とする。
2. 周期表の 1 族と 2 族の金属の水素化物（NaH、LiH、CaH_2 など）では、水素原子の酸化数を －1 とする。

　このようにして決めたある原子の酸化数が、反応前より反応後で**増加**していれば、その原子は「**酸化された**」と判断し、**減少**していれば「**還元された**」と判断する。

[例] 亜硝酸（HNO_2）と硝酸（HNO_3）の中の窒素原子（N）の酸化数は、それぞれいくらか？　また、HNO_2 が HNO_3 に変化したとすれば、N 原子は酸化されたか、それとも還元されたか？

HNO_2 中の N 原子の酸化数を x、HNO_3 中のそれを y とすれば、酸化数の決め方のルールより、
$(+1) + x + (-2) \times 2 = 0$ から　$x = +3$
$(+1) + y + (-2) \times 3 = 0$ から　$y = +5$
＋３から＋５に**増加**したので、N 原子は**酸化**された。

③ 酸化剤と還元剤

　他の物質を酸化することのできる物質を**酸化剤**といい、他の物質を還元することのできる物質を**還元剤**という。
　酸化剤は、相手の物質を**酸化**すると同時に自身は**還元**され、還元剤は、相手の物質を**還元**すると同時に自身は**酸化**される。

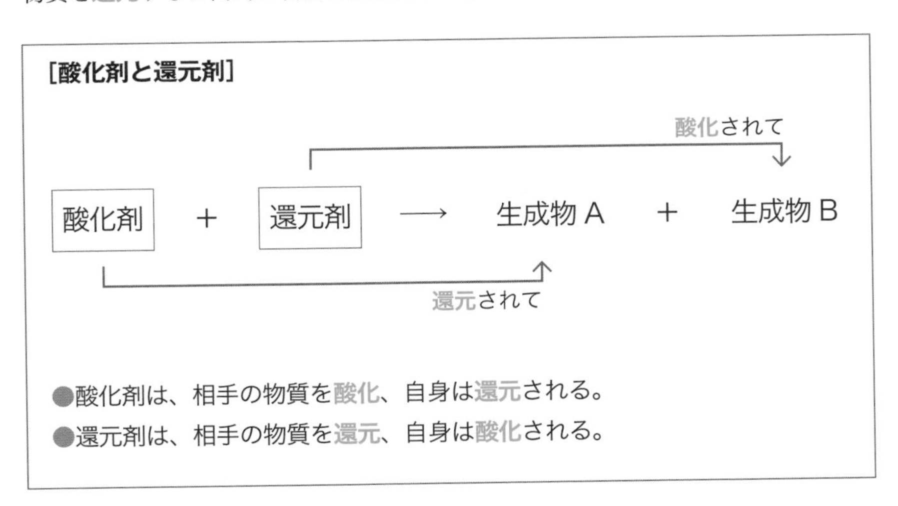

酸化剤と還元剤の物質の例

	物　質
酸化剤	酸化銅（Ⅱ）（CuO）、オゾン（O_3）、過酸化水素（H_2O_2）（注 1）、過マンガン酸カリウム（$KMnO_4$）、塩素（Cl_2）、酸素（O_2）、硝酸（HNO_3）
還元剤	炭素（C）、銅（Cu）、ナトリウム（Na）、シュウ酸（$H_2C_2O_4$）、水素（H_2）、硫化水素（H_2S）、二酸化硫黄（SO_2）（注 2）

（注 1）過酸化水素（H_2O_2）は普通は酸化剤であるが、過マンガン酸カリウム（$KMnO_4$）のような強い酸化剤と反応するときには還元剤としてはたらく。

（注 2）二酸化硫黄（SO_2）は普通は還元剤であるが、硫化水素（H_2S）と反応するときには酸化剤としてはたらく。

［例　題］酸化と還元に関する説明として、次のうち誤っているものはどれか。

1　物質が酸素と化合する反応を酸化、物質が酸素を失う反応を還元という。

2　酸化とは物質が電子を失う変化、還元とは物質が電子を受け取る変化である。

3　ある原子の酸化数が、反応前より反応後で増加していれば、その原子は「酸化された」と判断し、減少していれば「還元された」と判断する。

4　酸化剤とは還元されやすい物質、還元剤とは酸化されやすい物質である。

5　酸化と還元は 1 つの反応で同時に起こることはない。

〈正　解〉5 が誤り。酸化と還元は 1 つの反応で同時に起こる。ほかの 4 肢はその通りで正しい。

重要ポイント

[10 酸と塩基]

□「酸とは、水溶液中で電離して水素イオンを生じる物質であり、塩基とは、水溶液中で電離して水酸化物イオンを生じる物質である」と定義したのがアレニウスの定義である。

□「酸とは、他の物質に水素イオンを与える物質であり、塩基とは、他の物質から水素イオンを受け取る物質である」と定義したのがブレンステッド・ローリーの定義である。

□ 酸性を示す物質を酸といい、アルカリ性を示す物質を塩基という。

□ 酸の性質は、青色のリトマス試験紙を赤色に変える。また、水中で電離すると水素イオン（H^+）を生じる。

□ 塩基の性質は、赤色のリトマス試験紙を青色に変える。また、水中で電離すると水酸化物イオン（OH^-）を生じる。

□ 溶解した物質量に対する電離した物質量の割合を電離度という。

□ 電離度の大きい酸を強酸といい、電離度の小さい酸を弱酸という。同様に、電離度の大きい塩基を強塩基といい、電離度の小さい塩基を弱塩基という。

□ 酸の価数とは、酸の 1 分子中にある水素原子のうち、電離して水素イオンになることができる水素原子の数をいう。

□ 塩基の価数とは、塩基の 1 分子中に含まれる水酸基（− OH）の数をいう。

□ 中和反応は、酸から電離する水素イオンと、塩基から電離する水酸化物イオンより水と塩（えん）を生じる反応である。

□ 中和の公式は、$aC_1V_1 = bC_2V_2$ で表される。ただし、a、b は酸、塩基の価数、C_1、C_2 は酸、塩基のモル濃度〔mol/L〕、V_1、V_2 は酸、塩基の体積〔mL〕である。

[11 水素イオン指数（pH）]

□ 水素イオン指数（pH）は、pH ＝ − log［H^+］の式で表される。ただし、［H^+］は水素イオン濃度を表す記号である。

□ 水溶液の水素イオン指数は、pH ＝ 7 で中性を示す。pH が 7 より大きく 14 に近づくほど強いアルカリ性を示し、また、pH が 7 より小さく 0 に近づくほど強い酸性を示す。

[12 酸化と還元]

□ 酸化と還元は 1 つの反応で同時に起こる。

□ 酸化とは、物質が「酸素と化合した」ことであり、また、「電子を失った」ことである。さらに、ある原子の酸化数が、反応前より反応後で増加していれば、その原子は「酸化された」と判断する。

□ 還元とは、物質が「酸素を失った」ことであり、また、「電子を得た」ことである。さらに、ある原子の酸化数が、反応前より反応後で減少していれば、その原子は「還元された」と判断する。

□ 酸化数とは、単体または化合物の中の原子に割り当てる数値であり、次のような酸化数の決め方のルールがある。

①単体の中の原子の酸化数は 0 とする。

②化合物中の水素原子の酸化数は＋ 1、酸素原子の酸化数は－ 2 とする。

③化合物中の各原子の酸化数の総和は 0 である。　など

□ 酸化剤とは、他の物質を酸化することのできる物質をいい、同時に自身は還元される。

□ 還元剤とは、他の物質を還元することのできる物質をいい、同時に自身は酸化される。

■ゴロ合わせで覚えよう！〔酸と塩基〕

賛成が（酸性）　**三人なら、**（酸）

丸刈りは（アルカリ性）　**延期に**（塩基）

酸性を示す物質を酸といい、アルカリ性を示す物質を塩基という。

過去問題

正解と解説は p.144

▽問題1

次の中和指示薬に関する記述について、（　）の中に入れるべき字句として正しい組合せはどれか。

ブロムチモールブルー（BTB）は、酸性の領域では（　ア　）色、アルカリ性の領域では（　イ　）色を示す。

	ア	イ
1	無	赤
2	赤	黄
3	黄	青
4	赤	青
5	青	黄

▽問題2

ある濃度の希硫酸 40mL を中和するのに、0.60mol/L の水酸化ナトリウム水溶液 60mL を要した。この希硫酸の濃度は、何 mol/L か。

1　0.05mol/L
2　0.20mol/L
3　0.45mol/L
4　0.75mol/L
5　0.90mol/L

▽問題 3

以下の記述について、（　）の中に入れるべき数値を下から１つ選びなさい。

pH ＝ 6 の水溶液の水素イオン濃度は、pH ＝ 3 の水溶液の水素イオン濃度の（　）倍である。

1　0.001
2　0.01
3　2.0
4　1000

▽問題 4

次のうち、1 価の酸でないものはどれか。

1　酢酸（CH_3COOH）
2　リン酸（H_3PO_4）
3　塩酸（HCl）
4　硝酸（HNO_3）

▽問題 5

次の a ～ d の物質のうち、1 価の塩基はどれか。正しいものの組合せを選びなさい。

a　$Ba(OH)_2$　　**b**　NH_3　　**c**　CH_3OH　　**d**　$LiOH$

1　a，b
2　a，c
3　b，d
4　c，d

▽問題 6

次の化学反応式のうち、酸化還元反応でないものを 1 つ選びなさい。

1　$2\,KI + Br_2 \longrightarrow 2\,KBr + I_2$
2　$HNO_3 + NaOH \longrightarrow NaNO_3 + H_2O$
3　$2\,Na + 2\,H_2O \longrightarrow 2\,NaOH + H_2$

▽問題 7

0.001mol/L の塩酸（電離度 1.0）の水素イオン指数 pH の値として、正しいものを下欄から選びなさい。

＜下欄＞
1　1
2　2
3　3
4　4
5　5

▽問題 8

次のうち、酸化剤と還元剤の両方の働きをする物質はどれか。

1　希硝酸　HNO_3
2　ナトリウム　Na
3　二酸化硫黄　SO_2
4　ヨウ化カリウム　KI
5　過マンガン酸カリウム　$KMnO_4$

【正解と解説】

問題 1　3　ブロムチモールブルー（BTB）は、酸性の領域では黄色、アルカリ性の領域では青色である。中性では緑色である。

問題 2　3　中和の公式「酸の価数（a）× 酸のモル濃度（C_1）× 酸の体積（V_1）＝塩基の価数（b）× 塩基のモル濃度（C_2）× 塩基の体積（V_2）」より、これに代入すると、硫酸（$\mathbf{H}_2SO_4$）の価数は 2 価、水酸化ナトリウム（Na**OH**）の価数は 1 価であるから、

$2 \times C_1 \times 40 = 1 \times 0.60 \times 60$

$C_1 = 0.45$mol/L

問題 3　1　$\dfrac{\text{pH6 の } [H^+]}{\text{pH3 の } [H^+]} = \dfrac{10^{-6}}{10^{-3}} = \dfrac{10^3}{10^6} = \dfrac{1000}{1000000} = 0.001$ 倍

問題 4　2　1 価の酸でないものは、3 価の酸のリン酸（$\mathbf{H}_3PO_4$）である。

1　酢酸（$CH_3COO\mathbf{H}$）は 4 価の酸ではなく、1 価の酸である。

3　塩酸（**H**Cl）、**4** 硝酸（$\mathbf{H}NO_3$）は 1 価の酸である。

問題 5　3　**a** 水酸化バリウム〔$Ba(OH)_2$〕は 2 価の塩基、**b** アンモニア（NH_3）は 1 価の塩基、**c** メタノール（CH_3OH）は中性、**d** 水酸化リチウム（LiOH）は 1 価の塩基である。

アンモニア（NH_3）は、水と反応して 1 個の水酸化物イオンを生じるので、1 価の塩基として扱われる。

$NH_3 + H_2O \longrightarrow NH_4^+ + OH^-$

（アンモニウムイオン）（水酸化物イオン）

問題 6　2　酸化還元反応でないものは 2 である。2 は酸と塩基の中和反応である。　**1**、**3** は酸化還元反応である。**3** のナトリウムと水との反応では、ナトリウムは酸化され、水は還元される。

問題 7　3　0.001mol/L 塩酸の水素イオン濃度［H^+］は、1.0×10^{-3} であるから、pH は 3 となる。

問題 8　3　二酸化硫黄（SO_2）は普通は還元剤であるが、硫化水素（H_2S）と反応するときには酸化剤としてはたらく。このように、二酸化硫黄は、酸化剤と還元剤の両方の働きをする。　**1** 希硝酸は酸化剤、**2** ナトリウムは還元剤、**4** ヨウ化カリウムは還元剤、**5** 過マンガン酸カリウムは酸化剤である。

第2章
基礎化学

13 金属の性質

金属について重要な炎色反応と金属のイオン化傾向を学習する。炎色反応は主にアルカリ金属やカルシウムやストロンチウムなどについて把握し、金属のイオン化列についてはその順序を必ず覚えるようにする。

① 炎色反応

アルカリ金属*およびその化合物を酸化炎*中で加熱すると、**炎**にその**元素固有の色**がつく。これを**炎色反応**といい、これらの元素の確認に利用される。

アルカリ金属　リチウム（Li）、ナトリウム（Na）、カリウム（K）、ルビジウム（Rb）、セシウム（Cs）、フランシウム（Fr）をアルカリ金属という。
酸化炎　バーナーでの炎（炎心、内炎、外炎からなる）の高温度となる外炎の部分。

アルカリ金属以外にも、炎色反応を示す元素（カルシウム（Ca）、ストロンチウム（Sr）、バリウム（Ba）銅（Cu））がある。夏の夜空を彩る花火の色は、これらの金属の炎色反応を利用したものである。

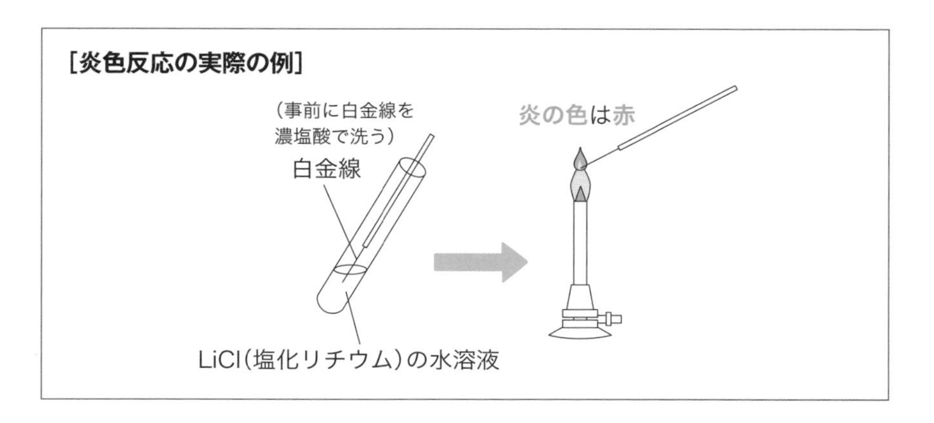

炎色反応の色

Li	Na	K	Rb	Cs	Ca	Sr	Ba	Cu
赤	黄	淡紫	赤紫	青紫	橙赤	深赤	緑	青緑

[身近にみる炎色反応の例]

●ガスレンジ上のなべの中のみそ汁が吹きこぼれたときに、ガスの**炎が黄色くなる**現象。これはみそ汁の中の塩分の **Na**（**ナトリウム**）の炎色反応である。

[例　題] 炎色反応で黄色を示すアルカリ金属は、次のうちどれか。

1　リチウム　　**2**　ナトリウム　　**3**　カリウム
4　ストロンチウム　　**5**　バリウム

〈正　解〉 **2**の**ナトリウム**（Na）が正しい。**ナトリウム**の黄色は、炎色反応の代表的なものである。　**1** リチウム（Li）、**3** カリウム（K）はアルカリ金属であるが、炎色反応はリチウムは**赤**色、カリウムは**淡紫**色である。　**4** ストロンチウム（Sr）、**5** バリウム（Ba）はアルカリ金属ではなく、炎色反応はストロンチウムは**深赤**色、バリウムは**緑**色である。

② 金属のイオン化傾向

硫酸銅（II）の水溶液に鉄（Fe）を入れると、鉄が**陽イオン**となって溶液中に溶け込み、銅（Cu）が析出する。

$$Cu^{2+} + Fe \longrightarrow Cu + Fe^{2+}$$

これは、鉄の原子 Fe が**電子** 2 個を**放出して** Fe^{2+} となり、その電子を Cu^{2+} が**受け取って**正電荷を失い Cu となった状態である。すなわち、鉄のほうが銅よりもイオンになりやすいことを示し、これを「鉄は銅より**イオン化傾向が大きい**」という。

[硫酸銅（Ⅱ）水溶液に鉄片を入れた実験]

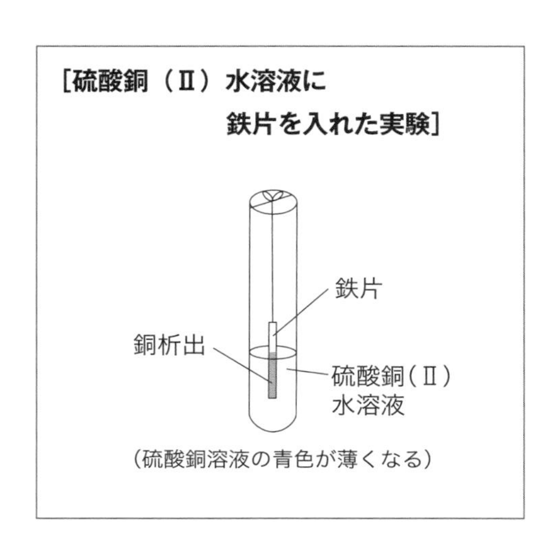

（硫酸銅溶液の青色が薄くなる）

　このように、金属が陽イオンになろうとする性質を**イオン化傾向**という。主な金属をイオン化傾向の大小の順に並べると、次のようになる。これを**金属のイオン化列**という。

注意!! この金属のイオン化列の順序は必ず覚えること。

[金属のイオン化列]

リチウム カリウム カルシウム ナトリウム マグネシウム アルミニウム 亜鉛 鉄 ニッケル スズ 鉛 水素 銅 水銀 銀 白金 金

Li > K > Ca > Na > Mg > Al > Zn > Fe > Ni > Sn > Pb > (H_2)* > Cu > Hg > Ag > Pt > Au

大  イオン化傾向 → 小

＊水素 (H_2) は金属ではないが、金属と同様に水溶液中で陽イオンになるので、比較のためにイオン化列の中に加えている。そのため（　　）にしてある。

一般に、イオン化傾向の**大きな**金属ほど反応性が強い。 

[イオン化傾向の違いによって析出する金属の他の例]

- **酢酸鉛（Ⅱ）**〔$Pb(CH_3COO)_2$〕の水溶液中に**亜鉛**（Zn）をつるしておくと、**鉛**（Pb）の結晶が析出する（イオン化傾向 Zn > Pb）。
- **硝酸銀**（$AgNO_3$）の水溶液中に**銅**（Cu）をつるしておくと、**銀**（Ag）の結晶が析出する（イオン化傾向 Cu > Ag）。

[例　題] 金属のイオン化傾向の大きさの順として、正しいものを次の1～4から1つ選びなさい。

1　Na > Cu > Fe > Li
2　Na > Li > Cu > Fe
3　Li > Na > Fe > Cu
4　Li > Fe > Na > Cu

〈正　解〉 金属のイオン化列から**3**が正しい。

14 有機化合物

まず、有機化合物の分類について、鎖式化合物と環式化合物（芳香族化合物、脂環式化合物）の違いを理解する。次に、有機化合物の特性について把握する。また、官能基とは何か、官能基にはどのようなものがあるかなど化合物の例にもふれる。

1 有機化合物の分類

炭素（C）を含む化合物を一般に有機化合物という（ただし、一酸化炭素、二酸化炭素、炭酸塩などの物質を除く）。有機化合物以外の化合物を無機化合物という。

有機化合物は、骨格となる炭素原子の結合のしかた（分子の形）により、鎖式（さしき）化合物と環式（かんしき）化合物に大別される（次図参照）。

なお、炭素間の結合がすべて単結合（構造式では一重の線）の有機化合物を飽和化合物といい、二重結合、三重結合（構造式では二重、三重の線）などを含むものを不飽和化合物という。

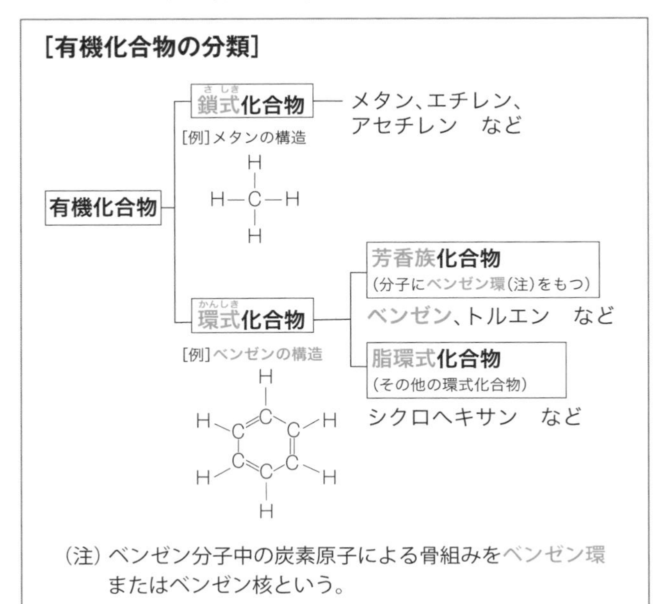

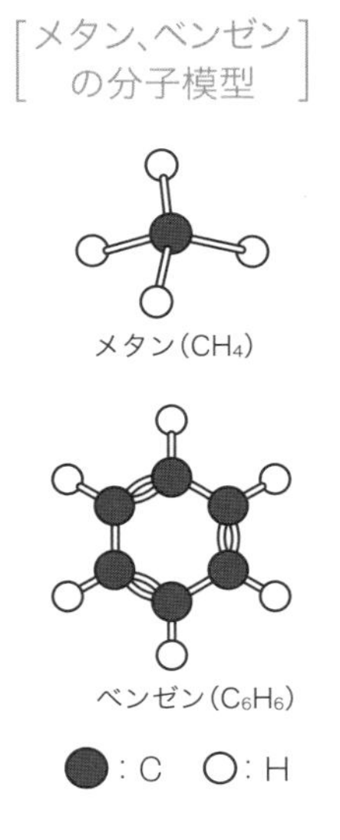

[例　題] 次の有機化合物のうち、鎖式化合物でないものを下欄から選びなさい。

<下欄>
1　メタン　　2　エチレン　　3　アセチレン　　4　ベンゼン

〈正　解〉鎖式化合物でないものは、4 のベンゼン（環式化合物の芳香族化合物）である。あとの 1 メタン、2 エチレン、3 アセチレンは鎖式化合物である。

2 有機化合物の特性

有機化合物の一般的特性は次の通りである。

①成分元素は、主体が炭素（C）、水素（H）、酸素（O）、窒素（N）などである。
②分子間の結合は共有結合が多い。
③一般に可燃性である。
④一般に空気中で燃えて、二酸化炭素（CO_2）と水（H_2O）を生じる。
⑤一般に水に溶けにくい。
⑥有機溶媒（ジエチルエーテル（$C_2H_5OC_2H_5$）、アセトン（CH_3COCH_3）など）に溶けやすいものが多い。
⑦一般に融点および沸点の低いものが多い。
⑧一般に反応は遅いものが多い。
⑨結合のしかたの相違から、組成が同じであっても性質の異なる異性体（注）が存在する。
⑩水溶液中で電離するものは少なく、電離するもの（ぎ酸（HCOOH）、酢酸（CH_3COOH）など）でも、その電離度は小さい。

（注）分子式が同じでも構造・性質が異なる物質を、互いに異性体であるという。たとえば、ブタン（C_4H_{10}）には、分子の構造が異なった次のような２種類の化合物が存在する。

[異性体の構造式の例]

● *n*–ブタン（正ブタン）
（*n* はノルマル「普通」の意味）

```
    H   H   H   H
    |   |   |   |
H — C — C — C — C — H
    |   |   |   |
    H   H   H   H
```

●イソブタン

```
        H
        |
    H — C — H
    H   |   H
    |   |   |
H — C — C — C — H
    |   |   |
    H   H   H
```

構造式とは、原子間の結合を価標（共有電子対を 1 本の線とする）で表した化学式です。

［例　題］ 有機化合物の一般的特性について、次のうち誤っているものはどれか。

1　一般に水に溶けやすい。
2　一般に空気中で燃えて、二酸化炭素と水を生じる。
3　一般に融点および沸点の低いものが多い。
4　一般に反応は遅いものが多い。
5　成分元素は、主体が炭素、水素、酸素、窒素などである。

〈正　解〉 1 が誤り。有機化合物は、一般に**水に溶けにくい**。　あとの **2 ～ 5** については**正しい**。

③ 官能基（官能基による分類）

有機化合物には、その分子中に、ハロゲン（–Cl など）、ヒドロキシ基（–OH）、アルデヒド基 $\left(-\mathrm{C}\begin{smallmatrix}\mathrm{=O}\\ \mathrm{\backslash H}\end{smallmatrix}\right)$、カルボキシ基 $\left(-\mathrm{C}\begin{smallmatrix}\mathrm{=O}\\ \mathrm{\backslash OH}\end{smallmatrix}\right)$ などの原子または原子団を含むものがあり、**同種の原子または原子団**を含む化合物には、そ

れぞれに共通した性質がある。このような原子または原子団を、特に官能基という。

> 官能基とは、有機化合物の性質を特徴づける原子または原子団のこと。

主な官能基と化合物

官能基の名称（別称）	官能基の式	化合物の一般名	化合物の例
ハロゲン	—X（—Clなど）	ハロゲン化合物	クロルメチル CH_3Cl
ヒドロキシ基*（ヒドロキシル基）*水酸基ともいう。	—OH	アルコール	メタノール CH_3OH エタノール C_2H_5OH 1−プロパノール C_3H_7OH
		フェノール類	フェノール C_6H_5OH
アルデヒド基	—C(=O)H（—CHO）	アルデヒド **	ホルムアルデヒド HCHO アセトアルデヒド CH_3CHO
カルボニル基（ケトン基）	>C=O（>CO）	ケトン **	アセトン CH_3COCH_3 メチルエチルケトン $CH_3COC_2H_5$
カルボキシ基（カルボキシル基）	—C(=O)OH（—COOH）	カルボン酸 **	酢酸 CH_3COOH 安息香酸 C_6H_5COOH
ニトロ基	$—NO_2$	ニトロ化合物	ニトロベンゼン $C_6H_5NO_2$
アミノ基	$—NH_2$	アミン	アニリン $C_6H_5NH_2$
スルホ基（スルホン酸基）	$—SO_3H$	スルホン酸	ベンゼンスルホン酸 $C_6H_5SO_3H$

**ケトンのほか、アルデヒドやカルボン酸にもカルボニル基（>C=O）が含まれている。このようなカルボニル基を含んだ化合物のことを総称してカルボニル化合物という。

分子式から官能基を区別して書いた化学式を、示性式といいます。示性式は、分子式と構造式の中間的性格をもっています。

[例題 1] 次の化合物で–CHO の官能基をもつものはどれか。

1　ジエチルエーテル　　**2**　アセトアルデヒド
3　ニトロベンゼン　　**4**　フェノール

〈正　解〉 －CHO（アルデヒド基）の官能基をもつ化合物は 2 のアセトアルデヒド（CH_3CHO）である。　**1** の化学式は $C_2H_5OC_2H_5$、**3** の化学式は $C_6H_5NO_2$、**4** の化学式は C_6H_5OH で、いずれも－ CHO 基をもっていない。

[例題 2] 物質とその構造に含まれる官能基との組合せとして、正しいものはどれか。

	物質	官能基
1	$C_6H_5 - NH_2$	アミノ基
2	$CH_3 - COOH$	ヒドロキシ基
3	$C_2H_5 - OH$	スルホ基
4	$C_6H_5 - SO_3H$	カルボニル基

〈正　解〉 正しいものは 1 のアミノ基（－ NH_2）の入った $C_6H_5NH_2$（アニリン）である。　**2**、**3**、**4** は組合せとして誤り。　**2** はカルボキシ基（－COOH）の入った CH_3COOH（酢酸）、**3** はヒドロキシ基（－ OH）の入った C_2H_5OH（エタノール）、**4** はスルホ基（－ SO_3H）の入った $C_6H_5SO_3H$（ベンゼンスルホン酸）である。

第2章 基礎化学 15 その他の重要レッスン

その他の重要レッスンでは、物質の状態変化、ボイルーシャルルの法則関係、さらに熱化学方程式について学習する。

① 物質の状態変化

水を例にとると、水が水蒸気や氷に変わるのは、単に液体・気体・固体という状態（物質の三態）が変化するだけであって、水という物質が別の物質に変わるわけではない。このような変化のしかたを、状態変化または三態変化という。状態変化は、水だけでなくほかの多くの物質にもみられる現象である。

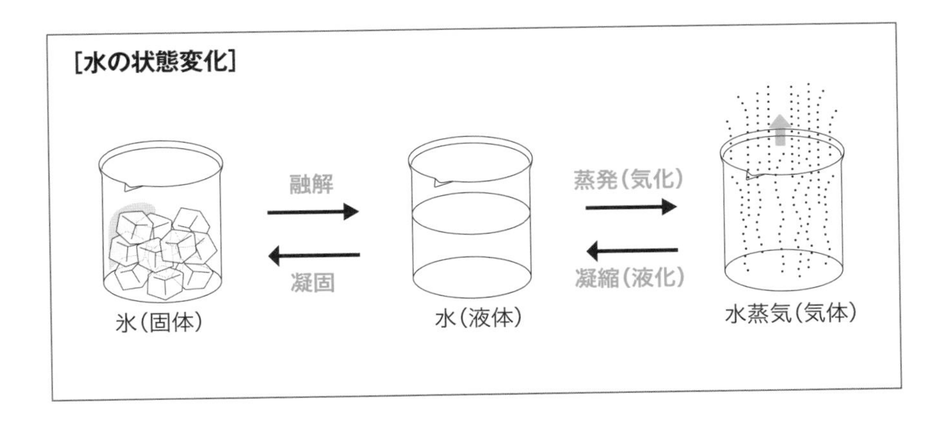

状態変化が起こるときには、熱を吸収、または熱を放出します。

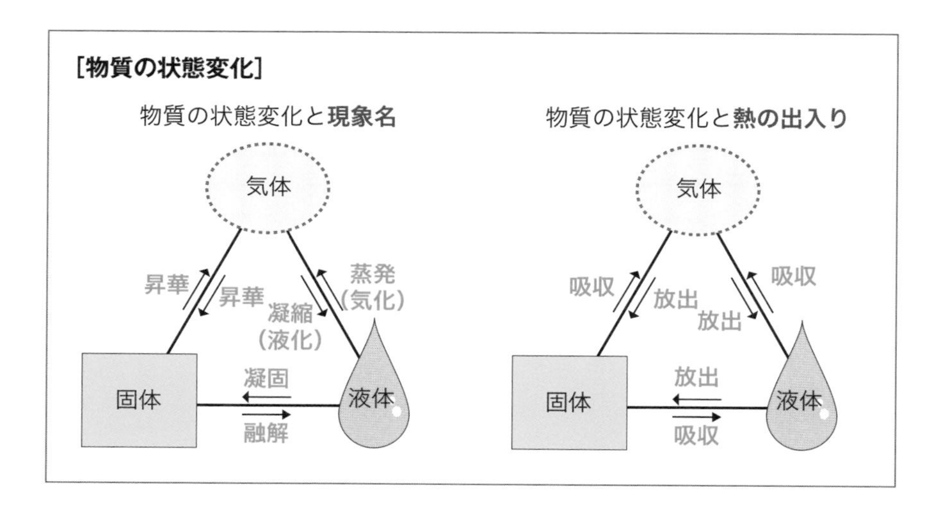

[昇華の例（液体の状態がない状態変化)]

●固体 $\xrightarrow{\text{（直接）}}$ 気体……ナフタリン、ドライアイス*など

●気体 $\xrightarrow{\text{（直接）}}$ 固体……ダイヤモンドダスト*など

用語 **ドライアイス**　固体の二酸化炭素（CO_2）のこと。
ダイヤモンドダスト　細氷（さいひょう）のことで、大気中の水蒸気が昇華してできたごく小さな氷晶（氷の結晶）が降る自然現象。太陽の光に照らされてキラキラ光るのが特徴で、厳冬期の北海道内陸部などでみられる。

[例　題] 物質の状態変化について、次のうち誤っているものはどれか。

1　固体が液体に変わることを融解という。
2　液体が気体に変わることを蒸発（気化）という。
3　固体が直接気体に変わることを蒸発（気化）という。
4　液体が固体に変わることを凝固という。
5　気体が液体に変わることを凝縮（液化）という。

〈正　解〉 3が誤り。固体が直接気体に変わることを昇華という（液体の状態がない)。

２ ボイル－シャルルの法則

（1）ボイルの法則

「温度が一定ならば、一定量の気体の体積は圧力に反比例する。」これをボイルの法則という。つまり、気体の体積を$\frac{1}{2}$にすると圧力が２倍になり、気体の体積を$\frac{1}{3}$にすると圧力が３倍になるということである。

この法則の関係を式に表すと、気体の圧力をP、体積をVとすれば、

一定温度では、

$PV = k$（一定）

したがって、温度一定のままで圧力をP_1からP_2に変えたとき、気体の体積がV_1からV_2に変わったとすれば、次の関係が成り立つ。

$P_1V_1 = P_2V_2$

ボイルの法則は、いろいろな気体に共通に成り立つ。

ボイルは、イギリスの物理学者、化学者です。1660年、気体の体積と圧力に関する法則、いわゆるボイルの法則を実験的に発見しました。

［例　題］圧力1.0atm（気圧）の空気5.5Lを、一定温度で2.2Lになるまで圧縮すると、圧力は何atmになるか。また、それは何kPa（キロパスカル）か。ただし、1atm＝101.3kPaとする。

〈正　解〉まず、$P_1V_1 = P_2V_2$の式に、$P_1 = 1.0$atm、$V_1 = 5.5$L、$V_2 = 2.2$Lを代入して、P_2を求める。

$1.0 \times 5.5 = P_2 \times 2.2$

$P_2 = \frac{1.0 \times 5.5}{2.2} = 2.5$atm

次に、1atm＝101.3kPaであるから、2.5atmを〔kPa〕で表すと、

$2.5 \times 101.3 = 253.25$kPa

(2) シャルルの法則

「圧力が一定ならば、一定量の気体の体積 V は**絶対温度***T に比例する。」これを**シャルルの法則**という。絶対温度 T〔K〕と**セルシウス温度***t〔℃〕の間には、T〔K〕$= 273 + t$〔℃〕の関係が成り立つ。

用語 **絶対温度** −273℃(詳しくは−273.15℃)を絶対零度といい、絶対零度を原点とした温度のことを絶対温度という。絶対温度の単位は〔K〕(ケルビン)である。

セルシウス温度 セ氏温度のこと。

シャルルの法則の関係を式に表すと、圧力一定のとき、

$$\frac{V}{T} = k \text{(一定)}$$

V:気体の体積　T:絶対温度

または、$$\frac{V_1}{T_1} = \frac{V_2}{T_2}$$

V_1:気体のもとの体積
V_2:圧力一定のもとで変化した体積
T_1:気体のもとの絶対温度
T_2:圧力一定のもとで体積が変化した後の絶対温度

シャルルの法則もボイルの法則と同様に、いろいろな気体に共通に成り立つ。

シャルルは、フランスの物理学者です。1787年、シャルルの法則を見出しました。

[例　題] 20℃で100Lの空気を、圧力を変えないで100℃まであたためると、体積は何Lになるか(小数点以下は四捨五入して示すこと)。ただし、0℃= 273Kとする。

〈正　解〉 $\frac{V_1}{T_1} = \frac{V_2}{T_2}$ の式に、$V_1 = 100$L、$T_1 = 273 + 20 = 293$K、

$T_2 = 273 + 100 = 373$K を代入して、V_2 を求める。

$$\frac{100}{293} = \frac{V_2}{373} \qquad V_2 = \frac{100 \times 373}{293} \fallingdotseq \mathbf{127}\text{L}$$

（3）ボイル－シャルルの法則

「一定量の気体の体積 V は、圧力 P に反比例し、絶対温度 T に比例する。」この関係をボイル－シャルルの法則という。

ボイルの法則とシャルルの法則とを１つにまとめると、一定量の気体について次の式が得られる。

$$\frac{PV}{T} = k \text{（一定）}$$

または、$\dfrac{P_1V_1}{T_1} = \dfrac{P_2V_2}{T_2}$

P_1、V_1、T_1：変化する前の気体の圧力、体積、絶対温度

P_2、V_2、T_2：変化した後の気体の圧力、体積、絶対温度

［例　題］27℃、2.0atm で、10L の気体は、0℃、1.0atm になると体積は何 L になるか。ただし、0℃＝ 273K とする。

〈正　解〉ボイル－シャルルの法則 $\dfrac{P_1V_1}{T_1} = \dfrac{P_2V_2}{T_2}$ の式に、

$P_1 = 2.0\text{atm}$、$V_1 = 10\text{L}$、$T_1 = 273 + 27 = 300\text{K}$、$P_2 = 1.0\text{atm}$、

$T_2 = 273 + 0 = 273\text{K}$ を代入して、V_2 を求める。

$$\frac{2.0 \times 10}{300} = \frac{1.0 \times V_2}{273} \qquad V_2 = \frac{2.0 \times 10 \times 273}{300 \times 1.0} = 18.2\text{L}$$

■ゴロ合わせで覚えよう！〔ボイル－シャルルの法則〕

圧力鍋が半開き！
（圧力に）　（反比例）

肉は絶対にヒレ！
（絶対温度に比例）

一定質量の気体の体積は、圧力に反比例し、絶対温度に比例する。

（4）気体の状態方程式

ボイル−シャルルの法則によれば、一定量の気体の体積を V、圧力を P、絶対温度を T とすると、$\frac{PV}{T}=k$ は一定の値になる。圧力が1atm、温度が0℃(273K)のときの気体の体積は、どのような気体でも 1mol 当たり 22.4L であるから、

$\frac{PV}{T} \fallingdotseq 0.082$〔atm・L/（mol・K)〕となる。

または、圧力を〔Pa〕(パスカル）で表すと、

$\frac{PV}{T} \fallingdotseq 8.31 \times 10^3$〔Pa・L/（mol・K)〕となる。

これらの値を**気体定数**といい、R で表す。

$R \fallingdotseq 0.082$〔atm・L/（mol・K)〕$\fallingdotseq 8.31\times10^3$〔Pa・L/（mol・K)〕

ゆえに、n〔mol〕の気体については、

$\frac{PV}{T}=nR$　または、$PV=nRT$　とすることができる。

この $PV=nRT$ の式を**気体の状態方程式**という。

気体の状態方程式は、「気体の体積 V は、**物質量** n と絶対温度 T に**比例**し、圧力 P に**反比例**する」ことを表している。

［例　題］0.5mol の酸素を 27℃、1.8atm にすると、体積は何Lになるか。ただし、0℃＝ 273K、気体定数 $R=0.082$ とする。

〈正　解〉気体の状態方程式 $PV=nRT$ に代入すると、

$1.8 \times V=0.5 \times 0.082 \times (273+27)=0.5 \times 0.082 \times 300$

$\therefore V=\frac{0.5 \times 0.082 \times 300}{1.8} \fallingdotseq$ **6.83**L

③ 熱化学方程式

（1）反応熱

化学反応に伴って発生または吸収する熱（熱量）を**反応熱**という。その際、熱を発生する反応を**発熱**反応（熱を**放出**、＋で表す）といい、熱を吸収する反応を**吸熱**反応（熱を**取り込む**、−で表す）という。反応熱とはこのときに出入りする熱量のことで、**反応の中心となる物質 1mol 当たりの熱量**で表す（単位

は〔kJ/mol〕、kJ は「キロジュール」と読む)。

反応熱のうち、燃焼反応で発生する反応熱を特に**燃焼熱**という。燃焼熱は、**1mol の物質が完全燃焼**するとき発生する熱量で表す。

反応熱には、燃焼熱のほかに**生成熱**（化合物 1mol が単体から生成するときの反応熱）や**中和熱**（酸と塩基の中和で 1mol の水が生成するときの反応熱）などがある。

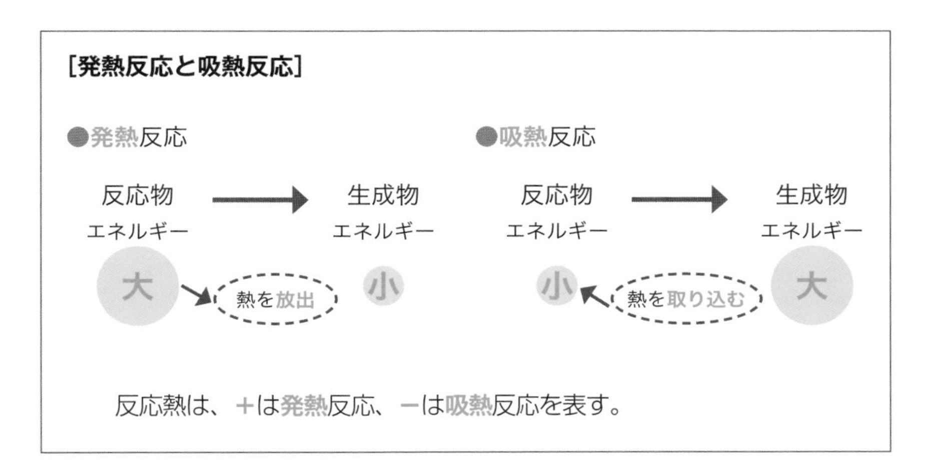

(2) 熱化学方程式

化学反応式に**反応熱**を記入し、両辺を矢印（⟶）の代わりに**等号**（＝）で結んだ式を**熱化学方程式**という。熱化学方程式は、次のことに注意して作成する。

①**発熱**反応を＋、**吸熱**反応を－で表す。

②**係数**は**物質量**〔mol〕を示すが、原則として**主体となる物質の係数**が **1mol** になるようにする。したがって、**他の物質の係数**が**分数**になる場合がある。

③物質の状態が違うと反応熱の値も違ってくるので、原則として化学式には、**物質の状態を（気）、（液）、（固）**(注）のように付記する。

(注）（気）は気体、(液）は液体、(固）は固体を示し、(g)、(l)、(s）とも書く。
g は gas、l は liquid、s は solid の略。

④反応熱の大きさは、反応前後の圧力や温度によって異なるが、普通は反応前後の圧力が 1atm で 25℃の場合の値で表す。

[熱化学方程式の例]

●炭素（黒鉛*）1mol が、酸素中で完全燃焼する。

C（固）＋ O_2（気）＝ CO_2（気）＋ 394kJ（発熱反応）

●炭素（コークス*）を加熱しながら水蒸気を反応させる。

C（固）＋ H_2O（気）＝ H_2（気）＋ CO（気）－ 131kJ（吸熱反応）

用語　黒鉛　グラファイトのこと。
コークス　無定形炭素の１つ。

[化学反応式と熱化学方程式の違い]

●化学反応式

$$2H_2 + 1^{*}O_2 \longrightarrow 2H_2O$$

係数は物質量〔mol〕の比　　矢印　　＊１は実際には書かない。

●熱化学方程式

$$H_2(\text{気}) + \frac{1}{2}O_2(\text{気}) = H_2O(\text{液}) + 286\text{kJ}^{**}$$

H_2：水素 1mol を示す
（気）：物質の状態を示す
$\frac{1}{2}$：反応した物質量を示す（この場合係数が分数となる）
＝：等号
＋：発熱反応を示す（－は吸熱反応）
286kJ：反応熱

＊＊水素 1mol が燃焼すると、286kJ 発熱する。水素 *n*〔mol〕が燃焼すると、286 × *n*〔kJ〕発熱する。

[例題 1] 次の反応を熱化学方程式で表しなさい。

「0.01mol の水素が燃焼して液体の水になるとき、2.86kJ の熱量を放出する。」

〈正　解〉 熱化学方程式は、主体となる物質の係数が 1mol となるようにする。そこで、まず反応熱を水素（H_2）1mol 当たりの熱量に直すと、(0.01mol 当たり）2.86kJ →（1mol 当たり）286kJ となり、この反応の熱化学方程式は、

H_2（気）＋ $\frac{1}{2}$ O_2（気）＝ H_2O（液）＋ 286kJ となる。

［例題 2］ 炭素が完全燃焼したときの熱化学方程式は、C(固)＋ O_2(気)＝ CO_2(気)＋394kJ である。発生した熱量が 788kJ であった場合、完全燃焼した炭素の質量は何 g になるか。ただし、炭素の原子量は 12 とする。

〈正 解〉 炭素 1mol の質量は、原子量 12 に〔g〕をつけて 12g である。例題文に示す熱化学方程式から、炭素 1mol が完全燃焼するときに発生する熱量は 394kJ である。
したがって、発生した熱量が 788kJ の場合に完全燃焼した炭素の質量は、788 ÷ 394 × 12 ＝ 2 × 12 ＝ **24** g となる。

(3) ヘスの法則

「反応がいくつかの経路で起こるとき、それぞれの経路における**反応熱の総和**は、途中の**経路には関係なく**、反応の最初と最後の状態が同じであれば**一定の値**を示す。」これを**ヘスの法則**または**総熱量不変の法則**という。

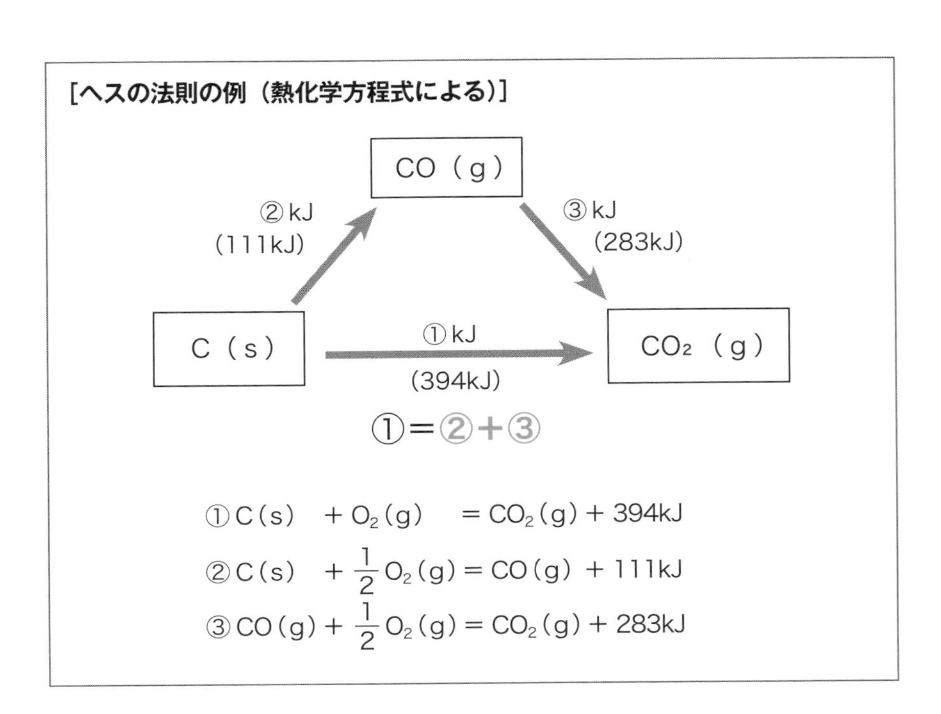

① $C(s) + O_2(g) = CO_2(g) + 394kJ$

② $C(s) + \frac{1}{2}O_2(g) = CO(g) + 111kJ$

③ $CO(g) + \frac{1}{2}O_2(g) = CO_2(g) + 283kJ$

ヘスは、スイス生まれのロシアの化学者です。1840年、総熱量不変の法則、つまりヘスの法則を確立しました。

［例　題］前述の例の炭素（C）の燃焼で、①と③の熱化学方程式から②の反応熱を求めてみよ。

〈正　解〉熱化学方程式を数学の方程式のように扱って、①から③をひくと、

$$
\begin{aligned}
&① \ C(s) + O_2(g) = CO_2(g) + 394\mathrm{kJ} \\
-)\ &③ \ CO(g) + \frac{1}{2}O_2(g) = CO_2(g) + 283\mathrm{kJ}
\end{aligned}
$$

$$① - ③ = C(s) + O_2(g) - CO(g) - \frac{1}{2}O_2(g) = (394 - 283)\mathrm{kJ}$$

移項して整理すると、

$$C(s) + \frac{1}{2}O_2(g) = CO(g) + 111\mathrm{kJ}$$

すなわち、②の反応熱（炭素が不完全燃焼して一酸化炭素を生じるときの反応熱）は、111kJである。

■ゴロ合わせで覚えよう！〔ヘスの法則〕

上司へする報告は最初と最後だけ
（ヘスの法則）（最初）（最後）

経過はとばしても　反応は　同じ
（経路）（関係なく）（反応熱）（一定の値）

反応熱の総和は、途中の経路には関係なく、最初と最後の状態が同じであれば一定の値を示す。

重要ポイント

[13 金属の性質]

□ 主として、アルカリ金属およびその化合物を酸化炎中で加熱すると、炎にその元素固有の色がつくことを**炎色反応**といい、これらの元素の確認に利用される。

□ 金属が陽イオンになろうとする性質を**イオン化傾向**という。

□ 一般に、イオン化傾向の**大きな**金属ほど反応性が強い。

□ 金属のイオン化列の順序は、大きいものから順に、**Li** > **K** > Ca > **Na** > **Mg** > **Al** > **Zn** > **Fe** > Ni > Sn > **Pb** > （H_2） > **Cu** > Hg > Ag > Pt > Au である。

[14 有機化合物]

□ **炭素（C）**を含む化合物を一般に有機化合物という（ただし、一酸化炭素、二酸化炭素、炭酸塩などの物質を除く）。有機化合物以外の化合物を**無機化合物**という。

□ 有機化合物は、骨格となる炭素原子の結合のしかた（分子の形）により、**鎖式**(さしき)化合物と**環式**(かんしき)化合物に大別される。

□ 炭素間の結合がすべて単結合（構造式では一重の線）の有機化合物を**飽和**化合物といい、二重結合、三重結合（構造式では二重、三重の線）などを含むものを**不飽和**化合物という。

□ 有機化合物の一般的特性には、次のようなものがある。

①成分元素は、主体が**炭素（C）**、**水素（H）**、**酸素（O）**、**窒素（N）**などである。

②分子間の結合は**共有**結合が多い。

③一般に**可燃**性である。

④一般に水に溶け**にくい**。

⑤一般に反応は**遅い**ものが多い。　など

□ **官能基**とは、有機化合物の性質を特徴づける原子または原子団のことである。たとえば、ハロゲン（$-Cl$ など）、ヒドロキシ基（$-OH$）、アルデヒド基 $\left(-\mathrm{C}\begin{matrix}{=}\mathrm{O}\\ \diagdown\mathrm{H}\end{matrix}\right)$、カルボキシ基 $\left(-\mathrm{C}\begin{matrix}{=}\mathrm{O}\\ \diagdown\mathrm{OH}\end{matrix}\right)$ などである。

[15 その他の重要レッスン]

□ 水が水蒸気や氷に変わるのは、単に液体・気体・固体という状態（物質の三態）が変化するだけであって、水という物質が別の物質に変わるわけではない。このような変化のしかたを、状態変化または三態変化という。状態変化は、水だけでなく、他の多くの物質にもみられる現象である。

□「温度が一定ならば、一定量の気体の体積は圧力に反比例する。」これをボイルの法則という。

□「圧力が一定ならば、一定量の気体の体積は絶対温度に比例する。」これをシャルルの法則という。

□「一定量の気体の体積は、圧力に反比例し、絶対温度に比例する。」この関係をボイル-シャルルの法則という。

□ 気体の状態方程式は、「気体の体積は、物質量と絶対温度に比例し、圧力に反比例する」ことを表している。

□ 化学反応に伴って発生または吸収する熱（熱量）を反応熱という。その際、熱を発生する反応を発熱反応（熱を放出）といい、熱を吸収する反応を吸熱反応（熱を取り込む）という。また、反応熱は、反応の中心となる物質1mol当たりの熱量で表す（単位は〔kJ/mol〕）。反応熱には、燃焼熱、生成熱、中和熱などがある。

□ 化学反応式に反応熱を記入し、両辺を矢印（⟶）の代わりに等号（＝）で結んだ式を熱化学方程式という。

□「反応熱の総和は、途中の経路には関係なく、反応の最初と最後の状態が同じであれば一定の値を示す。」これをヘスの法則または総熱量不変の法則という。

■ゴロ合わせで覚えよう！〔有機化合物の分類〕

勇敢ぶって　刺す気？
（有機化合物）　（鎖式）

鑑識にまわすわよ
（環式）

有機化合物は、骨格となる炭素原子の結合のしかたにより、鎖式化合物と環式化合物に大別される。

過去問題

正解と解説は p.168

▽問題１

銅の炎色反応の色として、最も適当な色はどれか。

1　黄色　　2　青緑色　　3　赤色　　4　黄緑色

▽問題２

以下のうち、金属をイオン化傾向の大きい順に並べたものとして正しいものを１つ選びなさい。

1　K ＞ Zn ＞ Na ＞ Ag
2　Mg ＞ Ni ＞ Zn ＞ Pb
3　K ＞ Na ＞ Zn ＞ Cu
4　Hg ＞ Fe ＞ Mg ＞ Ca

▽問題３

次の有機化合物のうち、芳香族化合物でないものを下欄から選びなさい。

＜下欄＞
1　アニリン
2　シクロヘキサン
3　ニトロベンゼン
4　フェノール

▽問題４

有機化合物の特徴に関する次のａ～ｃの記述の正誤について、正しい組合せを下表から１つ選びなさい。

a　構成元素は共有結合によって結合しているものが多い。
b　水に溶けにくく、有機溶媒に溶けやすいものが多い。
c　不燃性のものが多い。

	a	b	c
1	正	正	正
2	誤	正	正
3	正	正	誤
4	誤	誤	正
5	正	誤	誤

▽問題 5

次の官能基のうち、安息香酸に含まれるものを下欄から選びなさい。

<下欄>

1　ヒドロキシ基
2　ニトロ基
3　メチル基
4　カルボキシ（カルボキシル）基

▽問題 6

次の図は、物質の三態を表したものである。図の中の［　　］にあてはまる正しい語句の組合せはどれか。下欄の中から選びなさい。

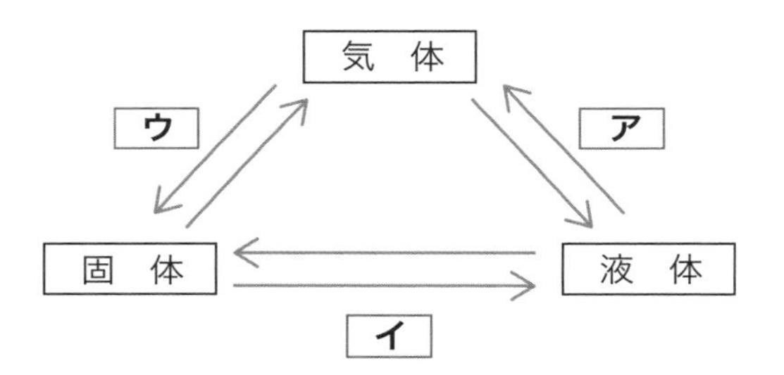

	ア	イ	ウ
1	凝縮	融解	昇華
2	蒸発	凝縮	昇華
3	固化	昇華	凝固
4	蒸発	融解	昇華
5	融解	凝縮	凝固

▽問題７

体積 3.0L の容器に、ある気体 0.50mol を入れて 27℃に保ったとき、気体の圧力（Pa）として、正しいものはどれか。
なお、気体定数は 8.3×10^3〔Pa・L /（K・mol)〕とし、絶対温度 T（K）とセ氏温度（セルシウス温度）t（℃）の関係は、$T = t + 273$ とする。

1　1.10×10^5Pa
2　2.07×10^5Pa
3　4.15×10^5Pa
4　8.30×10^5Pa

▽問題８

次の２つの熱化学方程式（温度 25℃、圧力 1.013×10^5Pa）を用いて、同じ条件の下で、水素と酸素から液体の水 1mol の生成熱を計算したとき、正しいものはどれか。ただし、（気）は気体、（液）は液体の状態を示す。

$$H_2(気) + \frac{1}{2}O_2(気) = H_2O(気) + 242kJ$$

$$H_2O(気) = H_2O(液) + 44kJ$$

1　198kJ
2　286kJ
3　396kJ
4　572kJ

【正解と解説】

問題 1 2 銅(Cu)の炎色反応は青緑色である。 **1** 黄色はナトリウム(Na)、**3** 赤色はリチウム（Li)、**4** 黄緑色はバリウム（Ba）である（バリウムおよびバリウム化合物の炎色反応の色は、緑色～黄緑色になる)。

問題 2 3 金属のイオン化列 Li > K > Ca > Na > Mg > Al > Zn > Fe > Ni > Sn > Pb > (H_2) > Cu > Hg > Ag > Pt > Au による。

問題 3 2 芳香族化合物でないものは、2 シクロヘキサン（脂環式化合物）である。 あとの **1** アニリン、**3** ニトロベンゼン、**4** フェノールは芳香族化合物である。

問題 4 3 c が誤り。有機化合物は一般に可燃性である。 **a**、**b** はその通りで正しい。

問題 5 4 安息香酸（C_6H_5COOH)（ベンゼン環-COOH）に含まれるものは、4 カルボキシ（カルボキシル）基（− COOH）である。 因みに、**1** ヒドロキシ基は（− OH)、 **3** ニトロ基は（− NO_2） **3** メチル基は（− CH_3）である。

問題 6 4 **ア**は蒸発、**イ**は融解、**ウ**は昇華である。

問題 7 3 気体の状態方程式 $PV = nRT$ より、

$$P \times 3.0 = 0.50 \times 8.3 \times 10^3 \times (273 + 27)$$
$$= 0.50 \times 8.3 \times 10^3 \times 300$$
$$= 1245000$$
$$\therefore P = \frac{1245000}{3.0} = 415000 = 4.15 \times 10^5 \text{Pa}$$

問題 8 2 H_2(気) + $\frac{1}{2}$ O_2(気) = H_2O(気) + 242kJ…… ①式

H_2O(気) = H_2O(液) + 44kJ…… ②式

①式 + ②式より、

H_2(気) + $\frac{1}{2}$ O_2(気) = H_2O(液) + 286kJ

第 3 章
毒物及び劇物の性質及び貯蔵その他取扱方法

01 毒物及び劇物の分類

毒物及び劇物に該当する物質は数多くあるが、試験ではそれらの物質について出題される。まず、「毒物及び劇物取締法」による毒物及び劇物の物質名一覧をみることによって、毒物及び劇物の物質名の概観を把握することが大切である。

1 毒物及び劇物一覧

「毒物及び劇物取締法」による毒物及び劇物の物質名一覧を次に示す。

（1）毒物

毒物及び劇物取締法　別表第一（毒物）

1	エチルパラニトロフェニルチオノベンゼンホスホネイト（別名 EPN）
2	黄燐（おうりん）
3	オクタクロルテトラヒドロメタノフタラン
4	オクタメチルピロホスホルアミド（別名 シュラーダン）
5	クラーレ
6	四アルキル鉛
7	シアン化水素
8	シアン化ナトリウム
9	ジエチルパラニトロフェニルチオホスフェイト（別名 パラチオン）
10	ジニトロクレゾール
11	2,4−ジニトロ−6−（1−メチルプロピル）−フェノール
12	ジメチルエチルメルカプトエチルチオホスフェイト（別名 メチルジメトン）
13	ジメチル−（ジエチルアミド−1−クロルクロトニル）−ホスフェイト
14	ジメチルパラニトロフェニルチオホスフェイト（別名 メチルパラチオン）
15	水銀

16	セレン
17	チオセミカルバジド
18	テトラエチルピロホスフェイト（別名 TEPP）
19	ニコチン
20	ニッケルカルボニル
21	砒素
22	弗化水素
23	ヘキサクロルエポキシオクタヒドロエンドエンドジメタノナフタリン（別名 エンドリン）
24	ヘキサクロルヘキサヒドロメタノベンゾジオキサチエピンオキサイド
25	モノフルオール酢酸
26	モノフルオール酢酸アミド
27	硫化燐
28	前各号に掲げる物のほか、前各号に掲げる物を含有する製剤その他の毒性を有する物であって政令で定めるもの

（2）劇物

毒物及び劇物取締法　別表第二（劇物）

1	アクリルニトリル
2	アクロレイン
3	アニリン
4	アンモニア
5	2−イソプロピル−4−メチルピリミジル−6−ジエチルチオホスフェイト（別名 ダイアジノン）
6	エチル−N−（ジエチルジチオホスホリールアセチル）−N−メチルカルバメート
7	エチレンクロルヒドリン
8	塩化水素
9	塩化第一水銀

10	過酸化水素
11	過酸化ナトリウム
12	過酸化尿素
13	カリウム
14	カリウムナトリウム合金
15	クレゾール
16	クロルエチル
17	クロルスルホン酸
18	クロルピクリン
19	クロルメチル
20	クロロホルム
21	硅弗化（けいふっか）水素酸
22	シアン酸ナトリウム
23	ジエチル−4−クロルフェニルメルカプトメチルジチオホスフェイト
24	ジエチル−（2,4−ジクロルフェニル）−チオホスフェイト
25	ジエチル−2,5−ジクロルフェニルメルカプトメチルジチオホスフェイト
26	四塩化炭素
27	シクロヘキシミド
28	ジクロル酢酸（さくさん）
29	ジクロルブチン
30	2,3−ジ−（ジエチルジチオホスホロ）−パラジオキサン
31	2,4−ジニトロ−6−シクロヘキシルフェノール
32	2,4−ジニトロ−6−（1−メチルプロピル）−フェニルアセテート
33	2,4−ジニトロ−6−メチルプロピルフェノールジメチルアクリレート
34	2,2'−ジピリジリウム−1,1'−エチレンジブロミド
35	1,2−ジブロムエタン（別名 EDB）
36	ジブロムクロルプロパン（別名 DBCP）
37	3,5−ジブロム−4−ヒドロキシ−4'−ニトロアゾベンゼン

38	ジメチルエチルスルフィニルイソプロピルチオホスフェイト
39	ジメチルエチルメルカプトエチルジチオホスフェイト（別名 チオメトン）
40	ジメチル−2,2−ジクロルビニルホスフェイト（別名 DDVP）
41	ジメチルジチオホスホリルフェニル酢酸（さくさん）エチル
42	ジメチルジブロムジクロルエチルホスフェイト
43	ジメチルフタリルイミドメチルジチオホスフェイト
44	ジメチルメチルカルバミルエチルチオエチルチオホスフェイト
45	ジメチル−（N−メチルカルバミルメチル）−ジチオホスフェイト（別名 ジメトエート）
46	ジメチル−4−メチルメルカプト−3−メチルフェニルチオホスフェイト
47	ジメチル硫酸
48	重クロム酸
49	蓚酸（しゅうさん）
50	臭素（しゅうそ）
51	硝酸（しょうさん）
52	硝酸（しょうさん）タリウム
53	水酸化カリウム
54	水酸化ナトリウム
55	スルホナール
56	テトラエチルメチレンビスジチオホスフェイト
57	トリエタノールアンモニウム−2,4−ジニトロ−6−（1−メチルプロピル）−フェノラート
58	トリクロル酢酸（さくさん）
59	トリクロルヒドロキシエチルジメチルホスホネイト
60	トリチオシクロヘプタジエン−3,4,6,7−テトラニトリル
61	トルイジン
62	ナトリウム
63	ニトロベンゼン

64	二硫化炭素
65	発煙(はつえん)硫酸
66	パラトルイレンジアミン
67	パラフェニレンジアミン
68	ピクリン酸。ただし、爆発薬を除く。
69	ヒドロキシルアミン
70	フェノール
71	ブラストサイジン S
72	ブロムエチル
73	ブロム水素
74	ブロムメチル
75	ヘキサクロルエポキシオクタヒドロエンドエキソジメタノナフタリン（別名 ディルドリン）
76	1,2,3,4,5,6−ヘキサクロルシクロヘキサン（別名 リンデン）
77	ヘキサクロルヘキサヒドロジメタノナフタリン（別名 アルドリン）
78	ベタナフトール
79	1,4,5,6,7−ペンタクロル−3a,4,7,7a−テトラヒドロ−4,7−（8,8−ジクロルメタノ）−インデン（別名 ヘプタクロール）
80	ペンタクロルフェノール（別名 PCP）
81	ホルムアルデヒド
82	無水(むすい)クロム酸
83	メタノール
84	メチルスルホナール
85	N−メチル−1−ナフチルカルバメート
86	モノクロル酢酸(さくさん)
87	沃化(ようか)水素
88	沃素(ようそ)
89	硫酸
90	硫酸タリウム

91	燐化亜鉛
92	ロダン酢酸エチル
93	ロテノン
94	前各号に掲げる物のほか、前各号に掲げる物を含有する製剤その他の劇性を有する物であって政令で定めるもの

(3) 特定毒物

毒物及び劇物取締法　別表第三（特定毒物）

1	オクタメチルピロホスホルアミド
2	四アルキル鉛
3	ジエチルパラニトロフェニルチオホスフェイト
4	ジメチルエチルメルカプトエチルチオホスフェイト
5	ジメチル－（ジエチルアミド－1－クロルクロトニル）－ホスフェイト
6	ジメチルパラニトロフェニルチオホスフェイト
7	テトラエチルピロホスフェイト
8	モノフルオール酢酸
9	モノフルオール酢酸アミド
10	前各号に掲げる毒物のほか、前各号に掲げる物を含有する製剤その他の著しい毒性を有する毒物であって政令で定めるもの

[例題 1] 次のア～エの物質について、毒物に該当するものとして、正しいものの組合せを下の１～４から選びなさい。

ア　クレゾール
イ　クラーレ
ウ　ニッケルカルボニル
エ　モノクロル酢酸

1　（ア，イ）　**2**　（ア，エ）　**3**　（イ，ウ）　**4**　（ウ，エ）

〈正　解〉正しいものの組合せは（イ，ウ）の3である。「毒物及び劇物取締法」別表第一による。　因みに、アクレゾール、エモノクロル酢酸は劇物である。

［例題2］次のａからｄのうち、劇物に該当するものはいくつあるか。

a　ニトロベンゼン
b　硝酸タリウム
c　セレン
d　硫化燐

1　1つ　　2　2つ　　3　3つ　　4　4つ

〈正　解〉劇物に該当するものは2の2つ、aニトロベンゼンとb硝酸タリウムである。「毒物及び劇物取締法」別表第二による。　因みに、cセレンとd硫化燐は毒物である。

■理解を深めよう！〔ニコチン・メタノール〕

●ニコチン

ニコチンは、毒物に指定されている。たばこの葉に含まれ、強い依存性がある。たばこの喫煙によるニコチン依存症は、公衆衛生上の大きな問題となっている。

●メタノール

メタノールは、メチルアルコールともいわれる劇物で、無色の液体である。アルコールランプの燃料には、変性アルコールが用いられる。変性アルコールとは、エタノールにメタノールなどを混ぜて、飲料として用いられないようにしたものである。

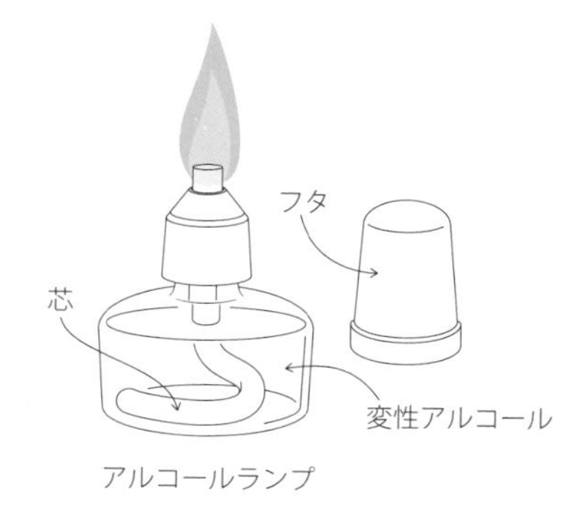

アルコールランプ

02 毒物及び劇物の性質

多くの毒物及び劇物のうち代表的な物質について、性質と用途を含め記憶しておく必要がある。各物質をまんべんなく学習することが肝要である。

1 毒物の性質・用途

代表的な毒物の性質・用途を、特定毒物、毒物に分けて次に示す。

(1) 特定毒物

代表的な特定毒物の性質・用途

物質名	化学式(分子式)	性　状	用　途
四アルキル鉛(四エチル鉛、四メチル鉛)	四エチル鉛 $C_8H_{20}Pb$ 四メチル鉛 $C_4H_{12}Pb$	無色液体。日光によって分解。	アンチノック剤*。
モノフルオール酢酸(さくさん)ナトリウム(モノフルオール酢酸(さくさん)のナトリウム塩)	$C_2H_2FNaO_2$	白色の重い粉末（固体）で吸湿性である。からい味と酢酸(さくさん)の臭いを有する。冷水に易溶。有機溶媒に不溶。	殺鼠(さっそ)剤。
モノフルオール酢酸(さくさん)アミド	C_2H_4FNO	無味無臭の白色の結晶。冷水に難溶。エタノール、エーテルに易溶。	浸透性殺虫剤。

用語 **アンチノック剤**　エンジンのノッキング（異常燃焼）を防ぐため、ガソリンに少量添加される薬剤。

［例　題］モノフルオール酢酸アミドに関する記述の正誤について、正しい組合せはどれか。

a　無味無臭である。
b　殺鼠剤として用いられる。
c　特定毒物に指定されている。

	a	b	c
1	正	正	正
2	正	誤	正
3	誤	正	正
4	誤	誤	正

〈正　解〉正しい組合せは2である。モノフルオール酢酸アミドは、白色結晶、無味無臭で浸透性殺虫剤として用いられる特定毒物である。

(2) 毒物

代表的な毒物の性質・用途

物質名	化学式(分子式)	性　状	用　途
エチルパラニトロフェニルチオノベンゼンホスホネイト(別名EPN)	$C_{14}H_{14}NO_4PS$	純品は白色の結晶、工業的製品は暗褐(あんかっ)色の液体、水に難溶、一般有機溶媒に可溶。	遅効性の殺虫剤。
黄燐(おうりん)	P_4	白色または淡黄(たんこう)色のロウ様半透明の結晶性固体。ニンニク臭がある。水に不溶。空気中の酸素と反応して発火する。また、塩素とは直ちに発火して化合する。	殺鼠(さっそ)剤の原料、燐(りん)化合物の原料。
シアン化水素	CHN	無色で特異臭(アーモンド*臭)のある液体。水、アルコールによく混和する。点火すると青紫(せいし)色の炎をあげて燃焼する。水溶液はきわめて弱い酸性である。	殺虫剤(特に果実など)、シアン化合物の原料。
シアン化ナトリウム	NaCN	白色の粉末、粒状またはタブレット*状の固体。水に可溶。水溶液は強アルカリ性を示す。酸と反応すると有毒かつ引火性のシアン化水素(青酸ガス)を生成。	冶金(やきん)(鉱石から金、銀を抽出)、めっき、写真用、果樹の殺虫剤。

用語
アーモンド　扁桃(へんとう)といい、チョコレートの中に入っている。
タブレット　錠剤のこと。

物質名	化学式（分子式）	性　状	用　途
水銀	Hg	常温で唯一の液状の金属である。銀白色、金属光沢を有する重い液体（比重約13.6）。硝酸(しょうさん)に可溶、水や塩酸に不溶。ナトリウム、カリウム、金、銀その他多くの金属とアマルガム*をつくる。鉄、コバルト、ニッケルなどとはアマルガムをつくらない。	工業用の寒暖計、気圧計。
セレン	Se	灰色の金属光沢を有するペレット*または黒色の粉末。水に不溶だが、硫酸、二硫化炭素には可溶。	ガラスの脱色、釉薬(ゆうやく)（うわぐすり）、整流器。
砒素(ひそ)	As	種々の形で存在するが、結晶のもの（灰色結晶）が最も安定。結晶は灰色、金属光沢を有する。もろく粉砕が可能。水に不溶。乾燥した空気中、常温では安定。	散弾の製造。
弗化(ふっか)水素	FH	不燃性の無色の気体。強い刺激性がある。水に易溶。水溶液は弗化(ふっか)水素酸と呼ばれる。	フロンガスの原料、ガラスのつや消し、半導体製造。

用語
アマルガム　水銀と他の金属との合金。
ペレット　小球の意。錠剤のこと。

［例題 1］ セレンに関する記述の正誤について、正しい組合せはどれか。

a 水に不溶である。
b ガラスの脱色、釉薬、整流器に用いられる。
c 劇物に指定されている。

	a	b	c
1	正	正	誤
2	正	誤	正
3	誤	正	正
4	誤	正	誤

〈正 解〉 正しい組合せは 1 である。セレンは、水に不溶で、ガラスの脱色、釉薬、整流器に用いられる**毒物**（**劇物**ではなく）である。

［例題 2］ 弗化水素に関する次の記述で、誤っているものはどれか。

1 毒物に指定されている。
2 水に易溶である。
3 不燃性の無色の固体である。
4 ガラスのつや消し、半導体製造に用いられる。

〈正 解〉 3 が誤り。弗化水素は、不燃性の無色の**気体**（**固体**ではなく）である。あとの 1、2、4 は**正しい**。

■理解を深めよう！〔水銀〕

●水銀

水銀は、金属の中で**常温**で唯一の**液体**である。2017 年 8 月 16 日に、水銀及び水銀化合物の人為的排出から人の健康及び環境を保護することを目的とした「水銀に関する水俣条約」が発効し、わが国では、「水銀による環境の汚染の防止に関する法律（水銀汚染防止法）」に基づいて、特定の水銀使用製品の**製造、輸出入は原則禁止**されている。

また、家庭から排出される水銀使用廃製品は、「家庭から排出される水銀使用廃製品の分別回収ガイドライン」に沿って市町村により**適正に回収**されなければならない。

② 劇物の性質・用途

代表的な劇物の性質・用途を次に示す。

代表的な劇物の性質・用途

物質名	化学式(分子式)	性　状	用　途
アクリルニトリル	C_3H_3N	無色透明の液体。蒸発しやすい。水に可溶。	合成繊維、合成ゴム、合成樹脂の原料。
アニリン	C_6H_7N	無色透明の油状の液体。特有の臭気がある。水に難溶。空気に触れて赤褐(せきかっ)色を呈する。	医薬品、染料の製造原料。
アンモニア	H_3N	特有の刺激臭のある無色の気体。圧縮すると、常温でも簡単に液化。水に可溶。酸素中では黄色の炎をあげて燃焼し、主に窒素および水を生成する。	化学工業の原料、アンモニア水の製造。
塩化水素	HCl	無色の刺激臭のある気体。水に易溶。湿った空気中で激しく発煙(はつえん)する。吸湿すると、大部分の金属、コンクリート等を腐食する。	塩酸の製造原料、塩化ビニルの原料。
塩化第一水銀（甘汞(かんこう)ともいう）	ClHg	白色の粉末。400℃で昇華する。水に不溶。王水(おうすい)*に可溶。希硝酸(きしょうさん)に難溶。光によって分解する。	医療用、甘汞(かんこう)電極、試薬。
過酸化水素水	過酸化水素(H_2O_2)の水溶液 分子式 H_2O_2	無色液体。常温で徐々に分解し、酸素と水を生成。	消毒剤、漂白剤。

用語 王水(おうすい)　濃硝酸(しょうさん)と濃塩酸を体積比で約 1：3 に混ぜたもの。1硝3塩と覚えておく。

物質名	化学式(分子式)	性　状	用　途
カリウム	K	金属光沢をもつ銀白色の軟らかい固体（金属）。水と激しく反応して、生成した水素が反応熱により発火する。反応性に富む。炎色反応で淡紫(たんし)色を示す。	試薬。
クレゾール	C_7H_8O	オルト（*o*–）、メタ（*m*–）、パラ（*p*–）の3つの異性体がある。工業的にはこれらの混合物を指す。オルト異性体、パラ異性体は無色の結晶。メタ異性体は無色または淡褐(たんかっ)色の液体。いずれもフェノール様の臭いがある。水に不溶。	消毒、殺菌。
クロルピクリン	CCl_3NO_2	純品は無色の油状液体、市販品は通常微黄色を呈している。催涙(さいるい)性があり、強い粘膜刺激臭を有する。水にはほとんど溶けない。	土壌燻蒸(くんじょう)*。
クロロホルム	$CHCl_3$	無色の揮発性の液体。特異臭と、かすかな甘味を有する。水に難溶。	溶媒。
四塩化炭素	CCl_4	揮発性、麻酔性の芳香がある無色の重い液体。水に難溶。不燃性。強い消火力を示す。	溶剤。
ジメチル–2,2–ジクロルビニルホスフェイト（別名 DDVP）	$C_4H_7Cl_2O_4P$	刺激性で、比較的揮発性の無色油状の微臭のある液体。水に難溶。	接触性殺虫剤。

燻蒸(くんじょう)　いぶすこと。

物質名	化学式(分子式)	性　状	用　途
蓚酸（しゅうさん）	$C_2H_2O_4$	2モルの結晶水を有する無色の結晶。注意して加熱すると昇華し、急に加熱すると分解する。10倍の水に溶解。	漂白剤、合成染料。
臭素（しゅうそ）	Br_2	赤褐（せきかっ）色の重い液体。刺激臭、揮発性。水に可溶。腐食性が強く有毒。	酸化剤、殺虫剤、殺菌剤、試薬。
硝酸（しょうさん）	HNO_3	無色液体。特有な臭気がある。腐食性が激しい。空気に接すると刺激性の白霧を発する。水を吸収する性質が強い。金、白金その他白金族の金属を除く諸金属を溶解し、硝酸（しょうさん）塩を生成する。	化学工業原料、ニトログリセリンなどの爆薬の製造、試薬。
硝酸（しょうさん）タリウム	$TlNO_3$	白色結晶。水に難溶、沸騰水には易溶。	殺鼠（さっそ）剤。
水酸化カリウム	HKO	白色固体。水に可溶、水溶液は強いアルカリ性。潮解*性。きわめて腐食性が強い。	試薬、化学工業用。
水酸化ナトリウム	HNaO	白色、結晶性の硬い固体。水に可溶、水溶液はアルカリ性反応を呈する。潮解性。腐食性がきわめて強い。	化学工業、試薬、農薬。
ナトリウム	Na	銀白色の光沢を有する金属。常温ではロウのような硬度の軟らかい固体。空気中では容易に酸化。水との接触により爆発的に反応して、次のように水素が発火する。 $2Na + 2H_2O \longrightarrow H_2\uparrow + 2NaOH$ 炎色反応で黄色を示す。	アマルガム製造用、漂白剤の過酸化ナトリウムの製造、試薬。

用語　**潮解**　固体を空気中に放置すると、水蒸気を吸収して溶ける現象。

物質名	化学式(分子式)	性状	用途
ニトロベンゼン	$C_6H_5NO_2$	無色または微黄色の吸湿性の液体。強い苦扁桃(くへんとう)*様の香気をもち、光線を屈折。水に可溶で、その溶液は甘味を有する。	アニリンの製造原料、合成化学の酸化剤、石けん香料。
二硫化炭素	CS_2	純品は無色透明の麻酔性芳香を有する液体。市販品は、不快な臭気を有する。有毒、麻酔作用。引火性。水に難溶。	溶媒。化学工業用。防腐剤。
ピクリン酸	$C_6H_3N_3O_7$	淡黄(たんこう)色の光沢のある小葉状あるいは針状結晶。純品は無臭。通常品はかすかにニトロベンゼン（ニトロベンゾール）の臭気をもち、苦味がある。冷水に難溶。熱湯には可溶。昇華性。急激な加熱あるいは衝撃により爆発する。	試薬、染料。
ヒドロキシルアミン	H_3NO	無色、針状の吸湿性結晶。冷水に可溶。水溶液は強いアルカリ性反応を呈する。酸と作用して塩を生成し、強力な還元作用を呈する。常温では不安定で、130℃ぐらいに熱すると爆発する。通常、塩酸塩として販売されている。	還元剤、写真現像薬、試薬。
フェノール	C_6H_6O	無色の針状結晶または白色の放射状結晶塊。空気中で容易に酸化され、赤変(せきへん)。特異の臭気と灼くような味を有する。水に可溶。	医薬品および染料の製造原料。防腐剤。試薬。

用語 扁桃(へんとう)　アーモンドのこと。

物質名	化学式(分子式)	性　状	用　途
ブロムメチル	CH_3Br	常温では、無色の気体。わずかに甘いクロロホルム様の臭いを有する。水に難溶。圧縮または冷却すると液化しやすく、無色または淡黄緑(たんおうりょく)色の液体を生成する。ガスは空気より重い。	病害虫の燻蒸(くんじょう)用。
ホルマリン	ホルムアルデヒド(CH_2O)の水溶液 分子式 CH_2O	無色透明の催涙(さいるい)性液体。刺激臭を有する。低温で混濁するので、常温で保存する。空気中の酸素によって一部酸化され、ぎ酸を生じる。中性または弱酸性の反応を呈する。水、アルコールによく混和するが、エーテルには混和しない。	農薬として、種子の消毒、温室の燻蒸(くんじょう)剤。工業用として、フィルムの硬化、試薬。
無水(むすい)クロム酸	CrO_3	暗赤(あんせき)色の結晶。潮解性があり、水に易溶。酸化性、腐食性が大きい。強酸性。	工業用の酸化剤、試薬。
メタノール	CH_4O	無色透明の揮発性の液体。エタノールに似た特異な香気を有する。蒸気は空気より重く、引火しやすい。水と任意の割合で混和する。空気と混合して爆発性混合ガスを生成する。	染料その他有機合成原料。樹脂、塗料などの溶剤。燃料。試薬。
沃素(ようそ)	I_2	黒灰(こくかい)色または黒紫色の結晶で、金属光沢がある。特有の刺激臭がある。水には溶けにくいが、ヨウ化カリウム(KI)の水溶液にはよく溶ける。熱すると紫菫(しきん)色の蒸気を発生し、冷やすと再び結晶に戻る(昇華現象)。沃素(ようそ)は、デンプンの水溶液と鋭敏に反応して、青紫(せいし)色を呈する(ヨウ素デンプン反応)。	ヨード化合物の製造、写真用、医薬用。

物質名	化学式(分子式)	性　状	用　途
硫酸	H_2O_4S	無臭で無色透明、粘り気のある液体。濃硫酸は猛烈に水を吸収するが、水と接触して激しく発熱する。希硫酸は強い酸性を示し、亜鉛や鉄などをよく溶かして水素を発生する。	肥料、繊維などの化学工業用。乾燥剤。試薬。

[例題 1] アクリルニトリルに関する記述について、正しいものの組合せを1つ選びなさい。

a　毒物に該当する。
b　無色透明の蒸発しやすい液体である。
c　分子式は C_2H_2N である。
d　合成繊維や合成ゴムなどの製造に用いられる。

1　(a, b)　　2　(a, c)　　3　(b, d)　　4　(c, d)

〈正　解〉正しいものの組合せは 3（b, d）である。　a　アクリルニトリルは、毒物ではなく劇物である。　c　分子式は正しくは C_3H_3N である。

[例題 2] クロルピクリンに関する記述の正誤について、正しい組合せはどれか。

a　化学式は HSO_3Cl である。
b　催涙性、粘膜刺激性がある。
c　土壌の燻蒸に用いられる。

	a	b	c
1	正	正	正
2	正	誤	正
3	誤	正	正
4	誤	正	誤

〈正　解〉正しい組合せは 3 である。　a　クロルピクリンの化学式（分子式）は CCl_3NO_2 であり、HSO_3Cl ではない。HSO_3Cl はクロルスルホン酸である。

[例題3] DDVP（ジメチル−2,2−ジクロルビニルホスフェイト）の性状・用途に関する記述について、(　) の中にあてはまる最も適切な字句はどれか。下欄から選びなさい。

(　ア群　) の液体である。用途は (　イ群　) として用いられる。

<下欄>

ア群	1　無色	2　橙色	3　青色	4　白濁色
イ群	1　殺虫剤	2　殺鼠剤	3　除草剤	4　殺菌剤

〈正　解〉ア群　1　無色があてはまる。
イ群　1　殺虫剤があてはまる。

[例題4] カリウムに関する記述の正誤について、正しい組合せはどれか。

a　水と激しく反応して、生成した水素が発火する。
b　炎色反応をみるとその色は緑色である。
c　毒物に指定されている。

	a	b	c
1	正	正	正
2	正	誤	誤
3	正	誤	正
4	誤	正	誤

〈正　解〉正しい組合せは2である。　カリウムの炎色反応は淡紫色であるので、bの緑色は誤り。　また、カリウムは劇物であるのでcの毒物は誤り。

■理解を深めよう！〔沃素(ようそ)〕

●沃素(ようそ)（別名 ヨード）

沃素は、昇華性やヨウ素デンプン反応で知られているが、日本は沃素の生産量で世界シェア2位（1位チリ約65%、2位日本約30%）を誇る。沃素は、千葉県（茂原市を中心とした地域）で主に生産されている。日本には、輸出するほど豊富な資源がひそかにある。

重要ポイント

[01 毒物及び劇物の分類]

□「毒物及び劇物取締法」によって、別表第一に**毒物**が、別表第二に**劇物**が、また別表第三に**特定毒物**の物質名が定められている。

□ 代表的な「**特定毒物**」として、以下のものがある。

- ・四アルキル鉛（四エチル鉛、四メチル鉛）
- ・モノフルオール酢酸（さくさん）
- ・モノフルオール酢酸（さくさん）アミド

□ 代表的な「**毒物**」として、以下のものがある。

- ・エチルパラニトロフェニルチオノベンゼンホスホネイト（別名 EPN）
- ・黄燐（おうりん）
- ・シアン化水素
- ・シアン化ナトリウム
- ・水銀
- ・セレン
- ・砒素（ひそ）
- ・弗化（ふっか）水素

□ 代表的な「**劇物**」として、以下のものがある。

- ・アクリルニトリル
- ・アニリン
- ・アンモニア
- ・塩化水素
- ・塩化第一水銀（甘汞（かんこう）ともいう）
- ・過酸化水素水
- ・カリウム
- ・クレゾール
- ・クロルピクリン
- ・クロロホルム
- ・四塩化炭素
- ・ジメチル−2,2−ジクロルビニルホスフェイト（別名 DDVP）
- ・蓚酸（しゅうさん）

・臭素
・硝酸
・硝酸タリウム
・水酸化カリウム
・水酸化ナトリウム
・ナトリウム
・ニトロベンゼン
・二硫化炭素
・ピクリン酸
・ヒドロキシルアミン
・フェノール
・ブロムメチル
・ホルムアルデヒド
・無水クロム酸
・メタノール
・沃素
・硫酸

[02 毒物及び劇物の性質]

□ 代表的な「特定毒物」「毒物」「劇物」について、各物質の**性状**および**用途**を示してある。

□ 物質の性状については、次の項目を示してある。

①**固**体、**液**体、**気**体の区別

②**色**や**臭い**の有無

③**水**に溶けるか否か（可溶、難溶、不溶など）

④その他、**特徴**ある事柄

□ 物質の用途については、**主な用途**について示してある。

■理解を深めよう！〔カリウムとナトリウム〕

●カリウムとナトリウム

カリウムとナトリウムは、**水**と激しく反応して、生成した**水素が発火**する。**カリウム**は、ナトリウムと比較して水との**反応が激しい**（K ＞ Na）。

過去問題

正解と解説は p.193

▽問題 1

「無水クロム酸」の用途として、最も適当なものはどれか。

1　土壌消毒剤
2　酸化剤
3　還元剤
4　殺虫剤
5　接着剤

▽問題 2

次の文は、水銀の性質等について記述したものである。（　）にあてはまる語句の組合せのうち、正しいものはどれか。

水銀は、常温では液体である。（　ア　）には溶けるが、（　イ　）には溶けない。また、（　ウ　）とアマルガムを生成するが、（　エ　）とはアマルガムを生成しない。

	ア	イ	ウ	エ
1	硝酸	塩酸	銀	鉄
2	塩酸	硝酸	鉄	銀
3	硝酸	塩酸	鉄	銀
4	塩酸	硝酸	銀	鉄

▽問題 3

次の記述の（①）～（③）にあてはまる字句として、正しい組合せはどれか。

シアン化ナトリウムは、（　①　）の固体で、水に（　②　）。（　③　）と反応すると有毒なシアン化水素を発生する。

	①	②	③
1	白色	溶けやすい	酸
2	白色	溶けにくい	アルカリ
3	橙赤色	溶けにくい	酸
4	橙赤色	溶けやすい	アルカリ

▽問題４

ホルムアルデヒドの水溶液（ホルマリン）に関する記述について、正しいものの組合せを１つ選びなさい。

a　常温・常圧では、無色無臭の液体である。
b　弱アルカリ性を呈する。
c　空気中の酸素により一部酸化され、ギ酸を生じる。
d　水やアルコールによく混和するが、エーテルには混和しない。

1　（a，b）
2　（a，c）
3　（b，d）
4　（c，d）

▽問題５

次のうち、正しい記述はどれか。

1　ヒドロキシルアミンは強力な酸化力を有している。
2　黄燐（りん）は空気中では非常に酸化されやすく、また、塩素とは直ちに化合する。
3　アンモニアは酸素中で青紫色の炎をあげて燃焼し、主として水素及び硝酸を生ずる。
4　フェノールには、オルト、メタ、パラの３種類の異性体が存在する。

▽問題 6

塩化水素に関する次のａ～ｃの記述の正誤について、正しい組合せを下表から１つ選びなさい。

a　常温・常圧では、無色無臭の気体である。
b　無水物は塩化ビニルの原料に用いられる。
c　吸湿すると、大部分の金属、コンクリート等を腐食する。

	a	b	c
1	誤	正	誤
2	誤	正	正
3	正	正	正
4	誤	誤	正
5	正	誤	誤

▽問題 7

ニトロベンゼンの主な用途として、最も適当なものはどれか。

1　燻(くん)蒸剤、人造樹脂の製造
2　ゴムやニトロセルロース等の溶剤、合成樹脂原料、医薬品原料
3　アニリンの製造原料、合成化学の酸化剤、石けん香料
4　石けん・紙・パルプの製造、配管洗浄剤の原料
5　紙・パルプの漂白剤、さらし粉原料、消毒剤

▽問題 8

次のうち、硝酸に関する記述として、誤っているものを下欄から選びなさい。

＜下欄＞

1　きわめて純粋な、水分を含まない硝酸は、無色無臭の液体である。
2　金、白金その他の白金族を除く諸金属を溶解し、硝酸塩を生ずる。
3　ニトログリセリンなどの爆薬の製造に用いられる。
4　硝酸蒸気は眼、呼吸器などの粘膜および皮膚に強い刺激性をもつ。

【正解と解説】

問題1　2　用途として最も適当なものは2の酸化剤（工業用）である。無水クロム酸は酸化性、腐食性が大きい物質である。

問題2　1　水銀は硝酸には溶けるが、塩酸には溶けない。また、水銀は銀とアマルガムを生成するが、鉄とはアマルガムをつくらない。

問題3　1　シアン化ナトリウム（NaCN）は、白色の固体で、水に溶けやすい。酸と反応すると有毒なシアン化水素（HCN）を発生する。

問題4　4　正しいものの組合せは4の（c，d）である。　**a**は、無臭ではなく刺激臭を有する。　**b**は、弱アルカリ性ではなく中性または弱酸性を呈する。

問題5　2　2が正しい。黄燐は空気中の酸素と反応して発火、また、塩素とは直ちに発火して化合する。　**1**　ヒドロキシルアミンは強力な還元作用を呈する。　**3**　アンモニアは、酸素中で黄色の炎をあげて燃焼し、主として窒素および水を生成する。　**4**　フェノールには異性体はない。

問題6　2　正しい組合せは2である。　**a**は、正しくは無色の刺激臭を有する気体である。

問題7　3　主な用途として最も適当なものは、3のアニリンの製造原料等である。

問題8　1　1が誤り。硝酸は、無臭ではなく特有の臭気を有する。

■ゴロ合わせで覚えよう！〔黄燐（おうりん）の性状〕

この白いローソク
（白色・ロウ様半透明）

ニンニク臭くない？
（ニンニク臭）

黄燐（おうりん）は、白色または淡黄（たんこう）色のロウ様半透明の結晶性固体。ニンニク臭がある。

03 毒物及び劇物の貯蔵その他取扱方法

主な毒物又は劇物の貯蔵・取扱方法について、把握しておく必要があり、各物質の貯蔵方法などをよく読んで理解を深めることが大切である。特に、劇物からの除外規定のある製剤についてはよく出題されるので注意を要する。

1 貯蔵方法

主な毒物又は劇物の貯蔵方法を次に示す。ここでは特定毒物は毒物の中に含めている。

主な毒物又は劇物の貯蔵方法

物質名		貯蔵方法
四エチル鉛 四メチル鉛	（毒物）	容器は特別製のドラム缶を使用し、出入を遮断できる独立倉庫で、火気のないところを選定、床面はコンクリートまたは分厚な枕木の上に保管する。
シアン化カリウム （別名 青酸カリ） シアン化ナトリウム	（毒物）	少量ならばガラス瓶、多量ならばブリキ缶または鉄ドラムを使用し、酸類とは離して、空気の流通のよい乾燥した冷所に密封して保存する。
黄燐（おうりん）	（毒物）	空気に触れると発火しやすいので、水中に沈めて瓶に入れ、さらに砂を入れた缶中に固定して、冷暗所に保管する。
弗化水素（ふっか）	（毒物）	プラスチック、鉛、エボナイト*あるいは白金製の容器に貯蔵する。

用語 エボナイト　硬質ゴムのこと。

物質名	貯蔵方法
カリウム ナトリウム　（劇物）	空気中にそのまま保存することはできないため（水分、二酸化炭素と激しく反応する）、通常、石油中（灯油中）に貯蔵する。
水酸化カリウム 水酸化ナトリウム　（劇物）	二酸化炭素と水を強く吸収するので、密栓して貯蔵する。
アンモニア水　（劇物）	アンモニアが揮発しやすいため、密栓して貯蔵する。
硝酸（しょうさん）　（劇物）	密栓して貯蔵する。
硫酸　（劇物）	密栓して貯蔵する。
過酸化水素水　（劇物）	少量ならば褐（かっ）色ガラス瓶、多量ならばカーボイ*などを用い、３分の１の空間を保って貯蔵する。日光の直射を避け、有機物、金属塩などと引き離して冷所に貯蔵する。
燐化（りんか）水素　（毒物）	密栓して風通しのよい冷暗所に貯蔵する。
水銀　（毒物）	ガラスに封入するか、または密栓する。
塩化第二水銀　（毒物）	密栓して貯蔵する。
二硫化炭素　（劇物）	少量ならば共栓ガラス瓶、多量ならば鋼製ドラムなどを用いる。低温でもきわめて引火しやすいため、いったん開封したものは蒸留水を入れておく（蒸留水でふたをして蒸気の発生を抑える）。可燃性、発熱性、自然発火性のものからは十分に引き離し、直射日光を受けない冷所で保存する。
酢酸（さくさん）エチル　（劇物）	日光を避け、密栓して換気のよい冷暗所に保管する。
塩素　（劇物）	ボンベに入れ、換気のよい場所に保管する。
塩素酸ナトリウム　（劇物）	可燃物質と離して換気のよい冷暗所に貯蔵する。潮解性を有するため、容器の密栓には特に注意する。

用語　カーボイ　「大きな瓶」を意味する大型瓶の容器。

物質名	貯蔵方法
ピクリン酸　（劇物）	火気に対し安全で隔離された場所に、硫黄、ヨード、ガソリン、アルコール等の物質と離して保管する。鉄、銅、鉛等の金属容器を使用しないこと。
四塩化炭素　（劇物）	亜鉛または錫めっきをした鋼鉄製容器で保管し、高温に接しない場所に貯蔵する。ドラム缶で保管する場合は、雨水が漏入しないようにし、直射日光を避け冷所に置く。四塩化炭素の蒸気（蒸気比重約 5.3）は空気より重く、低所に滞留するため、地下室など換気の悪い場所には保管しない。
クロロホルム　（劇物）	冷暗所に貯蔵する。純品は空気と日光により変質するため、少量のアルコールを加えて分解を防止する。
ブロムメチル　（劇物）	常温では気体であるため、圧縮冷却して液化し、圧縮容器に入れ、直射日光、その他の温度上昇の原因を避け、冷暗所に貯蔵する。
ホルマリン　（劇物）	密閉・遮光して常温保存する。ホルマリン（ホルムアルデヒドの水溶液）は火気による危険性は比較的少ないが、換気のよい火の気のないところに保存する。
硫酸第二銅　（劇物）	湿気、直射日光を避け、容器を密閉し換気のよい冷暗所に保管する。
硫酸亜鉛　（劇物）	直射日光や高温を避けて、容器を密閉して冷暗所に保管する。
硝酸銀（しょうさん）　（劇物）	褐色瓶（かっ）に入れ（遮光保存）、容器を密閉し換気のよい冷暗所に保管する。

物質名	貯蔵方法
メタノール　（劇物）	火花、裸火(はだかび)のような着火源から離して保管する。直射日光や高温を避け、容器を密閉して換気のよい冷暗所に保管する。
アクリルニトリル　（劇物）	アクリルニトリルは反応性が高いので、できるだけ直接空気に触れることを避けて、窒素のような不活性ガスの雰囲気の中に貯蔵する。
臭素(しゅうそ)　（劇物）	少量ならば共栓ガラス瓶、多量ならばカーボイ、陶製壺などを用い、直射日光を避け、通風のよい冷所に貯蔵する。
沃素(ようそ)　（劇物）	容器は気密容器を使用し、通風のよい冷所に保管する。腐食されやすい金属、濃塩酸、アンモニア水、アンモニアガス、テレピン油などとは、なるべく引き離しておく。
重クロム酸カリウム　（劇物）	直射日光を避け、容器を密閉して換気の良い冷暗所に保管する。
ベタナフトール　（劇物）	空気や光線に触れると赤変(せきへん)するため、遮光して保管する。
クロルピクリン　（劇物）	直射日光を避け、なるべく低温で乾燥した場所に密封して保管する。
ロテノン　（劇物）	容器を密閉して換気のよい場所で保管する。
塩化亜鉛　（劇物）	潮解性があるため、乾燥した冷所に密栓して貯蔵する。
アクロレイン　（劇物）	火気厳禁。非常に反応性に富む物質であるため、安定剤（通常はヒドロキノン）を加え、空気を遮断して貯蔵する。
ジメチル-2,2-ジクロルビニルホスフェイト　（劇物） (別名 DDVP)	容器を密閉して換気のよい場所で保管する。

［例題 1］次の文は毒物又は劇物の貯蔵に関する記述である。この記述の適切な物質をａ～ｅから選びなさい。

① 火気厳禁。非常に反応性に富むので、安定剤を加え空気を遮断して貯蔵する。
② 二酸化炭素と水を吸収する性質が強いので、密栓して貯える。
③ 水中に沈めてビンに入れ、さらに砂を入れた缶中に固定して冷暗所に貯える。
④ 空気中にそのまま貯えることはできないので、通常石油中に貯える。雨水などの漏れが絶対ないような場所に保存する。
⑤ 少量ならばガラスビン、多量ならばブリキ缶あるいは鉄ドラムを用い、酸類とは離して空気の流通のよい乾燥した冷所に密封して貯える。

a シアン化カリウム　**b** 黄燐　**c** 水酸化ナトリウム
d アクロレイン　**e** ナトリウム

〈正 解〉
① **d** **アクロレイン**は非常に**反応**性に富み、**安定剤**（通常はヒドロキノン）を加える。
② **c** **水酸化ナトリウム**は**潮解**性物質である。
③ **b** **黄燐**は非常に酸化されやすく、空気中では発火する危険性が高いので、**水中に保存**する。
④ **e** **ナトリウム**は水と激しく反応して水素を発生し、発火するので、**石油中（灯油中）**に保存する。
⑤ **a** **シアン化カリウム**のような**シアン化合物**は酸類と反応して、猛毒のシアン化水素（青酸ガス）が発生するので、**酸類と離して**貯蔵しなければならない。

［例題 2］次の物質の貯蔵方法について、正しい組合せのもの（A 群、B 群）を下欄から 1 つ選びなさい。

〔A 群〕
ア 酢酸エチル

イ　ベタナフトール
ウ　カリウム
エ　水酸化カリウム

〔B 群〕

1　空気中でそのまま貯蔵することができないので、通常は石油中に貯蔵する。
2　空気や光線に触れて赤変することを防ぐため、遮光して貯蔵する。
3　ガラス、銅、鉛をゆっくりと腐食するため、アルミニウム容器に貯蔵する。
4　二酸化炭素と水の吸収を防止するため、密栓をして貯蔵する。
5　揮発性の引火性液体であるため、密栓して火気を遠ざけ、冷所に貯蔵する。

＜下欄＞

	ア	イ	ウ	エ
①	5,	2,	1,	4
②	5,	1,	2,	4
③	2,	5,	4,	1
④	4,	5,	3,	2
⑤	1,	3,	2,	5

〈正　解〉 正しい組合せのものは①である。

〔A 群〕〔B 群〕

ア － 5　酢酸エチルは、揮発性の引火性液体、密栓、火気を遠ざけ、冷所に貯蔵する。

イ － 2　ベタナフトールは、空気や光線に触れると赤変するので、遮光して貯蔵する。

ウ － 1　カリウムは、空気中でそのまま貯蔵することができないので、通常石油中（灯油中）に貯蔵する。

エ － 4　水酸化カリウムは、二酸化炭素と水の吸収を防止するため、密栓をして貯蔵する。

② 取扱方法

（1）濃硫酸のうすめ方

濃硫酸を水でうすめるときには、**多量の熱**を発生するので、普通のうすめ方ではなく、**水の中に濃硫酸を加える**。

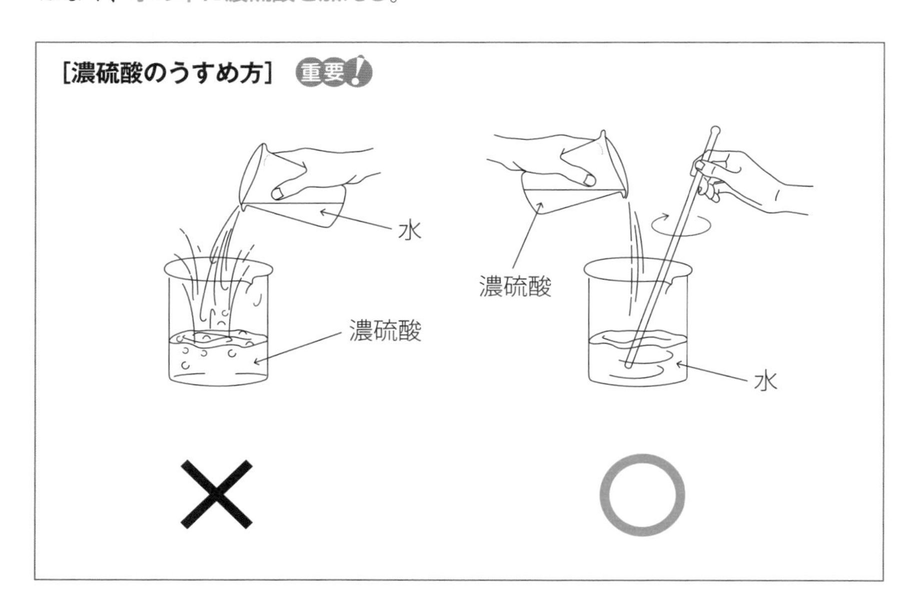

濃硫酸を水でうすめるとき、濃硫酸に水を注ぐと、**発熱のため沸騰**して**硫酸をはね飛ばす**ので危険である。また、熱のため**容器が破損**することもある。濃硫酸を水でうすめるには、容器にまず水を入れて、これをかき混ぜながら、**濃硫酸を少量ずつ加える**ようにしなければならない。

（2）除外規定のある劇物を含有する製剤

劇物を含有する製剤の中に**濃度**により**劇物から除外**されるものがある。「毒物及び劇物指定令」第２条により、具体的に除外される含有濃度の上限値が規定されているものがある。次表に**除外規定のある劇物を含有する製剤**の代表的なものを示す。

注意!! 次表の数値と当該劇物は必ず覚えること。

主な除外規定（「毒物及び劇物指定令」第２条より抜粋）

製剤中の当該劇物の濃度	製剤中に含有する当該劇物	製剤中の当該劇物の濃度	製剤中に含有する当該劇物
0.3%以下	硝酸(しょうさん)タリウム 硫酸タリウム　}（注1）	10%以下	アクリル酸 アンモニア 塩化水素 蓚酸(しゅうさん)，硝酸(しょうさん)，硫酸 トリフルオロメタンスルホン酸
1%以下	ベタナフトール ペンタクロルフェノール（別名PCP） ホルムアルデヒド	17%以下	過酸化尿素
2%以下	水酸化トリアリール錫(すず) 水酸化トリアルキル錫(すず) エマメクチン ロテノン	25%以下	亜塩素酸ナトリウム メタクリル酸
		30%以下	ヒドラジン一水和物
		40%以下	メチルアミン
5%以下	クレゾール 水酸化カリウム 水酸化ナトリウム 過酸化ナトリウム フェノール	50%以下	クロルメチル（注2） 1,2−ジブロムエタン（別名EDB） ジメチルアミン
		70%以下	クロム酸鉛
6%以下	過酸化水素	90%以下	ぎ酸

（注1）それぞれの劇物「0.3%以下を含有し、黒色に着色され、かつ、トウガラシエキスを用いて著しくからく着味されているもの」という条件付きの除外規定である。
（注2）「容量300mL以下の容器に収められた殺虫剤であって、クロルメチル50%以下を含有するもの」という条件付きの除外規定である。

［例題1］次の物質を含有する製剤が、劇物としての指定から除外される上限の濃度について、下欄の中から1つ選びなさい。

(1) 水酸化ナトリウム
(2) 塩化水素
(3) ホルムアルデヒド
(4) クロム酸鉛
(5) メタクリル酸

<下欄>

1 1%	2 5%	3 10%	4 25%	5 70%

〈正 解〉(1) 2 水酸化ナトリウムは5%以下で劇物から除外。
(2) 3 塩化水素は10%以下で劇物から除外。
(3) 1 ホルムアルデヒドは1%以下で劇物から除外。
(4) 5 クロム酸鉛は70%以下で劇物から除外。
(5) 4 メタクリル酸は25%以下で劇物から除外。

[例題 2] 次の物質を含有する製剤において、含有する濃度が何%以下になると劇物に該当しなくなるか。正しいものを下欄のア～エの中から1つ選びなさい。

(1) ぎ酸
(2) ジメチルアミン

<下欄>

ア 10%	イ 30%	ウ 50%	エ 90%

〈正 解〉(1) エ ぎ酸は90%以下で劇物から除外。
(2) ウ ジメチルアミンは50%以下で劇物から除外。

[例題 3] 次の物質を含有する製剤について、劇物として取り扱いを受けなくなる濃度を下欄から選びなさい。なお、同じ番号を何度選んでもよい。

(1) 過酸化水素
(2) 蓚酸
(3) 水酸化カリウム

<下欄>

1 5%以下	2 6%以下	3 10%以下	4 50%以下

〈正　解〉(1) 2　過酸化水素は6%以下で劇物から除外。
(2) 3　蓚酸は10%以下で劇物から除外。
(3) 1　水酸化カリウムは5%以下で劇物から除外。

[例題4] 次の①～②に示す薬物を含有する製剤について、それらが劇物の指定から除外される濃度として最も適当なものをア～エから1つ選びなさい。

① アンモニア
ア 0.5%以下
イ 5%以下
ウ 10%以下
エ 70%以下

② トリフルオロメタンスルホン酸
ア 0.5%以下
イ 5%以下
ウ 10%以下
エ 70%以下

〈正　解〉① ウ　アンモニアは10%以下で劇物から除外。
② ウ　トリフルオロメタンスルホン酸は10%以下で劇物から除外。

除外規定のある劇物を含有する製剤は頻出項目です。p.201 表「主な除外規定」の劇物と、劇物の濃度はしっかりと覚えましょう。

重要ポイント

[03 毒物及び劇物の貯蔵その他取扱方法]

□主な毒物及び劇物の**貯蔵方法**を物質名ごとに示してある。ここでは、**特定毒物**は毒物の中に含めている。

□貯蔵方法をチェックすべき主な「**毒物**」として、次の物質がある。

・四エチル鉛・四メチル鉛
・シアン化カリウム（別名 青酸カリ）・シアン化ナトリウム
・黄燐
・弗化水素
・燐化水素
・水銀
・塩化第二水銀

□貯蔵方法をチェックすべき主な「**劇物**」として、次の物質がある。

・カリウム・ナトリウム
・水酸化カリウム・水酸化ナトリウム
・アンモニア水
・硝酸
・硫酸
・過酸化水素水
・二硫化炭素
・酢酸エチル
・塩素
・塩素酸ナトリウム
・ピクリン酸
・四塩化炭素
・クロロホルム
・ブロムメチル
・ホルマリン
・硫酸第二銅
・硫酸亜鉛
・硝酸銀

・メタノール
・アクリルニトリル
・臭素（しゅうそ）
・沃素（ようそ）
・重クロム酸カリウム
・ベタナフトール
・クロルピクリン
・ロテノン
・塩化亜鉛
・アクロレイン
・ジメチル−2,2−ジクロルビニルホスフェイト（別名 DDVP）

□濃硫酸を水でうすめるときには、多量の熱を発するので、普通のうすめ方ではなく、**水の中**に濃硫酸を加えてうすめる。

□劇物を含有する製剤の中に濃度により**劇物から除外**されるものがある。「毒物及び劇物指定令」第 2 条により、具体的に除外される含有濃度の上限値が規定されているものがある。主な劇物の除外規定の本文の表は必ず覚えるようにする。

■ゴロ合わせで覚えよう！〔濃硫酸のうすめ方〕

のう、龍さんに
（濃硫酸）

水を飲ませたらあかんのや
（水を加えるのはだめ）

水の中を泳がして
（水の中に加える）

やらにゃあ

濃硫酸を水でうすめるときには、多量の熱を発するので、水の中に濃硫酸を加えてうすめる。

過去問題

正解と解説は p.209 ～ 210

▽問題 1

次の物質の貯蔵方法として、最も適当なものを下欄から選びなさい。

(1) カリウム　(2) シアン化ナトリウム
(3) ブロムメチル　(4) 水酸化カリウム

<下欄>

1　少量ならばガラス瓶、多量ならばブリキ缶あるいは鉄ドラムを用い、酸類とは離して、空気の流通のよい乾燥した冷所に密封して貯蔵する。
2　常温では気体であるため、圧縮冷却して液化し、圧縮容器に入れ、直射日光、その他温度上昇の原因を避けて、冷暗所に貯蔵する。
3　二酸化炭素と水を強く吸収するため、密栓をして貯蔵する。
4　空気中にそのまま貯蔵することはできないので、通常石油中に貯蔵する。水分の混入、火気を避けて貯蔵する。

▽問題 2

次のうち、水酸化ナトリウムの貯蔵方法として、最も適当なものはどれか。

1　空気中にそのまま貯蔵することはできないため、通常石油中に貯蔵する。
2　亜鉛又は錫（すず）めっきをした鋼鉄製容器で保管し、高温に接しない場所に貯蔵する。
3　純品は空気と日光によって変質するので、分解を防ぐために少量のアルコールを加え、冷暗所に貯蔵する。
4　炭酸ガスと水を吸収する性質が強いため、密栓して貯蔵する。

▽問題 3

次の薬物の貯蔵方法として適切なものをそれぞれ下欄から選びなさい。

(1) 四塩化炭素　(2) 弗（ふっ）化水素酸　(3) ヨウ素
(4) ベタナフトール　(5) ピクリン酸

<下欄>

1　銅、鉄、コンクリートまたは木製のタンクにゴム、鉛、ポリ塩化ビニルあるいはポリエチレンのライニングを施したものを用いる。火気厳禁とする。

2　火気に対し安全で隔離された場所に、硫黄、ヨード、ガソリン、アルコール等と離して保管する。鉄、銅、鉛等の金属容器を使用しない。

3　容器は特別製のドラム缶を用い、出入を遮断できる独立倉庫で、火気のないところを選定し、床面はコンクリートまたは分厚な枕木の上に保管する。

4　空気や光線に触れると赤変するため、遮光して貯えなくてはならない。

5　容器は気密容器を用い、通風のよい冷所に貯える。腐食されやすい金属、濃塩酸、アンモニア水、アンモニアガス、テレビン油などは、なるべく引き離しておく。

6　亜鉛又は錫メッキをした鋼鉄製容器で保管し、高温に接しない場所に保管する。本品の蒸気は空気より重く、低所に滞留するので、地下室などの換気の悪い場所には保管しない。

▽問題４

二硫化炭素の貯蔵方法として、最も適当なものはどれか。

1　火気に対し安全に隔離された場所で、鉄、銅、鉛等の金属容器を使用せず保管する。

2　低温でもきわめて引火性であるため、いったん開封したものは、蒸留水をまぜておくと安全である。直射日光を避け、冷所に貯蔵する。

3　温度の上昇、動揺などにより爆発することがある。三分の一の空間を保ち、冷所で貯蔵する。

4　炭酸ガスと水を吸収しやすいため、密栓して貯蔵する。

5　少量であればガラス瓶で密栓、多量であれば木樽に入れ貯蔵する。

▽問題５

次の（1）から（5）の物質を含有する製剤で、劇物の指定から除外される含有濃度の上限として最も適当なものを下欄からそれぞれ１つ選びなさい。

（1）メタクリル酸　（2）ベタナフトール　（3）クロム酸鉛
（4）アンモニア　（5）過酸化水素

<下欄>

ア	1%	**イ**	6%	**ウ**	10%
エ	25%	**オ**	70%		

▽問題 6

次の薬物を含む製剤について、劇物としての指定から除外される上限の濃度を選びなさい。

(1) エマメクチン
1 1% **2** 2% **3** 5% **4** 10%

(2) ジメチルアミン
1 10% **2** 20% **3** 30% **4** 50%

(3) ホルムアルデヒド
1 0.5% **2** 1% **3** 2% **4** 3%

(4) クレゾール
1 5% **2** 10% **3** 15% **4** 20%

(5) フェノール
1 1% **2** 3% **3** 5% **4** 10%

▽問題 7

次の物質について、劇物から除外される濃度を下から選びなさい。

(1) メチルアミンを含有する製剤
1 1%以下 **2** 4%以下 **3** 10%以下
4 40%以下 **5** 90%以下

(2) 水酸化カリウムを含有する製剤
1 1%以下 **2** 5%以下 **3** 6%以下
4 10%以下 **5** 70%以下

▽問題８

次の物質を含有する製剤で、毒物及び劇物取締法や関連する法令により劇物の指定から除外される含有濃度の上限として最も適当なものを≪選択枝≫から選びなさい。

(1) ぎ酸　　(2) 硝酸

≪選択枝≫

1　1%　　**2**　2%　　**3**　10%　　**4**　50%　　**5**　90%

【正解と解説】

問題１

(1)　4　　カリウム（K）は、4の方法で貯蔵する。

(2)　1　　シアン化ナトリウム（NaCN）は、酸と反応して有毒な青酸ガスを発生するため、**酸とは隔離**して、空気の流通がよい乾燥した冷所に密封して保存する。

(3)　2　　ブロムメチル（CH_3Br）は常温では気体であるため、これを**圧縮**冷却して**液化**し、圧縮容器に入れ冷暗所で保存する。

(4)　3　　水酸化カリウム（KOH）は、空気中の**二酸化炭素と水を強く吸収**する白色固体であるため、密栓して貯蔵する。

問題２　4　　水酸化ナトリウム（NaOH）の貯蔵方法として最適なものは4である。水酸化ナトリウムは**炭酸ガス（二酸化炭素）と水を吸収**する性質が強いので、**密栓**して貯蔵する。

問題３

(1)　6　　四塩化炭素（CCl_4）の貯蔵方法として適切なものは6である。四塩化炭素は、亜鉛または**錫メッキ**をした**鋼鉄**製容器で保管し、**高温に接しない**場所に保管する。

(2)　1　　弗化水素酸（HF）は1の通りである。

(3)　5　　沃素（I_2）は、**気密**容器に入れ、**風通し**のよい冷所に保存する。

(4)　4　　ベタナフトール（$C_{10}H_8O$）は4の通りである。

(5)　2　　ピクリン酸（$C_6H_3N_3O_7$）は2の通りである。

問題 4　2　二硫化炭素（CS_2）は低温でもきわめて引火しやすいので、いったん開封したものは蒸留水を入れておく（二硫化炭素は、水よりも重く、水に溶けないため、蒸留水でふたをして引火性の蒸気の発生抑える）と安全であり、日光の直射が当たらない場所で保存する。

問題 5

（1）エ　メタクリル酸は、25%以下で劇物から除外。
（2）ア　ベタナフトールは、1%以下で劇物から除外。
（3）オ　クロム酸鉛は、70%以下で劇物から除外。
（4）ウ　アンモニアは、10%以下で劇物から除外。
（5）イ　過酸化水素は、6%以下で劇物から除外。

それぞれの物質が劇物の指定から除外される含有濃度の上限は、p.201 表「主な除外規定」による。この表は必ず覚えること。

問題 6

（1）2　エマメクチンは、2%以下で劇物から除外。
（2）4　ジメチルアミンは、50%以下で劇物から除外。
（3）2　ホルムアルデヒドは、1%以下で劇物から除外。
（4）1　クレゾールは、5%以下で劇物から除外。
（5）3　フェノールは、5%以下で劇物から除外。

それぞれの物質が劇物の指定から除外される含有濃度の上限は、p.201 表「主な除外規定」による。この表は必ず覚えること。

問題 7

（1）4　メチルアミンは、40%以下で劇物から除外。
（2）2　水酸化カリウムは、5%以下で劇物から除外。

それぞれの物質が劇物の指定から除外される含有濃度の上限は、p.201 表「主な除外規定」による。この表は必ず覚えること。

問題 8

（1）5　ぎ酸は、90%以下で劇物から除外
（2）3　硝酸は、10%以下で劇物から除外。

それぞれの物質が劇物の指定から除外される含有濃度の上限は、p.201 表「主な除外規定」による。この表は必覚えること。因みに、題意の関連する法令とは、「毒物及び劇物指定令」である。この指定令第 2 条により、具体的に除外される含有濃度の上限値が規定されているものがある。

第４章
［実地］毒物及び劇物の性質・用途、廃棄方法、鑑別方法、漏洩時等の応急措置

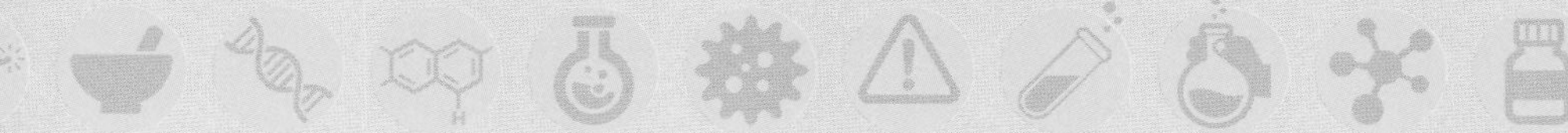

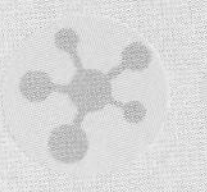

01 毒物及び劇物の性質・用途

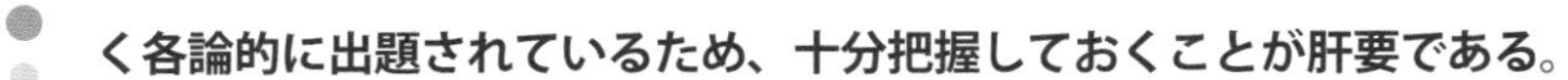

毒物及び劇物の性質・用途は第3章で学習したが、［実地］としても広く各論的に出題されているため、十分把握しておくことが肝要である。

❶ 毒物又は劇物の性質・用途等

次表に主な毒物又は劇物の性質・用途等を示す。ここでは特定毒物は毒物の中に含めている。第3章02毒物及び劇物の性質（p.177～186）と重複する物質もあるが、［実地］としてあえて記した。

物質名 化学式（分子式）		性質・用途等
シアン化カリウム KCN	㊔	無色または白色の粉末状の結晶である。水に溶けやすい。
砒酸（ひさん）カリウム AsH_2KO_4	㊔	無色または白色の結晶または粉末である。水に溶ける。
ベタナフトール $C_{10}H_8O$	㊜	無色の光沢のある結晶または結晶性粉末である。染料の原料として用いられる。
ジエチル-（5-フェニル-3-イソキサゾリル）-チオホスフェイト（別名イソキサチオン） $C_{13}H_{16}NO_4PS$	㊜	淡黄褐（たんこうかっ）色または微黄色の液体である。果樹、野菜等の害虫駆除に用いられる。
沃素（ようそ） I_2	㊜	黒灰（こくかい）色または黒紫色の金属様の光沢をもつ結晶で、特有の臭気を有する。昇華性がある。
アニリン C_6H_7N	㊜	無色透明な油状の液体で、特有の臭気がある。空気に触れて赤褐（せきかっ）色を呈する。
フェノール C_6H_6O	㊜	無色または白色の固体である。化学式（示性式）はC_6H_5OHである。

物質名 化学式（分子式）		性質・用途等
モノフルオール酢酸ナトリウム（モノフルオール酢酸のナトリウム塩） $C_2H_2FNaO_2$	㊮	酢酸臭を有する白色の粉末で吸湿性がある。化学式（示性式）は $CH_2FCOONa$ である。
キシレン C_8H_{10}	㊍	無色透明の液体である。溶剤として用いられる。
水素化砒素 AsH_3	㊮	無色のニンニク臭を有する気体であり、可燃性がある。
S−メチル−N−〔(メチルカルバモイル)−オキシ〕−チオアセトイミデート（別名 メトミル） $C_5H_{10}N_2O_2S$	㊍	白色の結晶性固体で弱い硫黄臭がある。殺虫剤として用いられる。
硫化カドミウム CdS	㊍	黄橙色の粉末である。水にほとんど溶けない。
沃化メチル CH_3I	㊍	無色または淡黄色透明の液体である。光により一部分解する。
燐化水素 H_3P	㊮	無色の気体で腐った魚の臭いがある。ホスフィンとも呼ばれる。
塩基性炭酸銅 $CH_2Cu_2O_5$	㊍	緑色の結晶性粉末である。酸、アンモニア水には溶けやすいが、水にはほとんど溶けない。
塩素酸カリウム $KClO_3$	㊍	無色または白色の固体である。爆発物の製造に用いられる。
トリクロロシラン Cl_3HSi	㊍	刺激臭のある無色の液体である。腐食性が強い。
オルトケイ酸テトラメチル $C_4H_{12}O_4Si$	㊮	無色の液体である。高純度合成シリカ原料として用いられる。

物質名 化学式（分子式）		性質・用途等
過酸化ナトリウム Na_2O_2	㊟劇	純粋なものは白色であるが、一般には淡黄(たんこう)色の固体である。漂白剤として用いられる。
三塩化アンチモン $SbCl_3$	㊟劇	無色から淡黄(たんこう)色の固体であり、強い潮解性がある。
塩化ホスホリル Cl_3OP	㊟毒	無色の液体で刺激臭がある。水と反応し、塩酸と燐(りん)酸を生成する。
ヘキサメチレンジイソシアナート $C_8H_{12}N_2O_2$	㊟劇	無色の液体である。コーティング加工用樹脂の原料として用いられる。
エチレンオキシド C_2H_4O	㊟劇	無色の気体である。殺菌剤として用いられる。
ニコチン $C_{10}H_{14}N_2$	㊟毒	無色の油状液体である。光および空気により分解し、褐(かっ)色に変化する。水に易溶。
三塩化硼素(ほうそ) BCl_3	㊟毒	無色の気体で、干し草のような臭いがある。水と反応して塩化水素ガスとホウ酸を発生する。
二酸化鉛 O_2Pb	㊟劇	茶褐(かっ)色の粉末である。電池の製造に用いられる。
アクリル酸 $C_3H_4O_2$	㊟劇	酢酸(さくさん)に似た刺激臭のある無色の液体である。化学式（示性式）は $CH_2=CHCOOH$ である。
塩素 Cl_2	㊟劇	黄緑(おうりょく)色の気体である。漂白剤（さらし粉）の原料として用いられる。
シアン化第一金カリウム C_2AuKN_2	㊟毒	無色または白色の結晶である。めっきの材料として用いられる。
クロルメチル CH_3Cl	㊟劇	無色のエーテル様の臭いを有する気体である。低温用溶剤として用いられる。
一水素二弗化(ふっか)アンモニウム　F_2H_5N	㊟劇	無色または白色の結晶である。水溶液はガラスを腐食する。

物質名 化学式（分子式）		性質・用途等
一酸化鉛 PbO	劇	黄色から赤色の固体である。リサージとも呼ばれる。希硝酸（きしょうさん）に溶かし、これに硫化水素を通じると、黒色の沈殿（硫化鉛）を生じる。鉛ガラスの原料に用いられる。
メチルメルカプタン CH_4S	毒	腐ったキャベツ様の臭気のある無色の気体である。付臭剤として用いられる。
2,2'−ジピリジリウム−1,1'−エチレンジブロミド（別名ジクワット） $C_{12}H_{12}Br_2N_2$	劇	淡黄（たんこう）色の固体で、水に溶けやすい。中性または酸性条件下では安定である。
臭化銀（しゅうか） AgBr	劇	淡黄（たんこう）色の固体である。写真感光材料として用いられる。

［例題 1］ 次のアニリン（劇物）の性状等に関する記述のうち、正しいものはどれか。

1. 無色の液体で、特有の臭気があり、空気に触れると赤褐色になる。化学式は $C_6H_5NH_2$ である。
2. 強アンモニア臭を有する気体で、水によく溶ける。化学式は $(CH_3)_2NH$ である。
3. 橙赤色の結晶で、水に溶けやすい。化学式は $(NH_4)_2Cr_2O_7$ である。
4. 無色又は白色の結晶で、水溶液はガラスを腐食する。化学式は NH_4HF_2 である。

〈正 解〉 1 が正しい。この化学式（$C_6H_5NH_2$）は示性式である。

[例題 2] 次のメチルメルカプタン（毒物）の性状等に関する記述のうち、正しいものはどれか。

1 アンモニア臭のある無色又は淡黄色の液体である。染料固着剤として用いられる。
2 白色又は帯黄白色の粉末である。電気めっきに用いられる。
3 特異臭のある無色の液体である。農薬の中間原料として用いられる。
4 腐ったキャベツ様の臭気のある無色の気体である。付臭剤として用いられる。

〈正　解〉**4** が正しい。メチルメルカプタンは**悪臭**。無臭のガスにごく微量添加してガス漏れを検知しやすくする**付臭剤**として用いられる。

[例題 3] 次の沃素（劇物）の性状に関する記述のうち、正しいものはどれか。

1 白色の粉末、粒状又はタブレット状の固体である。水溶液は強アルカリ性である。
2 無色の液体で、ベンゼン臭を有する。水に不溶である。
3 黄色の液体である。水に溶けて分解する。
4 黒灰色又は黒紫色の金属様の光沢をもつ結晶で、特有の臭気を有する。昇華性がある。

〈正　解〉**4** が正しい。沃素は熱すると**紫色の蒸気**を発生し、冷やすと再び結晶に戻る（**昇華**現象）。この**昇華**性は沃素の特徴である。

02 毒物及び劇物の廃棄方法

まず、廃棄方法にどのようなものがあるのか、希釈方法、中和方法など 10 を超える廃棄方法の全体像を把握することが必要である。次に、多くの物質（毒物、劇物）のひとつひとつが、どの廃棄方法で廃棄処理されるのか、根気よく学習し、徹底を図ることが大切である。

① 廃棄方法の種類

［廃棄方法の種類の全体像］

廃棄方法の種類
- 希釈法：過酸化水素水、過酸化尿素
- 中和法：酸で中和、アルカリで中和、溶解中和
- 燃焼法：燃焼しづらいもの、燃焼しやすいものなど
- 酸化法：酸化分解されやすい毒物劇物
- 還元法：臭素（しゅうそ）、塩素酸ナトリウム、塩素酸カリウムなど
- アルカリ法：アルカリで分解されやすい毒物劇物
- 分解法：クロルピクリン
- 回収法：水銀、砒素（ひそ）、セレンなど
- 還元焙焼（ばいしょう）法：硝酸銀（しょうさん）、塩化第一水銀、塩化第二水銀など
- 固化隔離法：一酸化鉛、砒素（ひそ）、セレンなど
- 沈殿法：酸化沈殿、還元沈殿、分解沈殿など
- 活性汚泥法：シアン化水素、蓚酸（しゅうさん）、エチレンオキシドなど

毒物及び劇物の**廃棄**は、**希釈**、**中和**、**燃焼**、**酸化**、**還元**その他の方法により、始めの毒物、劇物でないものにして廃棄（回収法を含む）します。

② 毒物及び劇物の廃棄方法

次表に主な毒物又は劇物の廃棄方法を示す。

主な毒物又は劇物の廃棄方法

廃棄方法	物質名	廃棄処理
希釈法	過酸化水素水 過酸化尿素	多量の水で希釈して処理する。
中和法	**＜酸で中和＞** 水酸化ナトリウム 水酸化カリウム アンモニア水 過酸化ナトリウム	水を加えて希薄な水溶液とし、酸（希塩酸、希硫酸など）で中和させた後、多量の水を用いて希釈して処理する。
	＜アルカリで中和＞ 塩酸 硝酸(しょうさん) 硫酸 発煙(はつえん)硫酸 ブロム水素酸 沃化(ようか)水素酸	水を加えて希薄な水溶液とし、徐々にソーダ灰（炭酸ナトリウム）または石灰乳（消石灰*の懸濁(けんだく)液）などの攪拌(かくはん)溶液に加え、中和した後、多量の水で希釈して処理する。
	＜溶解中和＞ ナトリウム カリウム	不活性ガスを通じて酸素濃度を3%以下にしたグローブボックス*内で、乾燥した鉄製容器を使用し、エタノールを徐々に加えて溶かす。溶解後、水を徐々に加えて加水分解し、希硫酸等で中和する。

消石灰　水酸化カルシウムのこと。
グローブボックス　外気と遮断された状況下で作業が可能となるように、内部に手だけが入れられるよう設計された密閉容器のこと。

廃棄方法	物質名	廃棄処理
燃焼法	**<燃焼しづらいもの>** ニトロベンゼン フェノール クレゾール トルイジン アニリン メタクリル酸	木粉（おが屑）または可燃性溶剤（アセトン、ベンゼン等）と混ぜて焼却する。
	モノクロル酢酸 ジクロル酢酸 トリクロル酢酸 ブロムメチル ブロムエチル クロロホルム 四塩化炭素 ジメチル-2,2-ジクロルビニルホスフェイト（別名 DDVP）	過剰の可燃性溶剤または重油とともにアフターバーナー*およびスクラバー*を具備した焼却炉の火室へ噴霧し、できるだけ高温で焼却する。
	<燃焼しやすいもの> トルエン 酢酸エチル メチルエチルケトン メタノール	硅藻土等に吸収させ、開放型の焼却炉で、少量ずつ焼却する。または焼却炉の火室へ噴霧して焼却する。
	キシレン	木粉（おが屑）等に吸収させ、焼却炉で焼却する。または可燃性溶剤とともに焼却炉の火室へ噴霧して焼却する。

用語

アフターバーナー　焼却炉の排気ガス中の炭化水素、一酸化炭素等を再燃焼させて、完全燃焼させるために用いられる装置。

スクラバー　水または他の液体を利用して排ガス中の微小粒子および有毒ガスを分離捕集する集塵装置。

廃棄方法	物質名	廃棄処理
燃焼法	**＜燃焼しやすいもの＞** クロルエチル 二硫化炭素 燐化水素	スクラバーを具備した焼却炉の火室へ噴霧して焼却する。
	＜特徴的燃焼法＞ ナトリウム カリウム	スクラバーを具備した焼却炉の中で、乾燥した鉄製容器を使用し、油または油を浸した布等を加えて点火し、鉄棒でときどき攪拌して完全に燃焼させる。残留物は放冷後、水に溶かし、希硫酸等で中和する。
	黄燐	廃ガス水洗設備および必要があればアフターバーナーを具備した焼却設備で焼却する。
	ピクリン酸	①炭酸水素ナトリウムと混合したものを少量ずつ紙などで包み、他の木材、紙などと一緒に危害を生ずるおそれがない場所で、開放状態で焼却する。 ②大過剰の可燃性溶剤とともに、アフターバーナーおよびスクラバーを備えた焼却炉の火室へ噴霧し、焼却する。
	ニッケルカルボニル	多量のベンゼンに溶解し、スクラバーを具備した焼却炉の火室へ噴霧して焼却する。
酸化法	シアン化カリウム シアン化ナトリウム	水酸化ナトリウム水溶液を加えアルカリ性（pH11 以上）とし、酸化剤（次亜塩素酸ナトリウム、さらし粉等）の水溶液を加えて酸化分解する。分解後は硫酸を加えて中和し、多量の水で希釈して処理する。
	シアン化水素	多量の水酸化ナトリウム水溶液（20w/v%以上）に吹き込んだ後、酸化剤（次亜塩素酸ナトリウム、さらし粉等）の水溶液を加え酸化分解する。分解後は硫酸を加えて中和し、多量の水を用いて希釈して処理する。

廃棄方法	物質名	廃棄処理
酸化法	メチルメルカプタン	水酸化ナトリウム水溶液中へ徐々に吹き込んで処理した後、酸化剤（次亜塩素酸ナトリウム、さらし粉等）の水溶液を加えて酸化分解する。これに硫酸を加えて中和した後、多量の水を用いて希釈し、処理する。
	ホルマリン	多量の水を加えて希薄な水溶液とした後、次亜塩素酸塩水溶液を加えて分解させ、廃棄する。
	アクロレイン	過剰の酸性亜硫酸ナトリウム水溶液に混合した後、次亜塩素酸塩水溶液で分解し、多量の水を用いて希釈して流す。
還元法	臭素（しゅうそ）	多量の水を用いて希釈し、還元剤（チオ硫酸ナトリウム水溶液など）の溶液を加えた後、中和する。その後、多量の水を用いて希釈して処理する。
	塩素酸ナトリウム 塩素酸カリウム	還元剤（チオ硫酸ナトリウム等）の水溶液に希硫酸を加えて酸性にし、この中に少量ずつ投入する。反応終了後、反応液を中和し、多量の水を用いて希釈して処理する。
アルカリ法	シアン化カリウム シアン化ナトリウム	水酸化ナトリウム水溶液を用いてアルカリ性とし、高温加圧下で加水分解する。
	シアン化水素	多量の水酸化ナトリウム水溶液（20w/v%以上）に吹き込んだ後、高温加圧下で加水分解する。
	アクリルニトリル	水酸化ナトリウム水溶液を用いてpHを13以上に調整後、高温加圧下で加水分解する。
	臭素（しゅうそ）	アルカリ水溶液（水酸化カルシウムの懸濁（けんだく）液または水酸化ナトリウム水溶液）中に少量ずつ滴下し、多量の水を用いて希釈して処理する。

廃棄方法	物質名	廃棄処理
アルカリ法	ジメチル硫酸	多量の水または希アルカリ水溶液を加え、放置または攪拌(かくはん)して分解させた後、酸またはアルカリで中和し、廃棄する。
分解法	クロルピクリン	少量の界面活性剤を加えた亜硫酸ナトリウムと炭酸ナトリウムの混合溶液中で、攪拌(かくはん)し分解させた後、多量の水を用いて希釈して処理する。
回収法	水銀 砒素(ひそ)	そのまま再生利用するために蒸留する。
	セレン	多量の場合には加熱し、蒸発させて金属セレンとして捕集回収する。
還元焙焼(ばいしょう)法	硝酸(しょうさん)銀	還元焙焼(ばいしょう)法により、金属銀として回収する。
	塩化第一水銀 塩化第二水銀	還元焙焼(ばいしょう)法により、金属水銀として回収する。
固化隔離法	一酸化鉛 砒素(ひそ) セレン	セメントを用いて固化し、(一酸化鉛、砒素(ひそ)は溶出試験を行い、溶出量が判定基準以下であることを確認して)埋立処分する。
沈殿法	ニッケルカルボニル	多量の次亜塩素酸ナトリウム水溶液を用いて酸化分解する。そののち過剰の塩素を亜硫酸ナトリウム水溶液等を用いて分解させ、そのあと硫酸を加えて中和し、沈殿濾過(ろか)して埋立処分する。
	重クロム酸アンモニウム 重クロム酸カリウム 重クロム酸ナトリウム クロム酸カルシウム クロム酸ナトリウム 無水(むすい)クロム酸	希硫酸に溶かし、クロム酸を遊離させ、還元剤(硫酸第一鉄等)の水溶液を過剰に用いて還元したのち、水酸化カルシウム、炭酸ナトリウム等の水溶液で処理し、水酸化クロム(Ⅲ)として沈殿濾過(ろか)する。溶出試験を行い、溶出量が判定基準以下であることを確認し、埋立処分する。

廃棄方法	物質名	廃棄処理
沈殿法	硅弗化水素酸	多量の水酸化カルシウム水溶液に攪拌しながら少量ずつ加えて中和し、沈殿濾過し、埋立処分する。
	硼弗化水素酸	多量の塩化カルシウム水溶液に攪拌しながら少量ずつ加え、数時間加熱攪拌する。この間、ときどき水酸化カルシウム水溶液を加えて中和し、もはや溶液が酸性を示さなくなるまで加熱し、沈殿濾過し、埋立処分する。
	硝酸銀	水に溶かし、食塩水を加え、塩化銀を沈殿濾過する。
	塩化バリウム	水に溶かし、硫酸ナトリウムの水溶液を加えて処理し、沈殿濾過し、埋立処分する。
	三塩化アンチモン	水に溶かし、硫化ナトリウムの水溶液を加えて沈殿させ、濾過して埋立処分する。
	弗化水素	多量の水酸化カルシウム水溶液中に吹き込んで吸収させ、中和し、沈殿濾過し、埋立処分する。
	弗化水素酸	多量の水酸化カルシウム水溶液に攪拌しながら少量ずつ加えて中和し、沈殿濾過し、埋立処分する。
活性汚泥法*	シアン化水素	多量の水酸化ナトリウム水溶液(20w/v%以上)に吹き込んだのち、多量の水を用いて希釈し、活性汚泥槽で処理する。
	蓚酸	ナトリウム塩とした後、活性汚泥で処理する。
	エチレンオキシド	多量の水に少量ずつ気体を吹き込み溶解して希釈した後、少量の硫酸を加えエチレングリコールに変え、アルカリ水で中和し、活性汚泥で処理する。

用語 活性汚泥法　水中の有機物などを微生物により分解除去すること。

[例題 1]「トルエンの廃棄方法について教えてください。」という質問を受けました。質問に対する回答の正誤について、正しい組合せはどれか。

a 焼却炉の火室に噴霧し焼却します。
b 酸で中和させた後、水で希釈して処理します。
c 次亜塩素酸塩水溶液を加え分解させ、廃棄します。

	a	b	c
1	正	正	正
2	正	誤	誤
3	誤	正	誤
4	誤	誤	正

〈正 解〉正しい組合せは 2 である。正しい a は焼却法である。 トルエンの廃棄方法としては誤っている b は中和法、c は酸化法である。

[例題 2] 重クロム酸アンモニウムの「廃棄方法」として、最も適切なものはどれか。

1 アフターバーナーおよびスクラバーを具備した焼却炉で焼却する。
2 水を加えて希薄な水溶液とし、酸で中和させた後、多量の水で希釈して処理する。
3 多量の次亜塩素酸ナトリウムと水酸化ナトリウムの混合水溶液を攪拌しながら少量ずつ加えて酸化分解する。過剰の次亜塩素酸ナトリウムをチオ硫酸ナトリウム水溶液で分解した後、希硫酸を加えて中和し、沈殿濾過する。
4 希硫酸に溶かし、還元剤の水溶液を過剰に用いて還元した後、消石灰、ソーダ灰等の水溶液で処理し、濾過する。溶出試験を行い、溶出量が判定基準以下であることを確認して埋立処分する。

〈正 解〉最も適切なものは 4 である。硫酸第一鉄などの還元剤の水溶液を過剰に用いて還元した後、消石灰（水酸化カルシウム）、ソーダ灰（炭酸ナトリウム）等の水溶液で処理し、沈殿濾過する沈殿法である。

[例題3] クロルピクリンの廃棄方法として、最も適切なものはどれか。

1 少量の界面活性剤を加えた亜硫酸ナトリウムと炭酸ナトリウムの混合溶液中で、攪拌し分解させた後、多量の水で希釈して処理する。

2 木粉（おが屑）等に吸収させてアフターバーナーおよびスクラバーを具備した焼却炉で焼却する。

3 チオ硫酸ナトリウムの水溶液に希硫酸を加えて酸性にし、この中に少量ずつ投入する。反応終了後、反応液を中和し多量の水で希釈して処理する。

4 多量の次亜塩素酸ナトリウムと水酸化ナトリウムの混合水溶液を攪拌しながら少量ずつ加えて酸化分解する。過剰の次亜塩素酸ナトリウムとチオ硫酸ナトリウム水溶液等で分解した後、希硫酸を加えて中和し、沈殿濾過して埋立処分する。

〈正　解〉 最も適切なものは **1** である。クロルピクリンの廃棄方法を問われたら **1** の**分解**法である。

■理解を深めよう！〔毒物及び劇物の廃棄方法〕

●クロルピクリンの廃棄方法

クロルピクリンの廃棄方法は**分解法**である。「**界面活性剤**」という語がキーワードであるので、必ず覚えること。

●活性汚泥法

活性汚泥法は、有機物の処理だけでなく、**有害物質の処理**（**シアン化水素**）にも適用できる。

重要ポイント

［01 毒物及び劇物の性質・用途］

□ 毒物及び劇物の**性質・用途**は第３章で学習したが、［実地］としても広く各論的に示してある。

□「毒物又は劇物の性質・用途等」について、具体的には次の物質を示してある。ここでは、**特定毒物**は毒物の中に含めている。

・シアン化カリウム
・砒酸(ひさん)カリウム
・ベタナフトール
・ジエチル－（5－フェニル－3－イソキサゾリル）－チオホスフェイト（別名 イソキサチオン）
・沃素(ようそ)
・アニリン
・フェノール
・モノフルオール酢酸(さくさん)ナトリウム（モノフルオール酢酸(さくさん)のナトリウム塩）
・キシレン
・水素化砒素(ひそ)
・S－メチル－N－〔(メチルカルバモイル)－オキシ〕－チオアセトイミデート(別名 メトミル)
・硫化カドミウム
・沃化(ようか)メチル
・燐化(りんか)水素
・塩基性炭酸銅
・塩素酸カリウム
・トリクロロシラン
・オルトケイ酸テトラメチル
・過酸化ナトリウム
・三塩化アンチモン
・塩化ホスホリル
・ヘキサメチレンジイソシアナート
・エチレンオキシド

- ニコチン
- 三塩化硼素
- 二酸化鉛
- アクリル酸
- 塩素
- シアン化第一金カリウム
- クロルメチル
- 一水素二弗化アンモニウム
- 一酸化鉛
- メチルメルカプタン
- 2,2'−ジピリジリウム−1,1'−エチレンジブロミド（別名 ジクワット）
- 臭化銀

［02 毒物及び劇物の廃棄方法］

□ 毒物及び劇物の**廃棄方法**の種類には、次の方法がある。

①希釈法	②中和法	③燃焼法	④酸化法
⑤還元法	⑥アルカリ法	⑦分解法	⑧回収法
⑨還元焙焼法	⑩固化隔離法	⑪沈殿法	⑫活性汚泥法

□ 希釈法は、**過酸化水素水**、**過酸化尿素**の廃棄方法である。

□ 中和法は、**酸**で中和、**アルカリ**で中和、**溶解**中和する方法がある。

□ 燃焼法は、**燃焼**しづらいもの、**燃焼**しやすいものなどの方法に分けられる。

□ 酸化法は、**酸化分解**されやすい毒物劇物の廃棄方法である。

□ 還元法は、**臭素**、**塩素酸ナトリウム**、**塩素酸カリウム**などの廃棄方法である。

□ アルカリ法は、**アルカリで分解**されやすい毒物劇物の廃棄方法である。

□ 分解法は、**クロルピクリン**の廃棄方法である。

□ 回収法は、**水銀**、**砒素**、**セレン**などの廃棄方法である。

□ 還元焙焼法は、**硝酸銀**、**塩化第一水銀**、**塩化第二水銀**などの廃棄方法である。

□ 固化隔離法は、**一酸化鉛**、**砒素**、**セレン**などの廃棄方法である。

□ 沈殿法は、**酸化**沈殿、**還元**沈殿、**分解**沈殿などの方法がある。

□ 活性汚泥法は、**シアン化水素**、**蓚酸**、**エチレンオキシド**などの廃棄方法である。

過去問題

正解と解説は p.232

▽問題 1

その純品は無色無臭の油状液体であり、空気で速やかに褐変する。この性状を示すものは、次のうちどれか。

1　トルエン
2　ニコチン
3　キシレン
4　過酸化水素
5　ニッケルカルボニル

▽問題 2

2,2'−ジピリジリウム−1,1'−エチレンジブロミド（ジクワットとも呼ばれる。）の性状等に関する記述のうち、正しいものはどれか。

1　無色の液体である。水酸化アルカリ又は熱無機酸で加水分解されて安息香酸になる。
2　淡黄色の固体で、水に溶けやすい。中性又は酸性条件下では安定である。
3　無色の気体で、腐った魚の臭いを有する。ハロゲンと激しく反応する。
4　黄色から赤色の重い固体である。水に極めて溶けにくい。

▽問題 3

一酸化鉛に関する次の a ～ c の記述の正誤について、正しい組合せを下表から 1 つ選びなさい。

a　化学式は PbO であらわされる。
b　鉛ガラスの原料に用いられる。
c　希硝酸に溶かし、これに硫化水素を通じると、白色の沈殿を生じる。

	a	b	c
1	誤	正	誤
2	正	誤	誤
3	正	正	正
4	誤	誤	正
5	正	正	誤

▽問題 4

物質の廃棄方法に関する以下の記述のうち、最も適当なものの組合せはどれか。

a　砒(ひ)素は、スクラバーを具備した焼却炉で焼却する。
b　硫酸は、徐々に石灰乳の撹拌(かくはん)溶液に加え中和させた後、多量の水で希釈する。
c　セレンは、セメントを用いて固化し、埋立処分する。
d　クレゾールは、チオ硫酸ナトリウムの水溶液に希硫酸を加えて酸性にし、この中に少量ずつ投入する。反応終了後、反応液を中和し多量の水で希釈して処理する。

1　(a, b)
2　(a, d)
3　(b, c)
4　(c, d)

▽問題 5

次のうち、エチレンオキシドの廃棄方法について述べたものとして、最も適当なものはどれか。

1　硅そう土等に吸収させて開放型の焼却炉で焼却する。

2　多量の水に少量ずつガスを吹き込み溶解し希釈した後、少量の硫酸を加えエチレングリコールに変え、アルカリ水で中和し、活性汚泥で処理する。

3　多量の塩化カルシウム水溶液に攪拌しながら少量ずつ加え、数時間加熱攪拌する。ときどき消石灰水溶液を加えて中和し、もはや溶液が酸性を示さなくなるまで加熱し、沈殿濾過して埋立処分する。

4　そのまま再生利用するため蒸留する。

▽問題 6

次の物質の廃棄方法として、最も適当なものを下欄から選びなさい。

(1) フェノール
(2) 酢酸エチル
(3) シアン化ナトリウム
(4) 一酸化鉛
(5) クロム酸カルシウム

＜下欄＞

1　木粉（おが屑）等に混ぜて焼却炉で焼却する。

2　希硫酸に溶かし、硫酸第一鉄等の水溶液を加えて処理した後、消石灰等の水溶液を加えて中和し、沈殿濾過して埋立処分する。

3　セメントを用いて固化し、溶出試験を行い、溶出量が判定基準以下であることを確認して埋立処分する。

4　水酸化ナトリウム水溶液を加えアルカリ性（pH11 以上）とし、酸化剤（次亜塩素酸ナトリウム等）の水溶液を加えて酸化分解する。分解したのち硫酸を加え中和し、多量の水で希釈して処理する。

5　焼却炉の火室へ噴霧し焼却する。

▽問題 7

あなたの店舗ではメチルエチルケトンを取り扱っています。「メチルエチルケトンの廃棄方法について教えてください。」という質問を受けました。質問に対する回答として、最も適切なものはどれか。

1　珪そう土等に吸収させて開放型の焼却炉で焼却します。

2　ナトリウム塩とした後、活性汚泥で処理します。

3　徐々にソーダ灰又は消石灰の攪拌溶液に加えて中和させた後、多量の水で希釈して処理します。消石灰の場合は上澄液のみを流します。

4　水に懸濁し、硫化ナトリウムの水溶液を加えて沈殿を生成させたのち、セメントを加えて固化し、溶出試験を行い、溶出量が判定基準以下であることを確認して埋立処分します。

▽問題 8

次の記述は毒物及び劇物の廃棄の方法に関するものである。あてはまる物質として最も適当なものを下欄のア～オの中から１つ選びなさい。

(1)　徐々に石灰乳などの攪拌溶液に加えて中和させた後、多量の水で希釈して処理する。

(2)　セメントを用いて固化し、溶出量が判定基準以下であることを確認したのち埋立処分する。

(3)　多量の消石灰水溶液に攪拌しながら少量ずつ加えて中和し、沈殿濾過して埋立処分する。

(4)　珪藻土等に吸収させて開放型の焼却炉で焼却する。

(5)　排ガス水洗設備及びアフターバーナーを具備した焼却設備で焼却する。

＜下欄＞

ア　発煙硫酸

イ　ヒ素

ウ　酢酸エチル

エ　ケイフッ化水素酸

オ　黄燐

【正解と解説】

問題 1　2　純ニコチンは、無色無臭の油状液体である。光および空気により分解し、褐色に変化する。

問題 2　2　別名ジクワットは淡黄色の結晶。水に可溶。中性、酸性下で安定。アルカリ性で不安定である。

問題 3　5　一酸化鉛の化学式は PbO である。鉛ガラスの原料に用いられる。一酸化鉛を希硝酸に溶かし、これに硫化水素を通じると、黒色の沈殿の硫化鉛（PbS）を生成する。

問題 4　3　b の硫酸の中和法と c のセレンの固化隔離法が正しい。　a 砒素は燃焼法ではなく固化隔離法や回収法である。　d クレゾールは還元法ではなく燃焼法である。なお、クレゾールは、低濃度の場合は活性汚泥法も可能である。

問題 5　2　エチレンオキシドは活性汚泥で処理する活性汚泥法。高濃度のエチレンオキシドは活性汚泥に悪影響があるので注意する。

問題 6

（1）1　フェノールは 1 の燃焼法が適当である。

（2）5　酢酸エチルは 5 の燃焼法が適当である。

（3）4　シアン化ナトリウムは 4 の酸化法が適当である。

（4）3　一酸化鉛は 3 の固化隔離法が適当である。

（5）2　クロム酸カルシウムは 2 の沈殿法が適当である。

問題 7　1　メチルエチルケトン（C_4H_8O）は、燃焼により生成するのは CO_2 と H_2O であるから、廃棄方法は 1 の燃焼法が適切である。

問題 8

（1）ア　発煙硫酸で中和法。

（2）イ　ヒ素で固化隔離法。

（3）エ　ケイフッ化水素酸で沈殿法。

（4）ウ　酢酸エチルで燃焼法。

（5）オ　黄燐で燃焼法。

03 毒物及び劇物の鑑別方法

毒物及び劇物の鑑別方法は、[実地] の問題で出題される重要な内容である。毒物や劇物の色（炎色反応、pH 指示薬、沈殿、溶液、発生する気体）や発生する臭気などについて整理して覚えていくことが大切である。

1 炎色反応の色

劇物の重要な鑑別方法として、炎色反応の色により鑑別する方法がある。炎色反応については、第2章13金属の性質1炎色反応 p.145 参照。

炎色反応の色による鑑別方法

炎色反応の色	物　質
黄　色	ナトリウム（Na）
黄　色	水酸化ナトリウム（NaOH）
淡紫色	カリウム（K）
青緑色	硫酸第二銅（$CuSO_4 \cdot 5H_2O$）（別名 硫酸銅）

[例　題] 硫酸第二銅（別名 硫酸銅）の炎色反応は何色か。

〈正　解〉銅（Cu）の炎色反応は青緑色である。

2 pH 指示薬の色

pH 指示薬の pH は水素イオン指数のことである。水素イオン指数については、第2章11水素イオン指数（pH）p.132〜133 参照。また、次の（1）、（2）、（3）の主な指示薬については、第2章10酸と塩基2酸と塩基の性質 p.127 参照。

(1) リトマス試験紙

酸性	青色リトマス紙	→	赤色
アルカリ性	赤色リトマス紙	→	青色

(2) フェノールフタレイン

酸性・中性　　無色
アルカリ性　　赤色
(アルカリ性が強すぎると (pH > 12.0 〜 13.4)、
フェノールフタレインは無色となる)

(3) BTB (ブロムチモールブルー) 溶液

酸性	黄色	中性	緑色	アルカリ性	青色

[例　題] 指示薬として使われるフェノールフタレインは、アルカリ性溶液であると何色になるか。

〈正　解〉赤色である。ただし、アルカリ性が強すぎると (pH > 12.0 〜 13.4)、フェノールフタレインは無色となる。

3 沈殿の色

代表的な毒物又は劇物の沈殿の色による鑑別方法

鑑別方法	試料に加える物質や操作	生成した沈殿の色	決　定
沈殿の生成と色	①水溶液に酢酸(さくさん)を加え、さらに酢酸(さくさん)カルシウムを加える。 ②水溶液にアンモニア水を加え、さらに塩化カルシウムを加える。	白　色	蓚酸(しゅうさん)
	水に溶かして硝酸(しょうさん)バリウムを加える。	白　色	硫酸第二銅 (別名 硫酸銅)
	水に溶かして塩化バリウムを加える。	白　色	硫酸亜鉛

鑑別方法	試料に加える物質や操作	生成した沈殿の色	決　定
沈殿の生成と色	希釈水溶液に塩化バリウムを加える。	白　色	硫酸
	硝酸銀（しょうさん）溶液を加える。	白　色	塩酸
	フェーリング溶液*とともに熱する。	赤　色	ホルマリン（ホルムアルデヒドの水溶液）
	水溶液に金属カルシウムを加え、これにベタナフチルアミンおよび硫酸を加える。	赤　色	クロルピクリン
	ニコチンのエーテル溶液に、ヨードのエーテル溶液を加える。	褐（かっ）色（液状沈殿） ↓放置 赤色（針状結晶）	ニコチン
	アルコール性の水酸化カリウムと銅粉とともに煮沸する。	黄赤色	四塩化炭素
	塩酸を加え中和した後、塩化白金溶液を加える。	黄　色	アンモニア水（アンモニアの水溶液）
	ニコチンの硫酸酸性水溶液に、ピクリン酸溶液を加える。	黄　色	ニコチン
	希硝酸（きしょうさん）に溶かすと無色の液となり、これに硫化水素を通す。	黒　色	一酸化鉛

フェーリング溶液　硫酸銅の溶液に水酸化ナトリウムと酒石酸（しゅせきさん）カリウムナトリウムを加えるとき得られる青色液。

［例　題］希硝酸に溶かすと無色の液となり、これに硫化水素を通じると、黒色の沈殿を生ずることによって鑑別を決定する物質は何か。

〈正　解〉一酸化鉛（PbO）である。硫化水素を通じての黒色沈殿は硫化鉛（PbS）である。

④ 溶液の色

代表的な毒物又は劇物の溶液の色による鑑別方法

鑑別方法	試料に加える物質や操作	溶液の色		決定
溶液の色の変化	水溶液にさらし粉*を加える。	紫色・藍色・藍紫色	紫色	アニリン
	デンプンと反応すると藍色を呈し（ヨウ素デンプン反応）、これを熱すると退色し、冷えると再び藍色を呈し、さらにチオ硫酸ナトリウムの溶液と反応すると脱色する。		藍色	沃素（別名 ヨード）
	銅屑を加え熱すると、藍色を呈して溶け、その際に赤褐色の蒸気を発生する。		藍色	硝酸
	①水溶液に1/4の量のアンモニア水と数滴のさらし粉溶液を加えてあたためると、藍色を呈する。		藍色	フェノール（別名 石炭酸）
	②水溶液に過クロール鉄（塩化第二鉄）液を加えると、紫色を呈する。		紫色	フェノール（別名 石炭酸）
	硝酸を加えて、さらにフクシン亜硫酸溶液を加えると、藍紫色を呈する。		藍紫色	ホルマリン（ホルムアルデヒドの水溶液）
	羽毛のような有機質を硝酸の中に浸して、特にアンモニア水でこれをうるおすと、黄色を呈する。	黄色		硝酸
	アルコール溶液は、白色の羊毛または絹糸を鮮黄色に染める。	黄色		ピクリン酸
	ホルマリン1滴を加えた後、濃硝酸1滴を加えると、バラ色を呈する。	バラ色		ニコチン
	水を加えると、青くなる。	青色		無水硫酸銅

用語 さらし粉　次亜塩素酸カルシウムのこと。

[例　題] アニリンの水溶液にさらし粉（次亜塩素酸カルシウム）を加えると、何色を呈するか。

〈正　解〉紫色である。この溶液の色が紫色を呈することによってアニリンと鑑別する。

5 発生する気体の色と発生する臭気

(1) 発生する気体の色

代表的な劇物の発生する気体の色による鑑別方法

鑑別方法	試料に加える物質や操作	発生する気体の色	決　定
気体の発生の色	銅屑を加えて熱すると藍（あい）色を呈して溶け、その際に、赤褐（せきかっ）色の蒸気を発生する。	赤褐（せきかっ）色	硝酸（しょうさん）
	水に溶かして塩酸を加えると、白色の沈殿を生ずる。その液に硫酸と銅粉を加えて熱すると、赤褐（せきかっ）色の蒸気を発生する。	赤褐（せきかっ）色	硝酸銀（しょうさん）

[例　題] 硝酸銀を水に溶かして塩酸を加えると、白色の沈殿を生ずる。その液に硫酸と銅粉を加えて熱すると、発生する気体の色は何色を呈するか。

〈正　解〉赤褐色である。この気体の発生する赤褐色（二酸化窒素（NO_2））によって、硝酸銀と鑑別する。

(2) 発生する臭気

代表的な劇物の発生する臭気による鑑別方法

鑑別方法	試料に加える物質や操作	発生する臭気	決　定
発生する臭　気	①水酸化ナトリウム溶液を加えて熱する。 ②アンチピリンおよび水を加えて熱する。	クロロホルム臭	トリクロル酢酸（さくさん）
	水溶液にさらし粉溶液を加えて煮沸する。	クロルピクリンの刺激臭	ピクリン酸
	アルコール溶液に、水酸化カリウム溶液と少量のアニリンを加えて熱する。	不快な刺激臭	クロロホルム

［例　題］ある水溶液にさらし粉溶液を加えて煮沸すると、クロルピクリンの刺激臭を発する。このことによって鑑別される劇物は何か。

〈正　解〉ピクリン酸である。ピクリン酸の化学式は $C_6H_2(OH)(NO_2)_3$、クロルピクリンの化学式は CCl_3NO_2 である。また、さらし粉は次亜塩素酸カルシウムである。

■理解を深めよう！〔毒物及び劇物の鑑別方法〕

●バリウムおよびバリウム化合物の炎色反応の色

バリウムおよびバリウム化合物の炎色反応の色についても出題されることがあるので、「緑色～黄緑色」になることを覚えておく。

●BTB（ブロムチモールブルー）溶液の色の覚え方（ゴロ合わせ）

アルカリ性は青色→アルカリ性＋青＝「あおかり性」
酸性は黄色→酸＋黄＝「サンキュー」
中性は緑色→青色と黄色を混ぜると緑色になる

04 漏洩時等の応急措置

毒物及び劇物の漏洩時等の応急措置について学ぶ。物質によって、水で希釈したり、水や泡で覆ったり、酸やアルカリで中和したりするなどいろいろな場合があるので根気よく把握する。なお、漏洩した物質が固体の場合、液体の場合、気体の場合など、物質の状態に注意する。

① 漏洩時の応急措置（飛散を含む）

漏洩時の応急措置（飛散を含む）は、作業にあたっては風下の人を退避させ、周辺の立入りを禁止、保護具の着用、風下での作業を行わないことや濃厚な廃液が河川等に排出されないよう注意する。

(1) 灯油または流動パラフィンの入った容器に回収する

・ナトリウム（Na）
・カリウム（K）

露出したものは速やかに拾い集め、灯油または流動パラフィン*の入った容器に回収する。

流動パラフィン　灯油と同様に石油中に含まれているもので、石油の分留によって取り出される。

(2) 水酸化ナトリウムでアルカリ性とする

・シアン化水素（HCN）

漏洩したボンベ等を多量の水酸化ナトリウム水溶液（20w/v%以上）に容器ごと投入してガスを吸収させる。さらに酸化剤（次亜塩素酸ナトリウム、さらし粉等）の水溶液で酸化処理を行い、多量の水を用いて洗い流す。

（3）硫酸第一鉄等で処理する

- 重クロム酸カリウム（$K_2Cr_2O_7$）
- 重クロム酸ナトリウム（$Na_2Cr_2O_7$）
- 重クロム酸アンモニウム〔$(NH_4)_2Cr_2O_7$〕
- 無水（むすい）クロム酸（CrO_3）

飛散したものは、空容器にできるだけ回収し、そのあとを還元剤（硫酸第一鉄等）の水溶液を散布して、水酸化カルシウム、炭酸ナトリウム等の水溶液で処理したのち、多量の水を用いて洗い流す。

（4）硫酸第二鉄等で処理する

- 砒素（ひそ）（As）
- 三酸化二砒素（ひそ）（別名 亜砒（ひ）酸）（As_2O_3）

飛散したものは、空容器にできるだけ回収し、そのあとを硫酸第二鉄等の水溶液を散布して、水酸化カルシウム、炭酸ナトリウム等の水溶液で処理した後、多量の水を用いて洗い流す。

（5）水で希釈する

- 過酸化水素水（H_2O_2 の水溶液）
- アンモニア水（NH_3 の水溶液）
- ホルマリン（ホルムアルデヒド（HCHO）の水溶液）
- メタノール（CH_3OH）

漏洩した液は、土砂等でその流れを止め、安全な場所に導き、多量の水を用いて十分に希釈し、洗い流す。ホルマリンはホースなどで遠くから水をかける。

(6) 水で覆う

・二硫化炭素（CS_2）

→

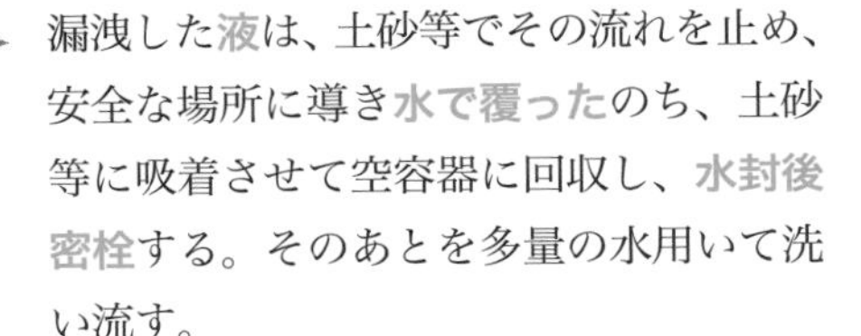

漏洩した**液**は、土砂等でその流れを止め、安全な場所に導き**水で覆った**のち、土砂等に吸着させて空容器に回収し、**水封後密栓**する。そのあとを多量の水用いて洗い流す。

・黄燐（P_4）

→

漏出した**黄燐の表面**を速やかに土砂または**多量の水で覆い**、**水を満たした空容器に回収**する。

(7) 筵、シート等を被せる

・臭素（Br_2）

→

漏洩箇所や漏洩した液には**水酸化カルシウム**を十分に散布して**筵、シート等を被せ**、その上からさらに水酸化カルシウムを散布し、吸収させる。

(8) 酸で中和する

・水酸化ナトリウム水溶液（NaOH の水溶液）
・水酸化カリウム水溶液（KOH の水溶液）

→

漏洩した**液**は、土砂等でその流れを止め、土砂等に吸着させるか、または安全な場所に導き、多量の水をかけて洗い流す。必要があればさらに**中和**し、多量の水を用いて洗い流す。

(9) アルカリで中和する

・モノクロル酢酸（$CH_2ClCOOH$）
・トリクロル酢酸（CCl_3COOH）

飛散したものは、速やかに掃き集め空容器に回収し、そのあとを**水酸化カルシウム、炭酸ナトリウム等で中和**し、多量の水を用いて洗い流す。

04 ●漏洩時の応急措置●

・ジクロル酢酸（さくさん）
（$CHCl_2COOH$）

漏洩した液は、土砂等に吸着させて空容器に回収し、そのあとを**水酸化カルシウム、炭酸ナトリウム等で中和**し、多量の水を用いて洗い流す。

・沃化（ようか）水素酸
（HI の水溶液）
・弗化（ふっか）水素酸
（HF の水溶液）

漏洩した液は、徐々に注水してある程度希釈したのち、**水酸化カルシウム、炭酸ナトリウム等で中和**し、多量の水を用いて洗い流す。

・塩酸
（HCl の水溶液）
・硝酸（しょうさん）（HNO_3）
・硫酸（H_2SO_4）
・発煙（はつえん）硫酸
（$H_2SO_4 + SO_3$）
・クロルスルホン酸
（HSO_3Cl）

漏洩した液は、土砂等で流れを止め、これに吸着させるか、または安全な場所に導き、遠くから徐々に注水してある程度希釈したのち、**水酸化カルシウム、炭酸ナトリウム等で中和**し、多量の水を用いて洗い流す。

（10）泡で覆う

・トルエン
（$C_6H_5CH_3$）
・キシレン
〔$C_6H_4(CH_3)_2$〕
・酢酸（さくさん）エチル
（$CH_3COOC_2H_5$）
・メチルエチルケトン
（$CH_3COC_2H_5$）

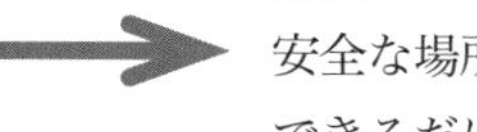

漏洩した液は、土砂等でその流れを止め、安全な場所に導き、**液の表面を泡で覆い**、できるだけ空容器に回収する。

（11）水酸化ナトリウムと酸化剤の混合溶液で処理する

・燐化水素（PH_3）

漏洩したボンベ等を多量の水酸化ナトリウム水溶液と酸化剤（次亜塩素酸ナトリウム、さらし粉等）の水溶液の混合溶液に容器ごと投入してガスを吸収させ、酸化処理し、そのあとを多量の水を用いて洗い流す。

（12）硫酸ナトリウムで処理する

・塩化バリウム（$BaCl_2$）

飛散したものは、空容器にできるだけ回収し、そのあとを硫酸ナトリウムの水溶液で処理し、多量の水で洗い流す。

（13）食塩水で処理する

・硝酸銀（$AgNO_3$）
・硫酸銀（Ag_2SO_4）

飛散したものは、空容器にできるだけ回収し、そのあとを食塩水を用いて塩化銀とし、多量の水を用いて洗い流す。

（14）中性洗剤等を使用して洗い流す

・クロロホルム（$CHCl_3$）
・四塩化炭素（CCl_4）

漏洩した液は、土砂等でその流れを止め、安全な場所に導き、空容器にできるだけ回収し、そのあとを中性洗剤等の分散剤を使用し、多量の水で洗い流す。

［例題 1］ 次の物質の漏洩時の応急措置として、最も適当なものを下から1つ選びなさい。

① 硫酸　　② 二硫化炭素

a 多量の場合、漏洩した液は土砂等でその流れを止め、これに吸着させるか、又は安全な場所に導いて、遠くから徐々に注水してある程度希釈した後、消石灰、ソーダ灰等で中和し、多量の水で洗い流す。

b 多量の場合、漏洩した液は土砂等でその流れを止め、安全な場所に導き、水で覆った後、土砂等に吸着させて空容器に回収し、水封後密栓する。そのあとを多量の水で洗い流す。

c 飛散したものは空容器にできるだけ回収し、ソーダ灰、消石灰等の水溶液を用いて処理し、そのあとを食塩水で処理後、多量の水で洗い流す。

d 漏洩したボンベ等を多量の水酸化ナトリウム水溶液と酸化剤の水溶液の混合溶液中に容器ごと投入してガスを吸収させ、酸化処理し、その処理液を多量の水で希釈して流す。

〈正 解〉① 硫酸は a である。
② 二硫化炭素は b である。

[例題 2] 次の物質について、最も適当な漏洩時の応急措置を選びなさい。

① 塩化バリウム　　② 黄燐
③ 過酸化水素水　　④ ナトリウム

a 漏出した表面を速やかに土砂又は多量の水で覆い、水を満たした空容器に回収する。

b 速やかに拾い集めて、灯油又は流動パラフィンの入った容器に回収する。

c 飛散したものは空容器にできるだけ回収し、そのあとを硫酸ナトリウムの水溶液を用いて処理し、多量の水を用いて洗い流す。

d 漏洩した液は土砂等でその流れを止め、安全な場所に導き、多量の水を用いて十分に希釈して洗い流す。

〈正 解〉① 塩化バリウムは c である。
② 黄燐は a である。
③ 過酸化水素水は d である。
④ ナトリウムは b である。

重要ポイント

[03 毒物及び劇物の鑑別方法]

□毒物及び劇物の鑑別には、次のような方法がある。
①炎色反応
② pH 指示薬の色
③沈殿の色
④溶液の色
⑤発生する気体の色や発生する臭気

□ナトリウム、カリウム、硫酸第二銅などは、炎色反応によって鑑別する方法がある。

□リトマス試験紙やフェノールフタレインや BTB（ブロムチモールブルー）溶液によって、物質の酸性・アルカリ性などを鑑別する。

□試料に加える物質や操作によって、生成した沈殿の色により毒物名または劇物名を決定する。

□試料に加える物質や操作によって、溶液の色の変化により毒物名または劇物名を決定する。

□試料に加える物質や操作によって、発生する気体の色により劇物名を決定する。また、発生する臭気により劇物名を決定する。

[04 漏洩時等の応急措置]

□漏洩時の応急措置（飛散を含む）は、作業にあたっては風下の人を退避させ、周辺の立入りを禁止、保護具の着用、風下での作業を行わないことや濃厚な廃液が河川等に排出されないよう注意する。

□漏洩時の応急措置（飛散を含む）には、次のようなものがある。
①灯油または流動パラフィンの入った容器に回収する（ナトリウム、カリウム）。
②水酸化ナトリウムでアルカリ性とする（シアン化水素）。
③硫酸第一鉄等で処理する（重クロム酸カリウム、重クロム酸ナトリウム、重クロム酸アンモニウム、無水（むすい）クロム酸）。
④硫酸第二鉄等で処理する（砒素（ひそ）、三酸化二砒素（ひそ））。
⑤水で希釈する（過酸化水素水、アンモニア水、ホルマリン、メタノール）。

⑥水で覆う（二硫化炭素、黄燐）。
⑦筵、シート等を被せる（臭素）。
⑧酸で中和する（水酸化ナトリウム水溶液、水酸化カリウム水溶液）。
⑨アルカリで中和する（モノクロル酢酸、トリクロル酢酸、ジクロル酢酸、沃化水素酸、弗化水素酸、塩酸、硝酸、硫酸、発煙硫酸、クロルスルホン酸）。
⑩泡で覆う（トルエン、キシレン、酢酸エチル、メチルエチルケトン）。
⑪水酸化ナトリウムと酸化剤の混合溶液で処理する（燐化水素）。
⑫硫酸ナトリウムで処理する（塩化バリウム）。
⑬食塩水で処理する（硝酸銀、硫酸銀）。
⑭中性洗剤等を使用して洗い流す（クロロホルム、四塩化炭素）。

pH指示薬の色は、リトマス試験紙のほかに、フェノールフタレイン、BTB（ブロムチモールブルー）溶液についても覚えましょう。また、フェノールフタレインは、塩基性（アルカリ性）側に変色域があることもポイントです。

■ゴロ合わせで覚えよう！〔ニコチンの沈殿の色による鑑別方法〕

ニコちゃんに　何の用どす？
（ニコチン）　（ヨード）

カレーを口の中に　入れっぱなしにしたら
（褐色の液状沈殿を放置）

真っ赤に　腫れちゃったんです
（赤色の）　（針状結晶）

ニコチンのエーテル溶液に、ヨードのエーテル溶液を加えると、褐色の液状沈殿を生じ、これを放置すると、赤色の針状結晶となる。

過去問題

正解と解説は p.250

▽問題１

蓚酸の識別方法として、最も適切なものはどれか。

1　水に溶かして塩酸を加えると、白色沈殿を生じる。
2　特有の刺激臭があり、濃塩酸に浸したガラス棒を近づけると白い霧を生じる。
3　本品を熱すると酸素を発生し、これに塩酸を加えて熱すると、塩素を発生する。
4　無色の結晶で空気中で容易に赤変する。水溶液に塩化第二鉄液を加えると紫色を呈する。
5　水溶液を酢酸で弱酸性にして、酢酸カルシウムを加えると白色の結晶が沈殿する。

▽問題２

第１欄の記述は毒物又は劇物の識別方法に関するものである。第１欄の記述に該当する毒物又は劇物として最も適当なものは第２欄のどれか。

第１欄
当該物質のエーテル溶液に、ヨードのエーテル溶液を加えると、褐色の液状沈殿を生じ、これを放置すると、赤色の針状結晶となる。

第２欄
1　クロルピクリン
2　スルホナール
3　臭素
4　ニコチン

▽問題 3

次は、一酸化鉛の識別方法について述べたものであるが、（　）内に入る語句の組合せとして、正しいものはどれか。

一酸化鉛を希硝酸に溶かすと、（　ア　）の液体となり、これに硫化水素を通じると、（　イ　）の沈殿の硫化鉛を生ずる。

	ア	イ
1	赤色	黄色
2	赤色	黒色
3	無色	黄色
4	無色	黒色

▽問題 4

次の文章は、四塩化炭素に関する記述である。（　）にあてはまる語句として、正しい組合せを下表の 1 ～ 4 から選びなさい。

アルコール性の（　ア　）と銅粉とともに煮沸すると、（　イ　）色の沈殿を生成する。

	ア	イ
1	水酸化カリウム	黄赤
2	水酸化カリウム	青紫
3	塩化ナトリウム	黄赤
4	塩化ナトリウム	青紫

▽問題 5

硝酸の識別方法として、最も適切なものはどれか。

1　銅くずを加えて熱すると、藍色を呈して溶け、その際、赤褐色の蒸気を生じる。
2　木炭とともに加熱すると、メルカプタンの臭気を放つ。
3　水溶液に金属カルシウムを加え、これにベタナフチルアミン及び硫酸を加えると、赤色の沈殿を生じる。

4　水に溶かして硝酸銀を加えると、白色の沈殿を生じる。
5　水に溶かして硝酸バリウムを加えると、白色の沈殿を生じる。

▽問題６

次のうち、ピクリン酸の識別方法として、最も適当なものはどれか。

1　アルコール溶液は、白色の羊毛又は絹糸を鮮黄色に染める。
2　ホルマリン１滴を加えたのち、濃硝酸１滴を加えると、ばら色を呈する。
3　フェーリング溶液とともに加熱すると、赤色の沈殿を生ずる。
4　木炭とともに加熱するとメルカプタンの臭気を放つ。

▽問題７

次の物質の漏洩時又は飛散時の措置として、最も適当なものを≪選択肢≫から選びなさい。

問１　塩化バリウム
問２　メチルエチルケトン
問３　黄燐（りん）
問４　ホルマリン
問５　砒（ひ）素

≪選択肢≫

1　多量に漏洩した場合、漏洩した液はその流れを土砂等で止め、安全な場所に導いて遠くからホース等で多量の水をかけ十分に希釈して洗い流す。
2　付近の着火源となるものを速やかに取り除く。多量に漏洩した場合、漏洩した液は土砂等でその流れを止め、安全な場所に導き、液の表面を泡で覆い、できるだけ空容器に回収する。
3　飛散したものは空容器にできるだけ回収し、そのあとを硫酸鉄（Ⅲ）等の水溶液を散布し、水酸化カルシウム、炭酸ナトリウム等の水溶液を用いて処理した後、多量の水で洗い流す。
4　飛散したものは空容器にできるだけ回収し、そのあとを硫酸ナトリウムの水溶液を用いて処理し、多量の水で洗い流す。
5　漏出した物質の表面を速やかに土砂または多量の水で覆い、水を満たした空容器に回収する。

【正解と解説】

問題 1　5　5 が蓚酸の識別方法の 1 つである。酢酸カルシウムを加えて白色沈殿（蓚酸カルシウム）を生成する。

問題 2　4　第 1 欄の記述に該当するものは、第 2 欄の毒物のニコチンである。

問題 3　4　一酸化鉛（PbO）を希硝酸に溶かすと、無色の液体となり、硫化水素（H_2S）を通じると、黒色の沈殿の硫化鉛（PbS）を生ずる。このことによって、一酸化鉛を決定する。

問題 4　1　アルコール性の水酸化カリウム（KOH）と銅粉とともに煮沸すると、黄赤色の沈殿を生成する。このことによって、四塩化炭素（CCl_4）が鑑別できる。

問題 5　1　硝酸の識別方法のこの問題の場合、1 が適当である。この際、赤褐色の亜硝酸の蒸気を生成する。

問題 6　1　1 がピクリン酸の識別方法の 1 つである。ピクリン酸（$C_6H_2(NO_2)_3OH$）のアルコール溶液＋白色の羊毛または絹糸→鮮黄色に染色されることにより、ピクリン酸と確認する。

問題 7

問 1　4　塩化バリウム（$BaCl_2$）は硫酸ナトリウムで処理する。

問 2　2　メチルエチルケトン（$CH_3COC_2H_5$）は泡で覆う。

問 3　5　黄燐（P_4）は水で覆う。

問 4　1　ホルマリン（HCHO の水溶液）は水で希釈する。

問 5　3　砒素（As）は硫酸第二鉄等で処理する。

予 想 模 試
正解と解説

問題は別冊に掲載しています。取り外してお使いください。

※毒物劇物取扱者試験の試験問題の構成パターンや科目名、問題数、試験時間などは各都道府県でそれぞれ異なります。［第 1 回］は東京都、［第 2 回］は関西広域連合、［第 3 回］は受験者数の多いその他の地域の問題数、選択肢の数などを参考に模擬試験を作成しました。

予想模試　正解と解説［第１回］

筆　記

［毒物及び劇物に関する法規］

【問１】

（1）　3　（目的）第１条　この法律は、毒物及び劇物について、保健衛生上の見地から必要な取締を行うことを目的とする。

（2）　3　（定義）第２条第１項　この法律で「毒物」とは、別表第一に掲げる物であって、医薬品及び医薬部外品以外のものをいう。

（3）　2　（禁止規定）第３条第３項　毒物又は劇物の販売業の登録を受けた者でなければ、毒物又は劇物を販売し、授与し、又は販売若しくは授与の目的で貯蔵し、運搬し、若しくは陳列してはならない。

（4）　4　（禁止規定）第３条の３　興奮、幻覚又は麻酔の作用を有する毒物又は劇物（これらを含有する物を含む。）であって政令で定めるものは、みだりに摂取し、若しくは吸入し、又はこれらの目的で所持してはならない。

（5）　1　（4）の解説を参照。

【問２】

（6）　1

（営業の登録）法第４条に規定。

A　○　製造業又は輸入業の登録は５年ごとに、販売業の登録は６年ごとに、更新を受けなければ、その効力を失う。

B　○　毒物又は劇物の営業の登録は、製造業は製造所ごとに、輸入業は営業所ごとに、販売業は店舗ごとに受けなければならない。

C　×　毒物又は劇物の製造業、輸入業又は販売業の登録を受けようとする者は、その製造所、営業所又は店舗の所在地の都道府県知事に申請書を出さなければならない。

D　×　毒物劇物一般販売業者について、特定毒物の販売を禁止する規定はない。

(7)　3　(B、C)

法第３条の４における「引火性、発火性又は爆発性のある毒物又は劇物であって政令で定めるもの」は、①亜塩素酸ナトリウム及びこれを含有する製剤（亜塩素酸ナトリウム30％以上を含有するものに限る。）、②塩素酸塩類及びこれを含有する製剤（塩素酸塩類35％以上を含有するものに限る。）、③ナトリウム、④ピクリン酸である（法施行令第32条の3）。C 塩素酸カリウムは、②塩素酸塩類に該当する。

(8)　2

（毒物又は劇物の表示）法第12条、（解毒剤に関する表示）法施行規則第11条の5、（取扱及び使用上特に必要な表示事項）法施行規則第11条の6に規定。

A　○　毒物又は劇物の製造業者又は輸入業者が、その製造し、又は輸入した毒物又は劇物を販売し、又は授与するときは、その氏名及び住所（法人にあっては、その名称及び主たる事務所の所在地）を、その毒物又は劇物の容器及び被包に表示しなければならない。

B　×　毒物劇物営業者及び特定毒物研究者は、毒物又は劇物の容器及び被包に、「医薬用外」の文字及び毒物については赤地に白色をもって「毒物」の文字、劇物については白地に赤色をもって「劇物」の文字を表示しなければならない。

C　○　毒物又は劇物の製造業者又は輸入業者が、その製造し、又は輸入した塩化水素又は硫酸を含有する製剤たる劇物（住宅用の洗浄剤で液体状のものに限る。）を販売し、又は授与するときは、次の事項を、その劇物の容器及び被包に表示しなければならない。

①小児の手の届かないところに保管しなければならない旨
②使用の際、手足や皮膚、特に眼にかからないように注意しなければならない旨
③眼に入った場合は、直ちに流水でよく洗い、医師の診断を受けるべき旨

D　○　毒物劇物営業者は、厚生労働省令で定める毒物又は劇物（有機燐化合物及びこれを含有する製剤たる毒物及び劇物）については、その毒物又は劇物の容器及び被包に、それぞれ厚生労働省令で定めるその解毒剤の名称を表示しなければ毒物又は劇物を販売し、又は授与してはならない。

(9) 4

（事故の際の措置）法第17条に規定。

A × 毒物劇物営業者及び特定毒物研究者は、その取扱いに係る毒物又は劇物が**盗難**にあい、又は**紛失**したときは、**直ちに**、その旨を**警察署**に届け出なければならない。毒物（**特定毒物**を含む）又は劇物が盗難にあい、又は紛失したときは、**その量にかかわらず**、直ちに、その旨を警察署に届け出なければならない。

B ○ Aの解説を参照。

C ○ 毒物劇物営業者及び特定毒物研究者は、その取扱いに係る毒物若しくは劇物又は政令で定める物が**飛散**し、**漏れ**、**流れ出し**、**染み出し**、又は**地下に染み込んだ**場合において、不特定又は多数の者について保健衛生上の危害が生ずるおそれがあるときは、**直ちに**、その旨を**保健所**、**警察署**又は**消防機関**に届け出るとともに、保健衛生上の危害を防止するために必要な**応急の措置**を講じなければならない。

D × Aの解説を参照。**特定毒物ではない毒物**についても、盗難にあい、又は紛失したときは、直ちに、その旨を警察署に届け出なければならない。

(10) 2 (A、C)

法第22条に基づく毒物劇物業務上取扱者として届出が必要なものは、法施行令第41条、第42条に規定。

この問題では、**Aシアン化ナトリウム**を使用して、**金属熱処理**を行う事業、**C亜砒酸**を使用して、**しろありの防除**を行う事業が該当する。C亜砒酸は、**砒素**化合物で三酸化二砒素のこと。

【問3】

(11) 4

（製造所等の設備）法施行規則第4条の4に規定。

A ○ 毒物又は劇物の**貯蔵設備**は、毒物又は劇物とその他の物とを**区分して貯蔵**できるものであること。

B ○ 毒物又は劇物を貯蔵する場所が性質上かぎをかけることができないものであるときは、その周囲に、**堅固なさく**が設けてあること。

C ○ 毒物又は劇物の**製造作業**を行う場所は、**コンクリート**、**板張り**又はこれに準ずる構造とする等その外に毒物又は劇物が飛散し、漏れ、しみ出若しくは流れ出、又は地下にしみ込むおそれのない構造であること。

D　×　毒物又は劇物を陳列する場所にかぎをかける設備があること。

(12)　2

（毒物劇物取扱責任者）法第７条、（毒物劇物取扱責任者の資格）法第８条に規定。

A　○　18 歳未満の者は毒物劇物取扱責任者となることができない。

B　×　毒物劇物営業者は、毒物又は劇物を直接に取り扱う製造所、営業所又は店舗ごとに、専任の毒物劇物取扱責任者を置き、毒物又は劇物による保健衛生上の危害の防止に当たらせなければならない。

C　○　一般毒物劇物取扱者試験に合格した者は、毒物劇物の製造業の製造所、輸入業の営業所、販売業の店舗のいずれにおいても毒物劇物取扱責任者になることができる。また、農業用品目、特定品目の取扱いも可能である。

D　×　農業用品目毒物劇物取扱者試験又は特定品目毒物劇物取扱者試験に合格した者は、製造業においては、毒物劇物取扱責任者になることはできない。農業用品目毒物劇物取扱者試験に合格した者は、農業用品目のみを取り扱う輸入業の営業所、もしくは農業用品目販売業の店舗において、特定品目毒物劇物取扱者試験に合格した者は、特定品目のみを取り扱う輸入業の営業所、もしくは特定品目販売業の店舗において毒物劇物取扱責任者になることができる。

(13)　1

（運搬方法）法施行令第 40 条の 5、（交替して運転する者の同乗）法施行規則第 13 条の 4、（毒物又は劇物を運搬する車両に掲げる標識）法施行規則第 13 条の 5 に規定。

A　○　車両には、運搬する毒物又は劇物の名称、成分及びその含量並びに事故の際に講じなければならない応急の措置の内容を記載した書面を備えること

B　×　毒物又は劇物を運搬する車両に掲げる標識は、0.3 メートル平方の板に地を黒色、文字を白色として「毒」と表示し、車両の前後の見やすい箇所に掲げなければならない。

C × 一の運転者による連続運転時間（1回が連続10分以上で、かつ、合計が30分以上の運転の中断をすることなく連続して運転する時間をいう。）が、4時間を超える場合、交替して運転する者を同乗させなければならない。

D × 車両には、防毒マスク、ゴム手袋その他事故の際に応急の措置を講ずるために必要な保護具で厚生労働省令で定めるものを2人分以上備えること。

(14) 4

（荷送人の通知義務）法施行令第40条の6、（荷送人の通知義務を要しない毒物又は劇物の数量）法施行規則第13条の7に規定。

A × 毒物又は劇物を車両を使用して、又は鉄道によって運搬する場合で、当該運搬を他に委託するときは、その荷送人は、運送人に対し、あらかじめ、当該毒物又は劇物の名称、成分及びその含量並びに数量並びに事故の際に講じなければならない応急の措置の内容を記載した書面を交付しなければならない。ただし、厚生労働省令で定める数量（1回の運搬につき1000kg）以下の毒物又は劇物を運搬する場合は、この限りでない。

B × 1000kgを超える劇物の運搬であるため、運送距離にかかわらず通知が必要である。

C × Aの解説を参照。原則として、書面の交付による通知が必要である。運送人の承諾を得たとしても、口頭での通知は認められない。

D ○ 荷送人は、同項の規定による書面の交付に代えて、当該運送人の承諾を得て、当該書面に記載すべき事項を電子情報処理組織を使用する方法その他の情報通信の技術を利用する方法であって厚生労働省令で定めるもの（以下この条において「電磁的方法」という。）により提供することができる。この場合において、当該荷送人は、当該書面を交付したものとみなす（法施行令第40条の6第2項）。運送人の承諾を得た場合、書面の交付に代えて、磁気ディスクの交付により通知することができる。

(15)　3

（毒物又は劇物の譲渡手続）法第 14 条、（毒物又は劇物の交付の制限等）法第 15 条、（毒物又は劇物の譲渡手続に係る書面）法施行規則第 12 条の 2 に規定。

A　×　毒物劇物営業者は、18 歳未満の者に毒物又は劇物を交付してはならない。

B　○　毒物劇物営業者は、毒物又は劇物を他の毒物劇物営業者に販売し、又は授与したときは、その都度、次に掲げる事項を書面に記載しておかなければならない。

①毒物又は劇物の名称及び数量

②販売又は授与の年月日

③譲受人の氏名、職業及び住所（法人にあっては、その名称及び主たる事務所の所在地）

C　×　毒物劇物営業者は、譲受人から提出を受けた法で定められた事項を記載した書面を、販売又は授与の日から 5 年間保存しなければならない。

D　×　毒物劇物営業者は、譲受人から、法で定められた事項を記載し譲受人が押印した書面の提出を受けなければ、毒物劇物営業者以外の者に毒物又は劇物を販売し、又は授与してはならない。この場合、自署は認められない。

【問 4】

(16)　3

（禁止規定）法第 3 条に規定。

A　○　輸入業者は、自ら輸入した毒物又は劇物を他の毒物劇物営業者（毒物又は劇物の製造業者、輸入業者、販売業者）に販売することができる。

B　○　A の解説を参照。

C　×　製造業者は、自ら製造した毒物又は劇物を毒物劇物営業者以外の者に販売することができない。

D　○　一般販売業者は、毒物又は劇物を毒物劇物営業者以外の者に販売することができる。毒物又は劇物を毒物劇物営業者以外の者に販売することができるのは、販売業の登録を受けた者のみと覚えておく。

(17)　4

（登録の変更）法第9条第1項に規定。毒物又は劇物の**製造業**者又は**輸入業**者は、登録を受けた毒物又は劇物以外の毒物又は劇物を製造し、又は輸入しようとするときは、**あらかじめ**、第6条第二号に掲げる事項（毒物又は劇物の**品目**）につき**登録の変更**を受けなければならない。

(18)　2

新たに設立された法人「株式会社Y」が毒物又は劇物の製造を行う場合、**新たに**毒物劇物製造業の**登録を受けなければならない**（法第4条第1項）。なお、もとから法人として毒物劇物製造業の登録を受けている事業者がその**名称**のみを変更した場合は、法人格には変更がないため、名称変更後30日以内に、その旨を**届け出**なければならない（法第10条第1項第一号）。

(19)　3

毒物又は劇物の製造業、輸入業又は販売業の**登録**は、製造所、営業所又は**店舗ごと**に、受けなければならない（法第4条第2項）。

毒物劇物営業者は、当該製造所、営業所又は**店舗**における営業を**廃止**したとき、30日以内に、その製造所、営業所又は店舗の所在地の都道府県知事にその旨を**届け出**なければならない（法第10条第1項第四号）。

したがって、「ウ」は、**B**練馬区内の店舗で業務を始める前に、**新たに**毒物劇物一般販売業の**登録**を受けなければならない。また、**D**中野区内の店舗を廃止した後、30日以内に、**廃止届**を提出しなければならない。

(20)　1

「エ」は毒物劇物営業者、特定毒物研究者、特定毒物使用者**ではない**。また、業務上取扱者の**届出等**が必要な事業者にも**該当しない**（法第22条第1項、法施行令第41条、第42条）。ただし、法第22条第5項により、法第11条（毒物又は劇物の**取扱**）、第12条第1項及び第3項（毒物又は劇物の**表示**）、第17条（**事故の際の措置**）並びに第18条（**立入検査等**）の規定は、毒物劇物営業者、特定毒物研究者及び法第22条第1項に規定する者**以外の者**であって厚生労働省令で定める毒物又は劇物を業務上取り扱うものについて**準用される**。

A　×　毒物又は劇物の保管容器として、**飲食物**の容器として通常使用される物を使用してはならない（法第 11 条第 4 項）。

B ○ 毒物又は劇物を貯蔵し、又は陳列する場所に、「医薬用外」の文字及び毒物については「毒物」、劇物については「劇物」の文字を表示しなければならない（法第 12 条第 3 項）。

C ○ 業務上取扱者の届出等が必要な事業者に該当しないため、取扱品目の変更届を提出する必要はない。

D × 業務上取扱者の届出等が必要な事業者に該当しないため、研究所閉鎖時に毒物劇物業務上取扱者の廃止届を提出する必要はない。

[基礎化学]

【問 5】

(21) 4

A × 酸と塩基の強弱は、価数ではなく電離度によってきまる。

B × 水素イオン（H^+）より濃度は少ないが、酸性の水溶液中に水酸化物イオン（OH^-）は存在する。また、水溶液が中性を示すときは、水素イオンと水酸化物イオンの量は等しい状態で存在する。

C ○ アレニウスの定義では、「酸とは水溶液中で電離して水素イオン（H^+）を生じる物質であり、また、塩基とは、水溶液中で電離して水酸化物イオン（OH^-）を生じる物質である」と定義されている。

D × 中和点における水溶液は、必ずしも中性（pH7）にはなるとは限らない。中和で生じた塩が最終的に水に溶け、酸性や塩基性を示す場合があるためである。

(22) 3

水酸化カリウム（KOH）の水溶液の水酸化物イオン濃度［OH^-］は、

［OH^-］＝ 0.01mol/L ＝ 1.0×10^{-2}mol/L

このとき、水素イオン濃度は［H^+］＝ 1.0×10^{-12}mol/L となるので、水酸化カリウム水溶液は pH12 である。

(23) 1

中和滴定とは、中和反応を利用して、酸（または塩基）の濃度を決定する操作のことであり、濃度既知の酸（または塩基）を用いて、濃度未知の塩基（または酸）の濃度を求めることができる。

問題に示された酢酸（CH_3COOH）と水酸化ナトリウム（NaOH）は、**弱酸**と**強塩基**の中和となるため、生じる塩は**塩基**性を示す。**フェノールフタレイン**は変色域が塩基性側にあり（酸性・中性：**無**色→アルカリ性：**赤**色）、この実験に使用するpH指示薬として適当である。

(24)　**2**　（**A**、**D**）

A　○　水酸化カリウム（KOH）は**1**価の**塩基**である。

B　×　酢酸（CH_3COOH）は**1**価の**酸**である。4価の酸ではない。

C　×　メタノール（CH_3OH）は**中性**である。化学式に含むOHはヒドロキシ基（官能基）であり、水酸化物イオン（OH^-）とならないため。

D　○　アンモニア（NH_3）は**1**価の**塩基**である。水と反応して1個の水酸化物イオンを生じるため、**1**価の**塩基**として扱われる。

NH_3　＋　H_2O　→　NH_4　＋　OH^-
（アンモニウムイオン）（水酸化物イオン）

(25)　**2**

化学反応式は、$2\,NaOH + H_2SO_4 \rightarrow Na_2SO_4 + 2\,H_2O$

中和の公式 $\underset{}{\overset{\text{(酸側)}}{aC_1V_1}} = \overset{\text{(塩基側)}}{bC_2V_2}$ より、

硫酸の価数 $a = 2$、$C_1 = 0.30\text{mol/L}$、

水酸化ナトリウムの価数 $b = 1$、$C_2 = 0.40\text{mol/L}$、$V_2 = 150\text{mL} = 0.15\text{L}$ であるから、硫酸の量は、

$$V_1 = \frac{bC_2V_2}{aC_1} = \frac{1 \times 0.40 \times 0.15}{2 \times 0.30} = \frac{0.06}{0.6} = 0.1\text{L} = \mathbf{100}\text{mL}$$

【問6】

(26)　**1**

A　硫酸イオン（SO_4^{2-}）は、2価の陰イオンのため、酸化数の総数は「−2」である。化合物中の酸素原子は「−2」のため、O_4 の酸化数は「−8」である。したがって、Sの酸化数＋(−8)＝−2より、Sの酸化数＝8−2＝**＋6**となる。

B 単体の中の原子の酸化数は「0」であるため、水素分子（H_2）の酸化数は 0 である。

C 化合物中の各原子の酸化数の総和は「0」である。化合物中の水素原子は「＋ 1」のため、H の酸化数は「＋ 1」である。化合物中の酸素原子は「－ 2」のため、O_4 の酸化数は「－ 8」である。したがって、Cl の酸化数＋（＋ 1）＋（－ 8）＝ 0 より、Cl の酸化数＝ 0 － 1 ＋ 8 ＝ ＋ 7 となる。なお、問題の物質は過塩素酸（$HClO_4$）である。

(27)　4

$$質量パーセント濃度 = \frac{溶質の質量}{溶液の質量} \times 100 より、$$

$$\frac{x〔g〕}{(200 + x)〔g〕} \times 100 = 20〔wt\%〕$$

$x = 50$g

(28)　2

化学反応式の係数より、エタンが 2mol 燃焼すると、二酸化炭素 4mol が生じることがわかる。

エタン（C_2H_6）の分子量は、30（12 × 2 ＋ 1 × 6）であるから、1mol の質量は 30.0g である。

したがって、この場合のエタン 9.0g は $\frac{9.0}{30.0} = 0.3$mol、

二酸化炭素は $0.3 \times \frac{4}{2} = 0.6$mol となる。

気体 1mol 当たりの体積は、標準状態（0℃、1atm）ではすべて 22.4L であるから、二酸化炭素の体積は、22.4 × 0.6 ＝ 13.44L となる。

(29)　4

水酸化ナトリウム（NaOH）の式量は、40.0（23 ＋ 16 ＋ 1）であるから、1mol の質量は 40.0g である。

したがって、8.0g の水酸化ナトリウムは $\frac{8.0}{40.0} = 0.2$mol

これが 500mL（0.5L）の溶液中に含まれているから、モル濃度は、

$\frac{0.2mol}{0.5L} = 0.4$mol/L となる。

(30)　2

1　×　この反応により、銅は電子を受け取って（得て）いる。

2　○　この反応で、炭素原子は相手の物質（銅）を還元し、自身は酸化されている。

3　×　この反応により、銅は還元されている。

4　×　この反応の前後で、銅の酸化数は＋２から０に減少している。反応前の酸化銅（Ⅱ）（CuO）の酸化数はCu（＋２）＋O（−2）＝0、反応後の銅（Cu）の酸化数は０である。

【問7】

(31)　3

A　×　カルシウム（Ca）の炎色反応の色は橙赤である。

B　○　ストロンチウム（Sr）の炎色反応の色は深赤である。

C　×　ナトリウム（Na）の炎色反応の色は黄である。

D　○　銅（Cu）の炎色反応の色は青緑である。

(32)　1

A　×　17族元素はハロゲンと呼ばれ、非金属元素である。

B　○　水素を除く1族元素はアルカリ金属と呼ばれ、1価の陽イオンになりやすい。

C　○　3～11族の元素は遷移元素と呼ばれ、すべてが金属元素である。

D　○　希ガスと呼ばれる18族の元素の原子が有する価電子の数は０であり、化学的に安定である。

(33)　1

1　○　ベンゼンスルホン酸（$C_6H_5SO_3H$）：スルホ基（$-SO_3H$）

2　×　エタノール（C_2H_5OH）：ヒドロキシ基（$-OH$）

3　×　酢酸（CH_3COOH）：カルボキシ基（$-COOH$）

4　×　ジエチルエーテル（$C_2H_5OC_2H_5$）：エーテル結合（$-O-$）エーテル結合も官能基の1つとして扱われることがあり、特別な性質をもつ。

(34)　3

A　×　同素体は、同じ元素からなる単体であるが、その原子の配列や結合が異なり、それぞれの性質も異なる。

B ○ 同位体は、原子核の中の陽子の数（原子番号）は同じであるが、中性子の数が異なるもの、つまり質量数が異なるものである。化学的性質は同等である。

C ○ 価電子は、他の原子との化学結合や化学反応に関与する。希ガスは、きわめて安定な元素で、他の物質とほとんど反応しない。

D × アルミニウム（Al）は、13 族の元素で典型元素である。遷移元素はすべて金属元素であるが、典型元素は金属元素と非金属元素があるので注意する。

(35) 4

A 気体が直接固体に変わること、又は固体が直接気体に変わることを昇華という。

B 液体が気体に変わることを蒸発（気化）という。

C 固体が液体に変わることを融解という。

D 状態変化のように、物質の種類は変わらずに状態や形だけが変化することを物理変化という。化学変化は、ある物質が、性質が違う別の物質になる変化のことである。

[毒物及び劇物の性質及び貯蔵その他取扱方法]

【問 8】

(36) 1

1 四塩化炭素（CCl_4）、2 フェノール（C_6H_6O）、3 クロロホルム（$CHCl_3$）、4 ブロムメチル（CH_3Br）である。

(37) 3

A × 容器を密封して直射日光を避け、換気のよい冷所に置く。蒸気は空気より重く（蒸気比重約 5.3）、低所に滞留するので、地下室など換気の悪い場所には保管しない。

B × 不燃性である。

C ○ 酸化剤により、有毒ガスであるホスゲンを生成する。

(38)　4

①無色の重い液体であり、②水に難溶（ほとんど溶けない）。

(39)　2

アルミニウム、マグネシウム、亜鉛等のある種の金属と反応し、火災や爆発の危険をもたらす。

(40)　1

廃棄法のうち、燃焼法（燃焼しづらいもの）で廃棄処理を行う。過剰の可燃性溶剤または重油とともにアフターバーナーおよびスクラバーを具備した焼却炉の火室へ噴霧してできるだけ高温で焼却する。

【問 9】

(41)　3

A　×　淡黄色の結晶で、急熱あるいは衝撃により爆発する。
B　○　保管には、鉄、銅、鉛等の金属容器を使用しない。
C　×　試薬、染料などに用いられる。

(42)　3

A　×　特有の刺激臭がある。
B　○　黒灰色または黒紫色の結晶で、金属光沢がある。
C　○　昇華性がある。熱すると紫色の蒸気を発生し、冷やすと再び結晶に戻る（昇華現象）。

(43)　4

A　×　銀白色で金属光沢を有する重い液体（比重約 13.6）であり、唯一の常温で液状の金属である。
B　○　工業用の寒暖計、気圧計に用いられる。
C　×　水と激しく反応するという性質はない。

(44)　1

クロルスルホン酸（HSO_3Cl）は劇物に指定されている。無色または淡黄色の液体であり、発煙性、刺激臭がある。水と激しく反応し、硫酸と塩酸を生成する。

(45)　1

A　○　濃硫酸は猛烈に水を吸収するが、水と接触して激しく発熱する。

B　○　無臭で無色透明、粘りけのある（油状の）液体である。

C　×　10%以下を含有する製剤は劇物から除かれている。

【問 10】

(46)　4

クレゾールは、オルト（*o*–）、メタ（*m*–）、パラ（*p*–）の３つの異性体があり、化学式は、CH_3（C_6H_4）OH である。廃棄方法は、木粉（おが屑）または可燃性溶剤（アセトン、ベンゼン等）と混ぜて焼却する燃焼法が最も適切である。

(47)　3

二硫化炭素は、非常に揮発しやすく、その蒸気は有毒で、引火点は約–30℃と引火性が高い。比重は水より大きく（比重 1.26)、水に溶けないため、漏洩した液は水で覆うなどの措置を取る。セルロイド工業、ゴム糊の製造、ゴム製品の接合作業などのほか、溶剤、防腐剤などに用いられる。

(48)　2

ニコチンは、無色の油状液体である。光および空気により分解し、褐色に変化する。水に易溶（よく溶ける)。毒物及び劇物取締法により毒物に指定されている。

(49)　3

燐化水素は、無色の気体で、腐った魚の臭いがある。ホスフィンとも呼ばれる。

(50)　2

黄燐は、白色または淡黄色のロウ様半透明の結晶性固体である。水には溶けず、アルコール、エーテルには溶けにくいが、ベンゼン、二硫化炭素には溶けやすい。廃棄方法は、廃ガス水洗設備および必要があればアフターバーナーを具備した焼却設備で焼却する燃焼法が最も適切である。

実　地

[毒物及び劇物の識別及び取扱方法]

【問 11】

(51)　2

アニリンは、無色透明な油状の液体。特有の臭気がある。水に難溶。空気に触れて赤褐色を呈する。

(52)　4

キシレンは、無色透明の液体である。溶剤として用いられる。

(53)　1

ナトリウムは、銀白色の光沢を有する金属で常温では軟らかい固体である。水と激しく反応して、水酸化ナトリウムと水素が発生し、その反応熱で水素が発火する。

(54)　2

一酸化鉛は、黄色から赤色の固体である。リサージとも呼ばれる。希硝酸に溶かし、これに硫化水素を通じると、黒色の沈殿（硫化鉛）を生じる。

(55)　3

三塩化アンチモンは、無色から淡黄色の固体であり、強い潮解性がある。化学式は $SbCl_3$ である。

【問 12】

(56)　1

エチレンオキシドは、無色の気体である。殺菌剤として用いられる。

(57)　3

塩基性炭酸銅は、緑色の結晶性粉末である。酸、アンモニア水には溶けやすいが、水にはほとんど溶けない。

(58)　2

燐化水素は、無色の気体で腐った魚の臭いがある。ホスフィンとも呼ばれる。

(59)　3

ニトロベンゼンは、無色または微黄色の吸湿性の液体。強い苦扁桃様の香気を有する。水に可溶であり、その溶液は甘味を有する。アニリンの製造原料、合成化学の酸化剤、石けん香料などに用いられる。

(60)　4

メチルメルカプタンは、腐ったキャベツ様の臭気のある無色の気体である。付臭剤として用いられる。

【問 13】

(61)　2

A ブロムメチル、B ナトリウム、C 水素化砒素、D 重クロム酸カリウムである。

(62)　1

ブロムメチル（CH_3Br）が正しい。

(63)　3

ナトリウムは、水分、二酸化炭素と激しく反応するため、通常、石油中（灯油中）に貯蔵する。

(64)　1

重クロム酸カリウムの廃棄方法としては、沈殿法が最も適切である。

(65)　2

C 水素化砒素は毒物、A ブロムメチル、B ナトリウム、D 重クロム酸カリウムは劇物である。

【問 14】

(66)　2

B 蒸気は空気より重く、引火しやすい。

(67)　1

吸入した場合は頭痛、めまいなどを起こし、眼に入った場合は粘膜を刺激する。皮膚に触れた場合は皮膚炎を起こす。皮膚からも吸収され、吸入したときと同様の症状を起こすことがある。

(68)　1

引火性のため、着火源から遠ざけ、換気のよい場所で、取り扱いや保管を行う。直射日光や高温を避け、容器を密閉して冷暗所に保管する。空気と混合して爆発性混合ガスを生成するため、酸化剤とは接触させない。

(69)　2

揮発性の液体で、その蒸気は空気より重く、引火しやすい。比重は 0.7914 で水より軽い。水と任意の割合で混和する。あらかじめ熱灼した酸化銅を加えると、ホルムアルデヒドが生じ、酸化銅は還元され金属銅色になる。

(70)　2

硅藻土等に吸収させて、開放型の焼却炉で、少量ずつ焼却する。または焼却炉の火室へ噴霧し焼却する。

【問 15】

(71)　2

A 黄燐、B 塩素酸ナトリウム、C クロルピクリン、D 水酸化カリウムである。

(72)　4

黄燐を含有する製剤は、殺鼠剤の原料に用いられる。

(73)　1

塩素酸ナトリウムは、還元剤の水溶液に希硫酸を加えて酸性にし、この中に少量ずつ投入する。反応終了後、反応液を中和し、多量の水で希釈して処理する。

(74)　3

クロルピクリンの化学式は、CCl_3NO_2 である。

(75)　1

A 黄燐は毒物、B 塩素酸ナトリウム、C クロルピクリン、D 水酸化カリウムは劇物である。

■ゴロ合わせで覚えよう！〔ナトリウムとカリウムの貯蔵方法〕

借りた納豆
（カリウム・ナトリウム）

石油缶に貯蔵
（石油缶に貯蔵）

ナトリウムとカリウムは、水分、二酸化炭素と激しく反応するため、通常、石油中（灯油中）に貯蔵する。

■ゴロ合わせで覚えよう！〔燐化水素の性状〕

隣家の水槽
（燐化水素）

腐った魚の臭いがする
（腐った魚の臭い）

燐化水素は、無色の気体で腐った魚の臭いがある。ホスフィンとも呼ばれる。

予想模試　正解と解説［第２回］

筆　記

［毒物及び劇物に関する法規］

【問 1】 1

（目的）法第１条

この法律は、毒物及び劇物について、**保健衛生上**の見地から**必要な取締**を行うことを目的とする。

（定義）法第２条

この法律で「毒物」とは、別表第一に掲げる物であって、**医薬品**及び**医薬部外品**以外のものをいう。

この法律で「特定毒物」とは、**毒物**であって、別表第三に掲げるものをいう。

【問 2】 2

法第３条の２第９項

毒物劇物営業者又は特定毒物研究者は、保健衛生上の危害を防止するため政令で特定毒物について**品質**、**着色**又は**表示**の基準が定められたときは、当該特定毒物については、その基準に適合するものでなければ、これを特定毒物使用者に譲り渡してはならない。

【問 3】 1 （A、B）

A **劇物**、B **劇物**、C **毒物**、D **毒物**である。

【問 4】 4

「発火性又は爆発性のある劇物」は、①**亜塩素酸ナトリウム**及びこれを含有する製剤（亜塩素酸ナトリウム **30**％以上を含有するもの）、②**塩素酸塩類**及びこれを含有する製剤（塩素酸塩類 **35**％以上を含有するもの）、③**ナトリウム**、④**ピクリン酸**である。A、B、D、E の **4 つ**が該当する。

【問５】 2

（営業の登録）法第４条に規定。

A ○ 毒物又は劇物の製造業、輸入業又は販売業の登録は、製造所、営業所又は店舗ごとに、その製造所、営業所又は店舗の所在地の**都道府県知事**が行う。

B × 輸入業の登録は、**営業所**ごとに、その営業所の所在地の都道府県知事に申請書を提出しなければならない。

C × 製造業又は輸入業の登録は**5**年ごと、販売業の登録は**6**年ごとに更新を受けなければ、その効力を失う。

【問６】 4

（販売品目の制限）法第４条の３に規定。

A × 農業用品目販売業の登録を受けた者は、農業上必要な毒物又は劇物であって**厚生労働省令で定めるもの**以外の毒物又は劇物を販売してはならない。

B ○ 一般販売業の登録を受けた者は、**すべての毒物及び劇物**を販売することができる。

C × 特定品目販売業の登録を受けた者は、厚生労働省令で定める**特定品目**のみを販売することができる。特定品目と特定毒物は異なる。

【問７】 5

（製造所等の設備）法施行規則第４条の４に規定。

A ○ 毒物又は劇物の**貯蔵設備**は、毒物又は劇物とその他の物とを**区分して貯蔵**できるものであること。

B × 毒物又は劇物を**陳列する**場所に**かぎ**をかける設備があること。

C ○ 毒物又は劇物の**運搬用具**は、毒物又は劇物が**飛散**し、**漏れ**、又は**しみ出る**おそれがないものであること。

【問８】 4

（毒物劇物取扱責任者）法第７条に規定。毒物劇物営業者は、毒物劇物取扱責任者を**置いた**とき、また、毒物劇物取扱責任者を**変更した**ときは、**30**日以内に毒物劇物取扱責任者の**氏名**を届け出なければならない。

【問 9】 5（C、D）

「興奮、幻覚又は麻酔の作用を有する物」は、①**トルエン**、②**酢酸エチル**、**トルエン**又は**メタノール**を含有する**シンナー**、**接着剤**、**塗料**及び閉そく用又はシーリング用の充てん料である。

【問 10】 1

法第 8 条第 1 項

次の各号に掲げる者でなければ、前条の毒物劇物取扱責任者となることができない。

一　**薬剤師**

二　厚生労働省令で定める学校で、**応用化学**に関する学課を修了した者

三　**都道府県知事**が行う毒物劇物取扱者試験に合格した者

【問 11】 1

（毒物又は劇物の取扱）法第 11 条、（毒物又は劇物の表示）法第 12 条に規定。

A　○　毒物劇物営業者及び特定毒物研究者は、毒物又は劇物が**盗難**にあい、又は**紛失**することを防ぐのに必要な措置を講じなければならない。

B　○　毒物劇物営業者及び特定毒物研究者は、毒物又は劇物を**貯蔵**し、又は**陳列**する場所に、「**医薬用外**」の文字及び毒物については「**毒物**」、劇物については「**劇物**」の文字を表示しなければならない。

C　○　毒物劇物営業者及び特定毒物研究者は、その製造所、営業所若しくは店舗又は研究所の外において毒物若しくは劇物又は政令で定める物を**運搬**する場合には、これらの物が**飛散**し、**漏れ**、**流れ出**、又は**しみ出る**ことを防ぐのに必要な措置を講じなければならない。

【問 12】 3

法第 11 条第 4 項

毒物劇物営業者及び特定毒物研究者は、毒物又は厚生労働省令で定める劇物については、その容器として、**飲食物**の容器として通常使用される物を使用してはならない。

法施行規則第 11 条の 4

法第 11 条第 4 項に規定する劇物は、**すべての劇物**とする。

【問 13】 5

（毒物又は劇物の表示）法第 12 条に規定。

A　○　毒物又は劇物の容器及び被包に、「医薬用外」の文字を表示する。

B　×　毒物（特定毒物も含む）の容器及び被包に、赤地に白色をもって「毒物」の文字を表示しなければならない。

C　○　劇物の容器及び被包に、白地に赤色をもって「劇物」の文字を表示する。

【問 14】 3

（毒物又は劇物の表示）法第 12 条、（解毒剤に関する表示）法施行規則第 11 条の 5、（取扱及び使用上特に必要な表示事項）法施行規則第 11 条の 6 に規定。A、D、E の 3 つが該当する。

【問 15】 2

（毒物又は劇物の譲渡手続）法第 14 条、（毒物又は劇物の譲渡手続に係る書面）法施行規則第 12 条の 2 に規定。A 毒物又は劇物の使用目的の記載は不要である。C 譲受人の氏名、職業及び住所が記載されていなければならない。

【問 16】 4

法第 15 条第 1 項

毒物劇物営業者は、毒物又は劇物を次に掲げる者に交付してはならない。

一　18 歳未満の者

二　心身の障害により毒物又は劇物による保健衛生上の危害の防止の措置を適正に行うことができない者として厚生労働省令で定めるもの

三　麻薬、大麻、あへん又は覚せい剤の中毒者

【問 17】 1

（廃棄の方法）法施行令第 40 条第 1 項第一号、第三号

一　中和、加水分解、酸化、還元、稀釈その他の方法により、毒物及び劇物並びに法第 11 条第 2 項に規定する政令で定める物のいずれにも該当しない物とすること。

二　（省略）

三　可燃性の毒物又は劇物は、保健衛生上危害を生ずるおそれがない場所で、少量ずつ燃焼させること。

【問 18】 2（A、B、D）

（荷送人の通知義務）法施行令第 40 条の 6 第 1 項に規定。ただし、毒物又は劇物の 1 回の運搬量が 1000kg を超えない場合は、荷送人は運送人に対する通知義務はない。

【問 19】 4

（事故の際の措置）法第 17 条に規定。

A ○ 毒物劇物営業者及び特定毒物研究者は、その取扱いに係る毒物又は劇物が飛散し、漏れ、流れ出し、染み出し、又は地下に染み込んだ場合において、不特定又は多数の者について保健衛生上の危害が生ずるおそれがあるときは、直ちに、その旨を保健所、警察署又は消防機関に届け出るとともに、保健衛生上の危害を防止するために必要な応急の措置を講じなければならない。

B ○ A の解説を参照。

C × 毒物劇物営業者及び特定毒物研究者は、その取扱いに係る毒物又は劇物が盗難にあい、又は紛失したときは、直ちに、その旨を警察署に届け出なければならない。

【問 20】 3（A、D）

法第 22 条第 1 項に規定する「政令で定めるその他の毒物若しくは劇物を取り扱うもの」は、法施行令第 41 条、第 42 条に規定。

A ○ 無機シアン化合物を含有する製剤を使用して金属熱処理を行う事業は、届出が必要である。

B × 「無機水銀たる毒物を使用して」の部分が該当しないため、届出は不要である。

C × 運送する「10%水酸化カリウム」は法施行令別表第二に掲げる物に該当するため、法第 22 条第 1 項に規定する政令で定める毒物又は劇物に該当するが、「最大積載量が 4000kg」であるため届出は不要である。

D ○ 砒素化合物たる毒物を使用してしろありの防除を行う事業は、届出が必要である。

［基礎化学］

【問 21】 1

気体状態の分子が液体状態の分子になる現象を**凝縮**という。
液体状態の分子が固体状態の分子になる現象を**凝固**という。
気体状態の分子が固体状態の分子になる現象を**昇華**という。

【問 22】 2

A ○ 水素（H）を除く 1 族の元素を、**アルカリ金属元素**という。
B × 原子は、すべて価電子を **1** 個持ち、価電子を放って **1** 価の**陽**イオンになりやすい。
C × 一般的に、イオン化傾向が**大きい**。

【問 23】 4

原子は、原子核とその周りにある電子で構成されている。原子核は**正**の電気を、電子は**負**の電気を帯びている。さらに、原子核は、普通、**正**の電気をもつ陽子と、電気的に中性な中性子からできている。また、原子核の中の陽子の数を、その元素の**原子番号**という。

【問 24】 3

原子に含まれる**電子**の数は陽子の数と同じで、**原子番号**と等しい。Na（電子数 11）から電子 1 個を放出した Na^{+} の電子数は **10** である。**1** は K（電子数 19）より K^{+}（電子数 **18**）、**2** は Cl（電子数 17）より Cl^{-}（電子数 **18**）、**3** は Mg（電子数 12）より Mg^{2+}（電子数 **10**）、**4** は Li（電子数 3）より Li^{+}（電子数 **2**）、**5** は Ca（電子数 20）より Ca^{2+}（電子数 **18**）である。電子配置は、原子番号 18 のアルゴン（Ar）まではそれぞれの電子殻に収容することのできる電子の数どおりに配置されていく。よって、**3** の Mg^{2+} が Na^{+} と同じ電子配置をもつ。

【問 25】 3

水酸化ナトリウム水溶液の密度 1.6g/mL より、この水溶液の 1000mL（1L）当たりの質量を求めると、1.6 × 1000 ＝ 1600g となる。水酸化ナトリウム水溶液の濃度（質量パーセント濃度）は 10％であることから、この水溶液 1L 中に含まれる水酸化ナトリウムの質量は、1600 × 0.10 ＝ 160g となる。

水酸化ナトリウム（NaOH）は、分子量が 40 であることから 1mol の質量は 40g である。

したがって、水酸化ナトリウム水溶液のモル濃度（mol/L）は、

$\frac{160}{40}$ ＝ **4**mol/L となる。

【問 26】 1

A ○ 陽イオンと陰イオンが静電気的に**引き合って**できる結合を**イオン結合**という。

B ○ イオン結晶の特徴として、融点が**高い**、**硬い**が**もろい**（結晶は硬いが、横からの力で配列がずれると簡単に割れる）などがある。

C ○ イオン結晶を表す化学式は、陽イオンと陰イオンがどのくらいの割合で結びついているかを最も簡単な**整数比**で表した**組成式**で表す。

【問 27】 2

A **H_2O**、**B** **1**、**C** **0.5** である。水素イオン（H^+）と水酸化物イオン（OH^-）は同じ物質量で中和する。中和点における酸と塩基の関係は、「酸の価数×酸の物質量（mol）＝塩基の価数×塩基の物質量（mol）」の式が成り立つ。

【問 28】 3

希釈前の 0.01mol/L の塩酸（HCl）20mL の pH を求めると、

HCl の電離度は 1 であるから、

$[H^+] = [Cl^-] = 0.01\text{mol/L} = 10^{-2}\text{mol/L}$　pH ＝ 2

$\frac{200\text{mL}}{20\text{mL}}$ ＝ 10 倍より、塩酸を水で 10 倍に希釈したことになり、

pH ＝ **3** となる。

【問29】 4（B、D）

化合物中の各原子の酸化数の総和は0である。それぞれ求める原子の酸化数は、

A　アンモニア（NH_3）：N原子＋（＋1×3）＝0より、N原子＝－3

B　酸化クロム（Cr_2O_3）：Cr原子×2＋（－2×3）＝0より、Cr原子＝＋3

C　硝酸（HNO_3）：（＋1）＋N原子＋（－2×3）＝0より、N原子＝＋5

D　水酸化アルミニウム（$Al(OH)_3$）：Al原子＋（（－2＋1）×3）＝0より、Al原子＝＋3

【問30】 5（A、D）

A　○　アルカリ金属は、特有の炎色反応を示す。

B　×　アルカリ金属以外にも、炎色反応を示す元素（カルシウム（Ca）、ストロンチウム（Sr）、バリウム（Ba）銅（Cu））がある。カルシウム、ストロンチウム、バリウムは、アルカリ土類金属である。

C　×　銅は、青緑色の炎色反応を示す。

D　○　ナトリウムは、黄色の炎色反応を示す。

【問31】 2

金属のイオン化列より、Ca＞Zn＞Fe＞Pbが正しい。

【問32】 4

A　○　分子間の結合は共有結合が多い。

B　○　水には溶けにくく、有機溶媒には溶けやすいものが多い。

C　×　一般に融点および沸点の低いものが多い。

D　×　一般に可燃性である。

【問33】 3

圧力が一定のため、シャルルの法則 $\frac{V_1}{T_1}=\frac{V_2}{T_2}$ より、

$V_1=100\text{mL}$、$T_1=273+27=300\text{K}$、$T_2=273+87=360\text{K}$ を代入し、V_2 を求める。

$$\frac{100}{300}=\frac{V_2}{360}$$

$$V_2=\frac{100\times360}{300}=120\text{mL}$$

【問 34】 1

A ○ 化学反応式に**反応熱**を記入し、両辺を**等号**（＝）で結んだ式を熱化学方程式という。

B ○ 係数は物質量〔mol〕を示す。原則として**主体となる物質**の係数が1molになるようにする。したがって、**他の物質**の係数が**分数**で表される場合がある。

C ○ 反応熱は、発熱反応を＋、吸熱反応を－で表す。

【問 35】 5

メタンの完全燃焼の化学式は、$CH_4 + 2\ O_2 = CO_2 + 2\ H_2O$

化学反応式の係数より、メタンが1mol燃焼すると、水（水蒸気）2molが生じることがわかる。

メタン(CH_4)の分子量は、12 ＋ 4 ＝ 16であるから、1molの質量は16gである。

これにより、この場合のメタン32gは $\frac{32}{16}$ ＝ 2mol、水は $2 \times \frac{2}{1}$ ＝ 4molとなる。

水（H_2O）の分子量は 2 ＋ 16 ＝ 18であるから、1molの質量は18gである。

したがって、発生する水の質量は、18 × 4 ＝ **72.0**gとなる。

[毒物及び劇物の性質及び貯蔵その他取扱方法・実地試験]

【問 36】 4 （B、C）

B ヒドラジン、**C** アリルアルコールは、毒物及び劇物指定令で**毒物**に定められている（毒物及び劇物指定令第1条一の六号、二十三の二号)。**A** アクロレイン、**D** トリクロル酢酸は**劇物**である。

【問 37】 2 （B、C）

劇物としての指定から除外される濃度は、それぞれ、**A** 硝酸（**10**%以下)、**B** 過酸化水素（**6**%以下)、**C** クレゾール（**5**%以下)、**D** 亜塩素酸ナトリウム（**25**%以下）である。

【問38】 3

カリウムは、水分、二酸化炭素と激しく反応するため、通常、石油中（灯油中）に貯蔵する。

【問39】 2

クロロホルムは、燃焼しづらく、燃焼すると有毒ガスが発生しやすい。過剰の可燃性溶剤または重油とともにアフターバーナーおよびスクラバーを具備した焼却炉の火室へ噴霧してできるだけ高温で焼却する。

【問40】 4

A ○ 不燃性の無色の気体。フロンガスの原料に用いられる。

B ○ プラスチック、鉛、エボナイトあるいは白金製の容器に貯蔵する。

C × 廃棄方法は、多量の水酸化カルシウム水溶液中に吹き込んで吸収させ、中和し、沈殿濾過して埋立処分する。

【問41】 1

S–メチル–N–〔(メチルカルバモイル）–オキシ〕–チオアセトイミデート（別名メトミル)は、白色の結晶性固体で弱い硫黄臭がある。殺虫剤として用いられる。

【問42】 2

過酸化ナトリウム（Na_2O_2）は、漂白剤として用いられる。

【問43】 5

A ○ 蓚酸は、血液中の石灰分を奪取し、神経系をおかす。奪われた石灰分の補給のため、解毒剤としてカルシウム剤が使用される。

B × 塩素酸カリウム（塩素酸塩類）は、血液にはたらいて毒作用をするため、血液はどろどろになり、どす黒くなる。腎臓がおかされるため、尿に血が混じり、尿の量が少なくなる。

C ○ メタノールは、頭痛、めまい、嘔吐などを起こし、致死量に近ければ麻酔状態になり、視神経がおかされ、ついには失明することがある。

【問44】 1

A ナトリウム、B 重クロム酸ナトリウム、C シアン化水素である。

【問 45】 4

1 × 白色、結晶性の硬い固体。

2 × 水に可溶。

3 × 炎色反応は黄色を呈する。

4 ○ 水と二酸化炭素を吸収する性質が強く、空気中に放置すると潮解する。

5 × 水酸化ナトリウムの水溶液は、引火性はないが、きわめて腐食性が強く、アルミニウム、すずなどの金属を腐食して水素ガスを発生し、これが空気と混合して、引火爆発することがある。

【問 46】 2

1 × 黄色から赤色の固体である。リサージとも呼ばれる。

2 ○ 鉛ガラスの原料に用いられる。

3 × 水に不溶。酸、アルカリに易溶。

4 × 希硝酸に溶かし、これに硫化水素を通じると、黒色の沈殿（硫化鉛）を生じる。

5 × 廃棄法は固化隔離法が適切である

【問 47】 4（B、C）

A × 水に難溶。

B ○ 純品は無色透明な油状の液体である。

C ○ 空気に触れて赤褐色を呈する。

D × アニリンの水溶液にさらし粉（次亜塩素酸カルシウム）を加えると紫色に変化する。

【問 48】 5（C、D）

A × 無色の針状結晶あるいは白色の放射状結晶塊で、特異の臭気と灼くような味を有する。

B × 空気中で容易に赤変する。

C ○ フェノールの水溶液に過クロール鉄液を加えると紫色を呈する。

D ○ 皮膚に触れた場合、皮膚を刺激し、激しいやけど（薬傷）を起こすことがある。

【問 49】 3（B、C）

A　×　無色透明、揮発性の液体である。アンモニアガスと同様な特有の刺激臭がある。

B　○　温度の上昇により、空気より軽いアンモニアガスを生成する。

C　○　アルカリ性で、リトマス試験紙を赤色から青色に変える。

D　×　廃棄方法は中和法である。

【問 50】 1

蓚酸の鑑別方法は、①水溶液に酢酸を加え、さらに酢酸カルシウムを加える、または②水溶液にアンモニア水を加え、さらに塩化カルシウムを加えると、白色の沈殿（蓚酸カルシウム）を生じる。また、③蓚酸の水溶液は、過マンガン酸カリウムの溶液の赤紫色を消す。**3** は硫酸、**4** は硫酸第二銅（別名 硫酸銅）の鑑別方法であり、生じる白色の沈殿はどちらも硫酸バリウムである。

■ゴロ合わせで覚えよう！〔蓚酸の鑑別方法〕

さくさく刈るし、
（酢酸・酢酸カルシウム）

アンモニア入れて
（アンモニア・

ええんか？
塩化カルシウム）

①水溶液に酢酸を加え、さらに酢酸カルシウムを加える、または②水溶液にアンモニア水を加え、さらに塩化カルシウムを加えると、白色の沈殿を生じる。

予想模試　正解と解説［第３回］

筆　記

［毒物及び劇物に関する法規］

【問１】 3

（目的）法第１条　この法律は、毒物及び劇物について、保健衛生上の見地から必要な取締を行うことを目的とする。

【問２】 2

法第２条第２項

この法律で「劇物」とは、別表第二に掲げる物であって、医薬品及び医薬部外品以外のものをいう。

【問３】 2

1 クラーレは毒物、**2** 四アルキル鉛は特定毒物、**3** 塩化第一水銀は劇物、**4** ヒドラジンは毒物である（法別表第一第二十八号「政令で定めるもの」として、毒物及び劇物指定令第１条第二十三の二号に指定）。

【問４】 1

（禁止規定）法第３条の２に規定。

1 ×　毒物若しくは劇物の製造業者又特定毒物研究者でなければ、特定毒物を製造してはならない。

2 ○　毒物劇物営業者、特定毒物研究者又は特定毒物使用者でなければ、特定毒物を譲り渡し、又は譲り受けてはならない。

3 ○　特定品目販売業の登録を受けた者は、特定品目のみを販売することができる（法第４条の３）。

4 ○　特定毒物研究者は、学術研究のため特定毒物を製造することができる。

【問５】 2

（営業の登録）法第４条第３項に規定。製造業又は輸入業の登録は、５年ごとに、販売業の登録は、６年ごとに、更新を受けなければ、その効力を失う。また、特定毒物研究者は、学術研究のため特定毒物を製造し、使用できる者として都道府県知事の許可を受けるが、更新の必要はない。ただし、当該研究を廃止したときには届出が必要である（法第10条第2項第三号）。

【問6】 2

（毒物劇物取扱責任者）法第7条、（毒物劇物取扱責任者の資格）法第8条に規定。

A ○ 18歳未満の者は、毒物劇物取扱責任者になることができない。

B ○ 毒物劇物営業者が毒物若しくは劇物の製造業、輸入業若しくは販売業のうち2以上を併せて営む場合において、その製造所、営業所若しくは店舗が互いに隣接しているとき、毒物劇物取扱責任者は、これらの施設を通じて1人で足りる。

C × 農業用品目毒物劇物取扱者試験に合格した者は、農業用品目のみを取り扱う輸入業の営業所、もしくは農業用品目販売業の店舗においてのみ、毒物劇物取扱責任者になることができる。

D × 薬剤師は、毒物劇物取扱者試験に合格していなくても、毒物劇物取扱責任者になることができる。

【問7】 2（B、C）

A × 法人の場合は、法人の代表者の変更の届出は不要である。

B ○ 毒物劇物営業者は、当該製造所、営業所又は店舗における営業を廃止したとき、届出が必要である。

C ○ 特定毒物研究者が、主たる研究所の設備の重要な部分を変更したとき、届出が必要である（法施行規則第10条の3）。

D × 毒物劇物製造業者が、登録を受けた毒物以外の毒物の製造を開始する場合は、届出ではなく、あらかじめ、毒物の品目につき、登録の変更を受けなければならない（法第9条第1項）。

【問8】 4

（毒物又は劇物の表示）法第12条、（解毒剤に関する表示）法施行規則第11条の5、（取扱及び使用上特に必要な表示事項）法施行規則第11条の6に規定。

1 × 毒物劇物営業者及び特定毒物研究者は、毒物又は劇物の容器及び被包に、「医薬用外」の文字及び毒物については赤地に白色をもって「毒物」の文字、劇物については白地に赤色をもって「劇物」の文字を表示しなければならない。

2 × 厚生労働省令で定めるその**解毒剤の名称**を表示しなければならない毒物又は劇物は、**有機燐化合物**及びこれを含有する製剤たる毒物及び劇物である。

3 × 毒物及び劇物の製造業者又は輸入業者が、その製造し、又は輸入したジメチル－2,2－ジクロロビニルホスフェイト（別名**DDVP**）を含有する製剤（衣料用の**防虫剤**に限る。）を販売し、又は授与するときに、その容器及び被包に表示しなければならない項目は次の項目である。

①**小児**の手の届かないところに保管しなければならない旨
②使用直前に**開封**し、**包装紙**等は直ちに処分すべき旨
③居間等人が常時居住する**室内**では使用してはならない旨
④**皮膚**に触れた場合には、石けんを使ってよく洗うべき旨

4 ○ 毒物劇物営業者及び特定毒物研究者は、毒物又は劇物を**貯蔵**し、又は**陳列**する場所に、「**医薬用外**」の文字及び毒物については「**毒物**」、劇物については「**劇物**」の文字を表示しなければならない。

【問9】 4

毒物劇物営業者が、毒物又は劇物を他の毒物劇物営業者に販売し、又は授与したときに、その都度、書面に記載しておかなければならない事項は、①毒物又は劇物の**名称**及び**数量**、②販売又は授与の**年月日**、③譲受人の**氏名**、**職業**及び**住所**（法人にあっては、その**名称**及び主たる事務所の**所在地**）、である。

【問10】 2（A、C）

法施行令第40条の6第1項の規定により、その書面に記載する内容とは、毒物又は劇物の①**名称**、②**成分**、③その**含量**、④**数量**、⑤事故の際に**応急措置**の内容である。

［基礎化学］

【問11】 3

1 × 黄リン（P_4）は**赤リン**（P）と同素体、オゾン（O_3）は**酸素**（O_2）と同素体である。

2 × 水銀（Hg）と銀（Ag）は**同素体ではない**。
3 ○ 黒鉛（グラファイト）とダイヤモンドは、互いに**同素体である**。
4 × ゴム状硫黄は、**斜方硫黄**、**単斜硫黄**と同素体である。

【問 12】 4
1 × 気体が固体になることを**昇華**という。
2 × 液体が固体になることを**凝固**という。
3 × 気体が液体になることを**凝縮**という。
4 ○ 固体が気体になることを**昇華**という。

【問 13】 3
濃度10%の食塩水300gに含まれる食塩（溶質）は、

$\frac{食塩（溶質）}{300g} = 0.1$ より、30gである。

濃度40%の食塩水x〔g〕に含まれる食塩（溶質）は、$0.4 \times x = 0.4x$〔g〕である。

これらの食塩水を加えて22%の濃度の食塩水となったことから次の式が成り立つ。

$$\frac{30 + 0.4x}{300 + x} = 0.22$$

$$30 + 0.4x = 0.22\ (300 + x) = 66 + 0.22x$$

$$0.4x - 0.22x = 66 - 30 \qquad 0.18x = 36 \qquad x = \mathbf{200}\text{g}$$

【問 14】 3
クレゾール（C_7H_8O）の分子量＝（12 × 7）＋（1 × 8）＋ 16 ＝ **108**

【問 15】 2
主な化学結合の結合の強さは、**共有**結合＞配位結合＞**イオン**結合＞**金属**結合＞**水素**結合の順である。

【問 16】 1

$$CH_4 + \mathbf{2}\,O_2 \longrightarrow CO_2 + \mathbf{2}\,H_2O$$

化学式は、メタン（CH_4）が燃えて二酸化炭素（CO_2）と水蒸気（H_2O）になる反応である。

【問 17】 3

1 × HCl（塩酸）は **1** 価の酸である。

2 × H_3PO_4（リン酸）は **3** 価の酸である。

3 ○ H_2SO_4（硫酸）は **2** 価の酸である。

4 × HNO_3（硝酸）は **1** 価の酸である。

【問 18】 2

中和の公式「酸の価数（a）×酸のモル濃度（C_1）×酸の体積（V_1）＝塩基の価数（b）×塩基のモル濃度（C_2）×塩基の体積（V_2）」より、

硫酸（H_2SO_4）の価数は 2 価、水酸化ナトリウム（NaOH）の価数は 1 価であるから、

$2 \times 0.9 \times 100 = 1 \times 1.2 \times V_2$

$V_2 = 150\text{mL}$

【問 19】 1

1 ○ リチウム（Li）は**赤**色である。

2 × カリウム（K）は**淡紫**色である。

3 × バリウム（Ba）は**緑**色である。

4 × ストロンチウム（Sr）は**深赤**色である。

【問 20】 4

$$\frac{\text{pH2 の［H}^+\text{］}}{\text{pH5 の［H}^+\text{］}} = \frac{10^{-2}}{10^{-5}} = \frac{10^5}{10^2} = \frac{100000}{100} = 1000\text{倍}$$

pH2 の水素イオン濃度[H$^+$]は、pH5 の水素イオン濃度[H$^+$]の 1000 倍である。

よって、pH2 の塩酸を水で **1000** 倍に希釈すると、pH5 となる。

[毒物及び劇物の性質及び貯蔵その他取扱方法]

【問 21】 2

塩化水素は、**無**色の**刺激**臭を有する**気**体。水に易溶。湿った空気中で激しく**発煙**する。吸湿すると、大部分の金属、コンクリート等を**腐食**する。

【問22】 2

ジメチル−2,2−ジクロルビニルホスフェイト（別名 DDVP）は、刺激性で、微臭のある比較的揮発性の無色油状液体。水に難溶。接触性殺虫剤に用いられる。毒性は、激しい中枢神経刺激と副交感神経刺激が生じる。

【問23】 1

四メチル鉛は、常温において無色の液体。ハッカ実臭がある。可燃性。日光によって分解する。ガソリンのアンチノック剤に用いられる。

【問24】 4

ホルマリンは、ホルムアルデヒドの水溶液で、無色の催涙性透明液体。刺激臭を有する。蒸気は粘膜を刺激し、鼻カタル、気管支炎、結膜炎などを起こさせる。

【問25】 1

黄燐は、白色または淡黄色のロウ様半透明の結晶性固体。ニンニク臭。水に不溶。空気中の酸素と反応して発火する。このため、水中に沈めて瓶に入れ、さらに砂を入れた缶中に固定して、冷暗所に保管する。

【問26】 3

1　×　硝酸タリウムは、殺鼠剤に用いられる。
2　×　シアン化水素は、殺虫剤（特に果実など）、シアン化合物の原料に用いられる。
3　○　クロルピクリンは、土壌燻蒸に用いられる。
4　×　フェノールは、医薬品および染料の製造原料、防腐剤などに用いられる。

【問27】 2

ナトリウムは、水分、二酸化炭素と激しく反応するため、空気中にそのまま保存することはできないので、通常、石油中（灯油中）に貯蔵する。

【問28】 1

クロロホルムは、原形質毒である。脳の節細胞を麻痺させ、赤血球を破壊する。吸入した場合、強い麻酔作用があり、めまい、頭痛、吐き気を起こす。

【問 29】 3

水酸化カリウムは、水を加えて希薄な水溶液とし、**酸（希塩酸、希硫酸など）で中和**させた後、多量の水で希釈して処理する。

【問 30】 2

砒素の漏洩時の措置としては、飛散したものは空容器にできるだけ**回収**し、そのあとを**硫酸第二鉄等の水溶液を散布**して、水酸化カルシウム、炭酸ナトリウム等の水溶液を用いて処理した後、多量の水で洗い流す。

実　地

[毒物及び劇物の鑑別及び取扱方法]

【問 31】

(1)　2　揮発性、**麻酔性**の芳香を有する**無**色の重い液体。水に**難**溶。**不燃**性。強い消火力を示す。

(2)　1　**アルコール性の水酸化カリウム**と**銅粉**とともに煮沸すると、**黄赤**色の沈殿が生じる。

【問 32】

(1)　3　**淡黄**色の光沢のある小葉状あるいは針状結晶。純品は**無**臭。通常品はかすかにニトロベンゼンの臭気を有し、苦味がある。冷水に**難**溶。熱湯には**可**溶。昇華性がある。

(2)　2　アルコール溶液は、白色の羊毛または絹糸を**鮮黄**色に染める。

【問 33】

(1)　4　2モルの結晶水を有する**無**色の稜柱状の**結晶**。乾燥空気中で風化する。加熱すると昇華、急に加熱すると分解する。10倍の水に**溶解**する。

(2)　1　水溶液にアンモニア水を加え、さらに**塩化カルシウム**を加えると**白**色の沈殿を生じる。または、水溶液に酢酸を加え、さらに**酢酸カルシウム**を加えると**白**色の沈殿を生じる。

【問34】

(1)　5　無色透明の結晶。水に易溶。光によって分解し、黒変する。強力な酸化剤である。

(2)　1　水に溶かして塩酸を加えると、白色の沈殿を生ずる。その液に硫酸と銅粉を加えて熱すると、赤褐色の蒸気を生成する。

【問35】

(1)　1　黒紫色の結晶で、金属光沢がある。特有の刺激臭がある。水には溶けにくいが、ヨウ化カリウム（KI）の水溶液にはよく溶ける。熱すると紫色の蒸気を発生し、冷やすと再び結晶に戻る（昇華現象）。

(2)　2　デンプンと反応すると藍色を呈し、これを熱すると退色し（ヨウ素デンプン反応）、冷えると再び藍色を現し、さらにチオ硫酸ナトリウムの溶液と反応すると脱色する。

■ゴロ合わせで覚えよう！〔ピクリン酸の性状と鑑別方法〕

ムシュー・ピクリン
（無臭　・　ピクリン酸）

針葉樹を
（針状・小葉状結晶）

黄色く染める
（鮮黄色に染める）

ピクリン酸は、淡黄(たんこう)色の光沢のある小葉状あるいは針状結晶。純品は無臭。アルコール溶液は、白色の羊毛または絹糸を鮮黄(せんおう)色に染める。

予想模試　正解一覧

［第1回］

問	小問 No.	正解
1	(1)	3
	(2)	3
	(3)	2
	(4)	4
	(5)	1
2	(6)	1
	(7)	3
	(8)	2
	(9)	4
	(10)	2
3	(11)	4
	(12)	2
	(13)	1
	(14)	4
	(15)	3
4	(16)	3
	(17)	4
	(18)	2
	(19)	3
	(20)	1
5	(21)	4
	(22)	3
	(23)	1
	(24)	2
	(25)	2
6	(26)	1
	(27)	4
	(28)	2
	(29)	4
	(30)	2
7	(31)	3
	(32)	1
	(33)	1
	(34)	3
	(35)	4
8	(36)	1
	(37)	3
	(38)	4
	(39)	2
	(40)	1
9	(41)	3
	(42)	3
	(43)	4
	(44)	1
	(45)	1
10	(46)	4
	(47)	3
	(48)	2
	(49)	3
	(50)	2

問	小問 No.	正解
11	(51)	2
	(52)	4
	(53)	1
	(54)	2
	(55)	3
12	(56)	1
	(57)	3
	(58)	2
	(59)	3
	(60)	4
13	(61)	2
	(62)	1
	(63)	3
	(64)	1
	(65)	2
14	(66)	2
	(67)	1
	(68)	1
	(69)	2
	(70)	2
15	(71)	2
	(72)	4
	(73)	1
	(74)	3
	(75)	1

［第2回］

問	正解
1	1
2	2
3	1
4	4
5	2
6	4
7	5
8	4
9	5
10	1
11	1
12	3
13	5
14	3
15	2
16	4
17	1
18	2
19	4
20	3
21	1
22	2
23	4
24	3
25	3
26	1
27	2
28	3
29	4
30	5
31	2
32	4
33	3
34	1
35	5
36	4
37	2
38	3
39	2
40	4
41	1
42	2
43	5
44	1
45	4
46	2
47	4
48	5
49	3
50	1

［第3回］

問		正解
1		3
2		2
3		2
4		1
5		2
6		2
7		2
8		4
9		4
10		2
11		3
12		4
13		3
14		3
15		2
16		1
17		3
18		2
19		1
20		4
21		2
22		2
23		1
24		4
25		1
26		3
27		2
28		1
29		3
30		2
31	(1)	2
	(2)	1
32	(1)	3
	(2)	2
33	(1)	4
	(2)	1
34	(1)	5
	(2)	1
35	(1)	1
	(2)	2

予想模試［第１回］解答用紙

（筆記試験・実地試験）試験時間：2 時間

※コピーしてお使いください。

問	小問 No.	正解
1	(1)	① ② ③ ④
	(2)	① ② ③ ④
	(3)	① ② ③ ④
	(4)	① ② ③ ④
	(5)	① ② ③ ④
2	(6)	① ② ③ ④
	(7)	① ② ③ ④
	(8)	① ② ③ ④
	(9)	① ② ③ ④
	(10)	① ② ③ ④
3	(11)	① ② ③ ④
	(12)	① ② ③ ④
	(13)	① ② ③ ④
	(14)	① ② ③ ④
	(15)	① ② ③ ④
4	(16)	① ② ③ ④
	(17)	① ② ③ ④
	(18)	① ② ③ ④
	(19)	① ② ③ ④
	(20)	① ② ③ ④
5	(21)	① ② ③ ④
	(22)	① ② ③ ④
	(23)	① ② ③ ④
	(24)	① ② ③ ④
	(25)	① ② ③ ④
6	(26)	① ② ③ ④
	(27)	① ② ③ ④
	(28)	① ② ③ ④
	(29)	① ② ③ ④
	(30)	① ② ③ ④
7	(31)	① ② ③ ④
	(32)	① ② ③ ④
	(33)	① ② ③ ④
	(34)	① ② ③ ④
	(35)	① ② ③ ④
8	(36)	① ② ③ ④
	(37)	① ② ③ ④
	(38)	① ② ③ ④
	(39)	① ② ③ ④
	(40)	① ② ③ ④

問	小問 No.	正解
9	(41)	① ② ③ ④
	(42)	① ② ③ ④
	(43)	① ② ③ ④
	(44)	① ② ③ ④
	(45)	① ② ③ ④
10	(46)	① ② ③ ④
	(47)	① ② ③ ④
	(48)	① ② ③ ④
	(49)	① ② ③ ④
	(50)	① ② ③ ④
11	(51)	① ② ③ ④
	(52)	① ② ③ ④
	(53)	① ② ③ ④
	(54)	① ② ③ ④
	(55)	① ② ③ ④
12	(56)	① ② ③ ④
	(57)	① ② ③ ④
	(58)	① ② ③ ④
	(59)	① ② ③ ④
	(60)	① ② ③ ④
13	(61)	① ② ③ ④
	(62)	① ② ③ ④
	(63)	① ② ③ ④
	(64)	① ② ③ ④
	(65)	① ② ③ ④
14	(66)	① ② ③ ④
	(67)	① ② ③ ④
	(68)	① ② ③ ④
	(69)	① ② ③ ④
	(70)	① ② ③ ④
15	(71)	① ② ③ ④
	(72)	① ② ③ ④
	(73)	① ② ③ ④
	(74)	① ② ③ ④
	(75)	① ② ③ ④

正解数	問／ 75 問中

合格基準<参考>
①総合正解率 6 割以上
②各科目の正解率 5 割以上
※合格基準は各都道府県で異なるため参考値とします。

予想模試［第2回］解答用紙

（筆記試験・実地試験）試験時間：2時間

※コピーしてお使いください。

問	正解
1	① ② ③ ④ ⑤
2	① ② ③ ④ ⑤
3	① ② ③ ④ ⑤
4	① ② ③ ④ ⑤
5	① ② ③ ④ ⑤
6	① ② ③ ④ ⑤
7	① ② ③ ④ ⑤
8	① ② ③ ④ ⑤
9	① ② ③ ④ ⑤
10	① ② ③ ④ ⑤
11	① ② ③ ④ ⑤
12	① ② ③ ④ ⑤
13	① ② ③ ④ ⑤
14	① ② ③ ④ ⑤
15	① ② ③ ④ ⑤
16	① ② ③ ④ ⑤
17	① ② ③ ④ ⑤
18	① ② ③ ④ ⑤
19	① ② ③ ④ ⑤
20	① ② ③ ④ ⑤
21	① ② ③ ④ ⑤
22	① ② ③ ④ ⑤
23	① ② ③ ④ ⑤
24	① ② ③ ④ ⑤
25	① ② ③ ④ ⑤
26	① ② ③ ④ ⑤
27	① ② ③ ④ ⑤
28	① ② ③ ④ ⑤
29	① ② ③ ④ ⑤
30	① ② ③ ④ ⑤

問	正解
31	① ② ③ ④ ⑤
32	① ② ③ ④ ⑤
33	① ② ③ ④ ⑤
34	① ② ③ ④ ⑤
35	① ② ③ ④ ⑤
36	① ② ③ ④ ⑤
37	① ② ③ ④ ⑤
38	① ② ③ ④ ⑤
39	① ② ③ ④ ⑤
40	① ② ③ ④ ⑤
41	① ② ③ ④ ⑤
42	① ② ③ ④ ⑤
43	① ② ③ ④ ⑤
44	① ② ③ ④ ⑤
45	① ② ③ ④ ⑤
46	① ② ③ ④ ⑤
47	① ② ③ ④ ⑤
48	① ② ③ ④ ⑤
49	① ② ③ ④ ⑤
50	① ② ③ ④ ⑤

正解数	問／ 50 問中

合格基準<参考>
①総合正解率 6 割以上
②各科目の正解率 3 割以上
※合格基準は各都道府県で異なるため参考値とします。

予想模試［第3回］解答用紙

（筆記試験・実地試験）試験時間：1時間30分

※コピーしてお使いください。

問	正解
1	① ② ③ ④
2	① ② ③ ④
3	① ② ③ ④
4	① ② ③ ④
5	① ② ③ ④
6	① ② ③ ④
7	① ② ③ ④
8	① ② ③ ④
9	① ② ③ ④
10	① ② ③ ④
11	① ② ③ ④
12	① ② ③ ④
13	① ② ③ ④
14	① ② ③ ④
15	① ② ③ ④
16	① ② ③ ④
17	① ② ③ ④
18	① ② ③ ④
19	① ② ③ ④
20	① ② ③ ④
21	① ② ③ ④
22	① ② ③ ④
23	① ② ③ ④
24	① ② ③ ④
25	① ② ③ ④
26	① ② ③ ④
27	① ② ③ ④
28	① ② ③ ④
29	① ② ③ ④
30	① ② ③ ④

問		正解
31	(1)	① ② ③ ④ ⑤
	(2)	① ②
32	(1)	① ② ③ ④ ⑤
	(2)	① ②
33	(1)	① ② ③ ④ ⑤
	(2)	① ②
34	(1)	① ② ③ ④ ⑤
	(2)	① ②
35	(1)	① ② ③ ④ ⑤
	(2)	① ②

筆記

正解数	問／30問中

実地

正解数	問／10問中

合格基準<参考>

①筆記（問1～問30）の正解率6割以上

②実地（問31～問35）の正解率6割以上

※合格基準は各都道府県で異なるため参考値とします。

いちばんわかりやすい！
毒物劇物取扱者試験 テキスト＆問題集＋予想模試

索引［用　語］

いちばんわかりやすい！
毒物劇物取扱者試験 テキスト＆問題集＋予想模試

索引［毒物及び劇物名］

≪す≫

≪せ≫

≪た≫

≪ち≫

≪て≫

≪と≫

本書の正誤情報や法改正情報等は、下記のアドレスでご確認ください。
http://www.s-henshu.info/dgtmy2301/

上記掲載以外の箇所で正誤についてお気づきの場合は、**書名**・**発行日**・**質問事項**（**該当ページ**・**行数**・**問題番号**などと**誤りだと思う理由**）・**氏名**・**連絡先**を明記のうえ、お問い合わせください。
・web からのお問い合わせ：上記アドレス内【正誤情報】へ
・郵便または FAX でのお問い合わせ：下記住所または FAX 番号へ
※電話でのお問い合わせはお受けできません。

〔宛先〕**コンデックス情報研究所**
「いちばんわかりやすい！毒物劇物取扱者試験 テキスト＆問題集＋予想模試」係
〔住所〕〒 359-0042　所沢市並木 3-1-9
FAX 番号　04-2995-4362（10：00 ～ 17：00　土日祝日を除く）

※ **本書の正誤以外に関するご質問にはお答えいたしかねます。**また、受験指導などは行っておりません。
※ ご質問の受付期限は各試験日の 10 日前必着といたします。
※ 回答日時の指定はできません。また、ご質問の内容によっては回答まで 10 日前後お時間をいただく場合があります。
あらかじめご了承ください。

編著：コンデックス情報研究所
1990 年 6 月設立。法律・福祉・技術・教育分野において、書籍の企画・執筆・編集、大学および通信教育機関との共同教材開発を行っている研究者・実務家・編集者のグループ。
執筆代表：江部明夫
甲種危険物取扱者。一般毒物劇物取扱者。各種専門学校等の講師として、「危険物取扱者」や「毒物劇物取扱者」の資格取得の受験対策講座を担当。現在、キバンインターナショナルよりネット動画で「危険物乙種第４類頻出問題集」や「毒物劇物取扱者（一般）受験対策講座」を配信中。著書に『1 回で受かる！甲種危険物取扱者合格テキスト』、『1 回で受かる！乙種第４類危険物取扱者テキスト＆問題集』（ともに成美堂出版）など多数。
本文イラスト：ひらのんさ

いちばんわかりやすい! 毒物劇物取扱者試験 テキスト&問題集+予想模試

2023年 3 月20日発行

編　著　コンデックス情報研究所
発行者　深見公子
発行所　成美堂出版
〒162-8445　東京都新宿区新小川町 1-7
電話(03)5206-8151　FAX(03)5206-8159
印　刷　広研印刷株式会社

ISBN978-4-415-23214-0
落丁·乱丁などの不良本はお取り替えします
定価はカバーに表示してあります

別冊

いちばんわかりやすい!
毒物劇物取扱者試験
テキスト&問題集
+予想模試

予想模試　問題編

※矢印の方向に引くと
問題編が取り外せます。

成美堂出版

【注　意】

本書は、原則として令和５年１月１日において施行されている法令等に基づいて編集しています。以降も法令の改正等があると予想されますので、最新の法令等を参照して、本書を活用してください。本書編集日以降に施行された法改正情報については、下記のアドレスで確認することができます。

http://www.s-henshu.info/dgtmy2301/

CONTENTS

予想模試　問題

※毒物劇物取扱者試験の試験問題の構成パターンや科目名、問題数、試験時間などは各都道府県でそれぞれ異なります。［第１回］は東京都、［第２回］は関西広域連合、［第３回］は受験者数の多いその他の地域の問題数、選択肢の数などを参考に模擬試験を作成しました。

本冊 p.291 ～ p.293 の解答用紙をコピーしてお使いください。答え合わせに便利な正解一覧は本冊 p.290、正解と解説は本冊 p.252 ～ p.289 に掲載しています。

予想模試　問題［第 1 回］

パターン A　<東京都型>　問題数：75 問（試験時間：2 時間）
解答用紙→本冊 p.291

筆　記

［毒物及び劇物に関する法規］

【問 1】　毒物及び劇物取締法の条文の一部である次の記述について、［（1）］～［（5）］にあてまる字句として正しいものはどれか。

（目的）第 1 条
　この法律は、毒物及び劇物について、保健衛生上の見地から必要な［（1）］を行うことを目的とする。
（定義）第 2 条第 1 項
　この法律で「毒物」とは、別表第一に掲げる物であって、［（2）］及び医薬部外品以外のものをいう。
（禁止規定）第 3 条第 3 項
　毒物又は劇物の販売業の登録を受けた者でなければ、毒物又は劇物を販売し、授与し、又は販売若しくは授与の目的で［（3）］し、運搬し、若しくは陳列してはならない。
（禁止規定）第 3 条の 3
　［（4）］、幻覚又は麻酔の作用を有する毒物又は劇物（これらを含有する物を含む。）であって政令で定めるものは、みだりに摂取し、若しくは吸入し、又はこれらの目的で［（5）］してはならない。

	1	2	3	4
(1)	管理	指導	取締	監視
(2)	危険物	食品	医薬品	化粧品
(3)	所持	貯蔵	交付	広告
(4)	錯乱	鎮静	酩酊（めいてい）	興奮
(5)	所持	譲渡	販売	輸入

【問２】 次は、毒物及び劇物取締法、同法施行令及び同法施行規則に関する記述である。(6) ～ (10) の問に答えなさい。

(6) 毒物及び劇物の営業の登録に関する次の記述の正誤について、正しい組合せはどれか。

A 毒物及び劇物の製造業の登録は、５年ごとに更新を受けなければ、その効力を失う。

B 毒物又は劇物の販売業の登録は、店舗ごとに受けなければならない。

C 毒物又は劇物の輸入業の登録を受けようとする者は、その営業所の所在地の都道府県知事を経て、厚生労働大臣に申請書を出さなければならない。

D 毒物劇物一般販売業の登録を受けた者は、特定毒物を販売することはできない。

	A	B	C	D
1	正	正	誤	誤
2	正	誤	正	誤
3	誤	正	誤	正
4	誤	誤	正	正

(7) 法第３条の４において「引火性､発火性又は爆発性のある毒物又は劇物であって政令で定めるものは、業務その他正当な理由による場合を除いては、所持してはならない。」とされている。この「政令で定めるもの」に該当するものは、次のうちどれか。正しいものの組合せを選びなさい。

A アジ化ナトリウム　　　B ピクリン酸

C 塩素酸カリウム　　　　D カリウム

1 A、B　　2 A、C　　3 B、C　　4 C、D

(8) 毒物及び劇物の表示に関する次の記述の正誤について、正しい組合せはどれか。

A 法人たる毒物劇物製造業者が自ら製造した毒物を販売するときは、その毒物の容器及び被包に、当該法人の名称及び主たる事務所の所在地を表示しなければならない。

B 毒物劇物輸入業者は、自ら輸入した劇物の容器及び被包に「医薬用外」の文字及び赤地に白色をもって「劇物」の文字を表示しなければならない。

C 劇物の製造業者は、自ら製造した塩化水素を含有する製剤たる劇物（住宅用の洗浄剤で液体状のもの）を授与するときは、その容器及び被包に、使用の際、手足や皮膚、特に眼にかからないように注意しなければならない旨を表示しなければならない。

D　毒物劇物営業者は、有機燐化合物を含有する製剤たる毒物の容器及びその被包に、厚生労働省令で定めるその解毒剤の名称を表示しなければ、その毒物を販売してはならない。

	A	B	C	D
1	正	正	誤	誤
2	正	誤	正	正
3	誤	正	誤	正
4	誤	誤	正	正

(9) 毒物劇物営業者及び特定毒物研究者が、その取扱いに係る毒物又は劇物の事故の際に講じた措置に関する次の記述の正誤について、正しい組合せはどれか。

A　毒物劇物販売業者の店舗内で保管していた劇物を紛失したが、少量であったため、その旨を警察署に届け出なかった。

B　毒物劇物輸入業者の営業所内で保管していた毒物が盗難にあったため、直ちに、警察署へ届け出た。

C　毒物劇物製造業者の敷地外に劇物が流出し、多数の周辺住民に保健衛生上の危害が生ずるおそれがあったため、直ちに保健所、警察署及び消防機関に届け出るとともに、保健衛生上の危害を防止するための応急の措置を講じた。

D　特定毒物研究者の取り扱う毒物の一部を紛失したが、特定毒物ではなかったため、警察署に届け出なかった。

	A	B	C	D
1	正	誤	誤	誤
2	正	誤	正	正
3	誤	正	誤	正
4	誤	正	正	誤

(10) 法第 22 条に基づく毒物劇物業務上取扱者として、次のうち、届出が必要なものはどれか。正しいものの組合せを選びなさい。

A　シアン化ナトリウムを使用して、金属熱処理を行う事業

B　燐化アルミニウムとその分解促進剤とを含有する製剤を使用して、コン

テナ内のねずみ等を駆除するための燻蒸作業を行う事業

C　亜砒酸を使用して、しろありの防除を行う事業

D　トルエンを使用して、シンナーの製造を行う事業

1　A、B　　2　A、C　　3　B、C　　4　C、D

【問３】　次は、毒物又は劇物の取扱いに関する記述である。毒物及び劇物取締法、同法施行令及び同法施行規則の規定に照らし、(11)～(15)の問に答えなさい。

(11)　毒物劇物営業者における毒物又は劇物を取り扱う設備に関する次の記述の正誤について、正しい組合せはどれか。

A　毒物の販売業者が、毒物を貯蔵する設備として、毒物とその他の物とを区分して貯蔵できるものを設置した。

B　劇物の製造業者の製造所において、劇物を貯蔵する場所が性質上かぎをかけることができないものであったため、その周囲に、堅固なさくを設けた。

C　毒物の製造業者の製造所において、製造作業を行う場所を、板張りの構造とし、その外に毒物又は劇物が飛散し、漏れ、しみ出若しくは流れ出、又は地下にしみ込むおそれのない構造とした。

D　劇物の販売業者が、毒物劇物責任者によって、劇物を陳列する場所を常時直接監視することが可能であるため、その場所にかぎをかける設備を設けなかった。

	A	B	C	D
1	正	誤	誤	誤
2	正	誤	正	正
3	誤	正	誤	正
4	正	正	正	誤

(12)　毒物劇物取扱責任者に関する次の記述の正誤について、正しい組合せはどれか。

A　18歳未満の者は、都道府県知事が行う毒物劇物取扱者試験に合格した者であっても、毒物劇物取扱責任者になることはできない。

B　毒物劇物販売業者は、毒物又は劇物を直接取り扱わない店舗にも毒物劇物取扱責任者を設置する義務がある。

C　一般毒物劇物取扱者試験に合格した者は、農業用品目を取り扱う毒物劇

物販売業の毒物劇物取扱責任者になることができる。

D 特定品目毒物劇物取扱者試験に合格した者は、特定品目のみを取り扱う毒物劇物製造業の毒物劇物取扱責任者になることができる。

	A	B	C	D
1	正	誤	誤	誤
2	正	誤	正	誤
3	誤	正	誤	正
4	正	正	正	誤

(13) 塩化水素を25%含有する製剤を、車両1台を使用して、1回につき5000kg以上運搬する場合の運搬方法に関する次の記述の正誤について、正しい組合せはどれか。

A 車両には、運搬する毒物又は劇物の名称、成分及びその含量並びに事故の際に講じなければならない応急の措置の内容を記載した書面を備えた。

B 0.3メートル平方の板に地を白色、文字を黒色として「劇」と表示した標識を車両の前後の見やすい箇所に掲げた。

C 1人の運転者による連続運転時間(1回が連続10分以上で、かつ、合計が30分以上の運転の中断をすることなく連続して運転する時間)が、4時間30分であるため、交替して運転する者を同乗させなかった。

D 車両には、防毒マスク、ゴム手袋その他事故の際に応急の措置を講ずるために必要な保護具を1人分備えた。

	A	B	C	D
1	正	誤	誤	誤
2	正	誤	正	誤
3	誤	正	誤	正
4	正	正	正	誤

(14) 荷送人が、運送人に1500kgの劇物の運搬を委託する場合の、法施行令第40条の6の規定に基づく荷送人の通知義務に関する次の記述の正誤について、正しい組合せはどれか。

A 車両ではなく、鉄道による運搬であったため、通知しなかった。

B 車両による運送距離が100km以内であったため、通知しなかった。

C 運送人の承諾を得て、書面の交付に代えて、口頭で通知した。

D 運送人の承諾を得て、書面の交付に代えて、磁気ディスクの交付により通知した。

	A	B	C	D
1	正	正	正	誤
2	正	誤	正	誤
3	誤	正	誤	正
4	誤	誤	誤	正

(15) 毒物劇物営業者が毒物又は劇物を販売する際の行為に関する次の記述の正誤について、正しい組合せはどれか。

A　譲受人の年齢が17歳であることを身分証明書により確認できたため、毒物を交付した。

B　法人たる毒物劇物営業者に劇物を販売した際、その都度、劇物の名称及び数量、販売又は授与の年月日、譲受人の名称及び主たる事務所の所在地を書面に記載した。

C　販売した日から３年が経過したため、譲受人から提出を受けた法で定められた事項を記載した書面を廃棄した。

D　毒物劇物営業者以外の個人に劇物を販売する際、譲受人から提出を受けた法で定められた事項を記載した書面に譲受人による押印がなかったが、自署されていたので、劇物を販売した。

	A	B	C	D
1	正	誤	正	誤
2	誤	正	正	誤
3	誤	正	誤	誤
4	正	誤	誤	正

【問４】　次は、毒物劇物営業者又は劇物劇物業務上取扱者である「ア」～「エ」の４者に関する記述である。毒物及び劇物取締法、同法施行令及び同法施行規則の規定に照らし、(16) ～ (20) の問に答えなさい。

ただし、「ア」、「イ」、「ウ」、「エ」は、それぞれ別人又は別法人であるものとする。

「ア」：毒物劇物輸入業者
水酸化ナトリウムを輸入できる登録のみを受けている事業者である。

「イ」：毒物劇物製造業者
48％水酸化ナトリウム水溶液を製造できる登録のみを受けている事業者である。

「ウ」：毒物劇物一般販売業者
毒物及び劇物を販売できる登録のみを受けている事業者である。

「エ」：毒物劇物業務上取扱者
研究所において、水酸化ナトリウム及び48％水酸化ナトリウム水溶液を研究のために使用している事業者である。ただし、毒物劇物営業者ではない。

(16)「ア」、「イ」、「ウ」、「エ」間の販売等に関する次の記述の正誤について、正しい組合せはどれか。

A 「ア」は自ら輸入した水酸化ナトリウムを「イ」に販売することができる。

B 「ア」は自ら輸入した水酸化ナトリウムを「ウ」に販売することができる。

C 「イ」は自ら製造した48％水酸化ナトリウム水溶液を「エ」に販売することができる。

D 「ウ」は水酸化ナトリウムを「エ」に販売することができる。

	A	B	C	D
1	正	誤	正	誤
2	誤	正	正	誤
3	正	正	誤	正
4	誤	誤	正	誤

(17)「ア」は、登録を受けている営業所において、新たに48％水酸化ナトリウム水溶液を輸入し、「ウ」へ販売することになった。「ア」が行わなければならない手続として、正しいものはどれか。

1 原体である水酸化ナトリウムの輸入の登録を受けているため、法的手続きは必要ない。

2 製剤である48％水酸化ナトリウム水溶液を輸入する前に、輸入品目の変更を届け出なければならない。

3 製剤である48％水酸化ナトリウム水溶液を輸入した後、その販売を始める前に、輸入品目の登録の変更を受けなければならない。

4 製剤である48％水酸化ナトリウム水溶液を輸入する前に、輸入品目の登録の変更を受けなければならない。

(18)「イ」は、個人で48%水酸化ナトリウム水溶液の製造を行う毒物劇物製造業の登録を受けているが、今回「株式会社Y」という法人を設立し、「株式会社Y」として48%水酸化ナトリウム水溶液の製造を行うこととなった。この場合に必要となる手続に関する記述について、正しいものはどれか。

1「株式会社Y」は、「イ」の事業者の毒物劇物製造業の登録更新時に氏名の変更届を提出しなければならない。

2「株式会社Y」は、48%水酸化ナトリウム水溶液を製造する前に、新たに毒物劇物製造業の登録を受けなければならない。

3「イ」の事業者は、「株式会社Y」の法人設立前に、氏名の変更届を提出しなければならない。

4「株式会社Y」は、法人設立後30日以内に、氏名の変更届を提出しなければならない。

(19)「ウ」は、東京都中野区にある店舗において毒物劇物一般販売業の登録を受けている。今回、この店舗を廃止して、東京都練馬区に新たに設ける店舗に移転し、引き続き毒物劇物一般販売業を営むこととなった。この場合に必要な手続きに関する次のA～Dの記述の正誤について、正しい組合せはどれか。

A 練馬区内の店舗に移転した後、30日以内に、店舗の所在地の変更届を提出しなければならない。

B 練馬区内の店舗で業務を始める前に、毒物劇物一般販売業の登録を新たに受けなければならない。

C 練馬区内の店舗で業務を始める前に、登録票の店舗所在地の書換え交付の申請をしなければならない。

D 中野区内の店舗を廃止した後、30日以内に、廃止届を提出しなければならない。

	A	B	C	D
1	正	正	誤	誤
2	正	誤	正	誤
3	誤	正	誤	正
4	誤	誤	正	正

(20)「エ」に関する次の記述の正誤について、正しい組合せはどれか。

A 飲食物の容器として通常使用される物を、48%水酸化ナトリウム水溶液の保管容器として使用した。

B 48%水酸化ナトリウム水溶液の保管場所に、「医薬用外」の文字及び「劇物」の文字を表示しなければならない。

C 新たにクロロホルムを使用する際に、取扱品目の変更届を提出する必要はない。

D 研究所閉鎖時は、毒物劇物業務上取扱者の廃止届を提出しなければならない。

	A	B	C	D
1	誤	正	正	誤
2	正	誤	誤	正
3	誤	正	正	正
4	正	誤	正	誤

[基礎化学]

【問 5】 次の(21)～(25)の問に答えなさい。

(21) 酸、塩基および中和に関する次の記述の正誤について、正しい組合せはどれか。

A 1価の酸を弱酸、2価以上の酸を強酸という。

B 酸性の水溶液中には、水酸化物イオンは存在しない。

C アレニウスの定義による塩基とは、水に溶けて水酸化物イオンを生じる物質である。

D 中和反応において、中和点における水溶液は常に中性を示す。

	A	B	C	D
1	正	正	誤	誤
2	正	誤	正	正
3	誤	正	誤	正
4	誤	誤	正	誤

(22) 0.01mol/Lの水酸化カリウム水溶液のpHとして、正しいものはどれか。
ただし、水酸化カリウムの電離度は1、水溶液の温度は25℃とする。
また、25℃における水のイオン積 $[H^+][OH^-] = 1.0 \times 10^{-14} (mol/L)^2$ とする。

1 pH 2　　2 pH 3　　3 pH 12　　4 pH 13

(23) 濃度未知の酢酸水溶液 20mL を、0.10mol/L の水酸化ナトリウム水溶液を用いて中和滴定を行った。この実験に使用する pH 指示薬と滴定前後における溶液の色の変化の組合せとして正しいものはどれか。

	［用いる pH 指示薬］	［滴定前後における溶液の色の変化］
1	フェノールフタレイン	無色から赤色
2	フェノールフタレイン	赤色から黄色
3	メチルオレンジ	赤色から黄色
4	メチルオレンジ	青色から赤色

(24) 次の物質のうち、1 価の塩基はどれか。正しいものの組合せを選びなさい。

A　KOH

B　CH_3COOH

C　CH_3OH

D　NH_3

1　A、B　　2　A、D　　3　B、C　　4　C、D

(25) 0.40mol/L の水酸化ナトリウム水溶液 150mL を過不足なく中和するのに必要な 0.30mol/L の硫酸の量（mL）として、正しいものはどれか。

1　10mL　　2　100mL　　3　150mL　　4　200mL

【問 6】 次の（26）～（30）の問に答えなさい。

(26) 次の化学式の下線部分の原子の酸化数として、正しい組合せはどれか。

A　$\underline{S}O_4^{2-}$　　B　$\underline{H}_2$　　C　$H\underline{Cl}O_4$

	A	B	C
1	＋6	0	＋7
2	−10	＋2	＋3
3	＋6	＋2	＋7
4	−10	0	＋3

(27) 水 200g に水酸化カルシウムを溶かして、質量パーセント濃度 20％の水溶液をつくった。このとき水に溶かした水酸化カルシウムの質量（g）として、正しいものはどれか。

1　12.5g　　2　25.0g　　3　40.0g　　4　50.0g

(28) エタン C_2H_6 9.0g を完全燃焼させた。このとき、生成する二酸化炭素の標準状態における体積（L）として、正しいものはどれか。
ただし、エタンが燃焼するときの化学反応式は次の通りであり、原子量は、水素＝1、炭素＝12 とし、標準状態で 1mol の気体の体積は 22.4L とする。
$2\,C_2H_6 + 7\,O_2 \longrightarrow 4\,CO_2 + 6\,H_2O$
1 6.72L　**2** 13.44L　**3** 20.16L　**4** 26.88L

(29) 8.0g の水酸化ナトリウムを溶かして、500mL の水溶液をつくった。この水溶液のモル濃度（mol/L）として、正しいものはどれか。
ただし、原子量は、水素＝1、酸素＝16、ナトリウム＝23 とする。
1 0.02mol/L　**2** 0.04mol/L　**3** 0.20mol/L　**4** 0.40mol/L

(30) 次の化学反応式は、酸化銅（II）と炭素が反応し、銅と二酸化炭素を生成する反応を表したものである。この反応に関する記述のうち、正しいものはどれか。
$2\,CuO + C \rightarrow 2\,Cu + CO_2$
1 この反応により、銅は電子を失っている。
2 この反応で、炭素原子は還元剤として働いている。
3 この反応により、銅は酸化されている。
4 この反応の前後で、銅の酸化数は 0 から＋2 に増加している。

【問 7】 次の（31）～（35）の問に答えなさい。

(31) 次の元素とその炎色反応の色との組合せの正誤について、正しい組合せはどれか。

	［元素］	［炎色反応の色］
A	カルシウム	青
B	ストロンチウム	深赤
C	ナトリウム	赤
D	銅	青緑

	A	B	C	D
1	正	正	誤	誤
2	正	誤	正	正
3	誤	正	誤	正
4	誤	誤	正	誤

(32) 元素の周期表に関する次の記述の正誤について、正しい組合せはどれか。

A　フッ素や塩素などの17族元素はハロゲンと呼ばれており、金属元素である。

B　1族元素は、1価の陽イオンになりやすい。

C　3～11族の元素は遷移元素と呼ばれ、すべてが金属元素である。

D　希ガスと呼ばれる18族の元素の原子が有する価電子の数は0である。

	A	B	C	D
1	誤	正	正	正
2	正	誤	正	誤
3	誤	誤	正	正
4	正	誤	誤	正

(33) 物質とその構造に含まれる官能基との組合せとして、正しいものはどれか。

	［物質］	［官能基］
1	ベンゼンスルホン酸	$-SO_3H$
2	エタノール	$-NO_2$
3	酢酸	$-OH$
4	ジエチルエーテル	$-COOH$

(34) 次の記述の正誤について、正しい組合せはどれか。

A　同じ元素の同素体は、その原子の配列や結合は異なるが、化学的性質は同等である。

B　同じ元素の同位体は、中性子の数が異なるが、化学的性質は同等である。

C　希ガスと呼ばれる18族の元素の価電子の数は0である。

D　アルミニウムは、遷移元素である。

	A	B	C	D
1	正	正	誤	正
2	誤	誤	正	誤
3	誤	正	正	誤
4	正	誤	誤	正

(35) 次の記述の（A）～（D）にあてはまる字句について、正しい組合せはどれか。

一般に、物質には気体、液体、固体の３つの状態（物質の三態）があり、これらの三態間で物質の状態が変化することを状態変化という。

気体が直接固体に変わることを（　A　）という。液体が気体に変わることを（　B　）という。固体が液体に変わることを（　C　）という。

状態変化のように、物質の種類は変わらず状態だけが変わる変化を（　D　）変化という。

	A	B	C	D
1	凝固	蒸発	凝縮	化学
2	昇華	昇華	凝縮	化学
3	凝固	昇華	融解	物理
4	昇華	蒸発	融解	物理

[毒物及び劇物の性質及び貯蔵その他取扱方法]

【問８】 次は、四塩化炭素の安全データシートの一部である。(36)～(40) の問に答えなさい。

安全データシート（SDS）

［製品名］ 四塩化炭素

［組成及び成分情報］ 化学名　：四塩化炭素

別名　：テトラクロルメタン

化学式（示性式）：［　①　］

CAS 番号　：56−23−5

［取扱い及び保管上の注意］［　②　］

［物理的及び化学的性質］ 外観等：［　③　］

臭い　：特異臭

溶解性：水に［　④　］

［安定性及び反応性］［　⑤　］

［廃棄上の注意］［　⑥　］

(36) ［　①　］にあてはまる化学式として、正しいものはどれか。

1 CCl_4　　2 C_6H_6O　　3 $CHCl_3$　　4 CH_3Br

(37) ［　②　］にあてはまる「取扱い及び保管上の注意」に関する次のA～Cの記述の正誤について、正しい組合せはどれか。

A　直射日光を避け、地下室などの冷暗所に保管する。

B　可燃性のため、火気に注意して保管する。

C　酸化剤と接触させないようにする。

	A	B	C
1	誤	正	正
2	正	誤	正
3	誤	誤	正
4	正	誤	誤

(38) ［　③　］、［　④　］にあてはまる「物理的及び化学的性質」として、正しい組合せはどれか。

	③	④
1	固体	易溶
2	液体	易溶
3	固体	難溶
4	液体	難溶

(39) ［　⑤　］にあてはまる「安定性及び反応性」として、正しいものはどれか。

1　加熱分解によって、一酸化炭素ガスを発生する。

2　アルミニウム、マグネシウム、亜鉛等の金属と反応し、火災や爆発の危険をもたらす。

3　加熱分解によって、硫黄酸化物ガスを発生する。

4　加熱分解によって、窒素酸化物ガスを発生する。

(40) ［　⑥　］にあてはまる「廃棄上の注意」として、正しいものはどれか。

1　過剰の可燃性溶剤または重油とともにアフターバーナーおよびスクラバーを具備した焼却炉の火室へ噴霧してできるだけ高温で焼却する。

2　硅藻土等に吸収させて、開放型の焼却炉で、少量ずつ焼却する。または焼却炉の火室へ噴霧し焼却する。

3　水に溶かし、硫化ナトリウムの水溶液を加えて沈殿させ、濾過して埋立処分する。

4　ナトリウム塩とした後、活性汚泥で処理する。

【問9】 次の（41）～（45）の問に答えなさい。

(41) ピクリン酸に関する次の記述の正誤について、正しい組合せはどれか。

A 無色の液体で、爆発性がある。

B 保管時は金属との接触を避ける。

C 除草剤として用いられる。

	A	B	C
1	正	正	誤
2	正	誤	正
3	誤	正	誤
4	誤	誤	正

(42) 沃素に関する次の記述の正誤について、正しい組合せはどれか。

A 無臭である。

B 黒灰色または黒紫色の結晶で、金属光沢がある。

C 熱すると紫色の蒸気を発生し、冷やすと再び結晶に戻る。

	A	B	C
1	正	正	誤
2	正	誤	正
3	誤	正	正
4	誤	誤	正

(43) 水銀に関する次の記述の正誤について、正しい組合せはどれか。

A 銀白色の金属で、固体である。

B 気圧計に使用される。

C 水と激しく反応する。

	A	B	C
1	正	正	正
2	正	誤	誤
3	誤	正	正
4	誤	正	誤

(44) クロルスルホン酸に関する次の記述の正誤について、正しい組合せはどれか。

A 刺激臭がある。

B 無色または淡黄色の発煙性の液体である。

C 毒物に指定されている。

	A	B	C
1	正	正	誤
2	正	誤	正
3	誤	正	誤
4	誤	誤	正

(45) 硫酸に関する次のＡ～Ｃの記述の正誤について、正しい組合せはどれか。

A　水と接触して激しく発熱する。
B　無臭で無色透明の油状の液体である。
C　5%以下を含有する製剤は劇物から除かれている。

	A	B	C
1	正	正	誤
2	正	誤	正
3	誤	正	誤
4	誤	誤	正

【問 10】 次の（46）～（50）の問に答えなさい。

(46) 次の記述の①～③にあてはまる字句として、正しい組合せはどれか。

> クレゾールは（　①　）種の異性体があり、工業的にはこれらの混合物を指す。化学式は（　②　）である。廃棄方法としては（　③　）が最も適切である。

	①	②	③
1	3	$CH_3COOC_2H_5$	還元法
2	4	$CH_3COOC_2H_5$	燃焼法
3	4	$CH_3(C_6H_4)OH$	還元法
4	3	$CH_3(C_6H_4)OH$	燃焼法

(47) 次の記述の①～③にあてはまる字句として、正しい組合せはどれか。

> 二硫化炭素は、純品は無色透明の麻酔性芳香を有する液体である。非常に揮発しやすく、（　①　）が高い。比重は水より（　②　）。（　③　）に用いられる。

	①	②	③
1	腐食性	大きい	ゴム製品の接合
2	腐食性	小さい	消毒・殺菌
3	引火性	大きい	ゴム製品の接合
4	引火性	小さい	消毒・殺菌

(48) 次の記述の①～③にあてはまる字句として、正しい組合せはどれか。

ニコチンは、無色の（　①　）である。光および空気により分解し、褐色に変化する。水に（　②　）。毒物及び劇物取締法により（　③　）に指定されている。

	①	②	③
1	固体	難溶	劇物
2	油状液体	易溶	毒物
3	油状液体	難溶	劇物
4	固体	易溶	毒物

(49) 次の記述の①～③にあてはまる字句として、正しい組合せはどれか。

燐化水素は、無色の（　①　）で、（　②　）の臭いがある。（　③　）とも呼ばれる。

	①	②	③
1	気体	腐ったキャベツ様	ホスフィン
2	液体	腐ったキャベツ様	メチルジメトン
3	気体	腐った魚	ホスフィン
4	液体	腐った魚	メチルジメトン

(50) 次の記述の①～③にあてはまる字句として、正しい組合せはどれか。

黄燐は、白色または淡黄色の（　①　）である。ニンニク臭がある。（　②　）に溶けやすい。廃棄方法としては（　③　）が最も適切である。

	①	②	③
1	気体	ベンゼン	還元法
2	ロウ様の固体	ベンゼン	燃焼法
3	気体	水	燃焼法
4	ロウ様の固体	水	還元法

実　地

[毒物及び劇物の識別及び取扱方法]

【問 11】 次の（51）〜（55）の毒物又は劇物の性状等に関する記述のうち、正しいものはどれか。

（51）アニリン

1 白色の固体である。空気に触れると、水分を吸収して潮解する。

2 純品は、無色透明な油状の液体で特有の臭気がある。空気に触れて赤褐色を呈する。

3 橙赤色の固体である。酸化剤として用いられる。

4 無色の固体である。水にきわめて溶けやすい。

（52）キシレン

1 白色の固体である。染料の原料として用いられる。

2 無色または白色の固体である。爆発物の製造に用いられる。

3 無色の液体である。高純度合成シリカ原料として用いられる。

4 無色透明の液体である。溶剤として用いられる。

（53）ナトリウム

1 銀白色の固体である。水との接触で爆発的に反応する。

2 赤または黄色の結晶である。熱あるいは衝撃により爆発する。

3 無色の油状の液体である。空気中で発煙する。

4 暗赤色の針状結晶である。強い酸化作用を有する。

（54）一酸化鉛

1 白色の結晶性固体である。メトミルとも呼ばれる。

2 黄色から赤色の固体である。リサージとも呼ばれる。

3 淡黄褐色または微黄色の液体である。イソキサチオンとも呼ばれる。

4 無色の液体である。ダイアジノンとも呼ばれる。

（55）三塩化アンチモン

1 可燃性のある無色の気体である。化学式は $(CH_2)_2O$ である。

2 赤褐色の粉末である。化学式は Ag_2CrO_4 である。

3 無色から淡黄色の固体であり、強い潮解性がある。化学式は $SbCl_3$ である。

4　無色の液体で刺激臭がある。化学式は PCl_3 である。

【問 12】 次の（56）～（60）の毒物又は劇物の性状等に関する記述のうち、正しいものはどれか。

（56）エチレンオキシド

1　無色の気体である。殺菌剤として用いられる。

2　無色の液体である。コーティング加工用樹脂の原料として用いられる。

3　昇華性を有する無色の固体である。木や藁（わら）の漂白剤として用いられる。

4　白色の固体である。殺鼠剤として用いられる。

（57）塩基性炭酸銅

1　無色または白色の結晶である。水溶液はガラスを腐食する。

2　揮発性のある無色の液体である。アルコール、エーテルに溶ける。

3　緑色の結晶性粉末である。酸、アンモニア水には溶けやすいが、水にはほとんど溶けない。

4　橙黄色の結晶である。水によく溶ける。

（58）燐化水素

1　白色の結晶である。カルバリルとも呼ばれる。

2　無色の気体で腐った魚の臭いがある。ホスフィンとも呼ばれる。

3　淡黄色の固体である。ジクワットとも呼ばれる。

4　無色の揮発性液体である。トリクロロメタンとも呼ばれる。

（59）ニトロベンゼン

1　茶褐色の粉末である。電池の製造に用いられる。

2　金属光沢をもつ銀白色の軟らかい固体である。試薬として用いられる。

3　無色または微黄色の吸湿性の液体である。純アニリンの製造原料として用いられる。

4　魚臭様の臭気のある気体である。界面活性剤の原料として用いられる。

（60）メチルメルカプタン

1　酢酸臭を有する白色の粉末である。殺鼠剤として用いられる。

2　黒紫色の固体である。殺菌剤として用いられる。

3　刺激臭を有する赤褐色の液体である。化学合成繊維の難燃剤として用いられる。

4　腐ったキャベツ様の臭気のある無色の気体である。付臭剤として用いられる。

【問 13】 4つの容器にA～Dの物質が入っている。それぞれの物質は、重クロム酸カリウム、水素化砒素、ナトリウム、ブロムメチルのいずれかであり、それぞれの物質は次の表の通りである。(61)～(65)の問に答えなさい。

物質	性　状　等
A	無色の気体。わずかに甘いクロロホルム様の臭いを有する。
B	銀白色の光沢を有する金属。常温では軟らかい固体。
C	無色のニンニク臭を有する気体であり、可燃性がある。
D	橙赤色の柱状結晶。水に溶けやすく、アルコールに溶けない。

(61) A～Dにあてはまる物質について、正しい組合せはどれか。

	A	B	C	D
1	ブロムメチル	重クロム酸カリウム	水素化砒素	ナトリウム
2	ブロムメチル	ナトリウム	水素化砒素	重クロム酸カリウム
3	水素化砒素	重クロム酸カリウム	ブロムメチル	ナトリウム
4	水素化砒素	ナトリウム	ブロムメチル	重クロム酸カリウム

(62) 物質Aの化学式として、正しいものはどれか。

1　CH_3Br　　2　$K_2Cr_2O_7$　　3　AsH_3　　4　C_2H_5Br

(63) 物質Bの保管方法として、最も適切なものはどれか。

1　潮解性があるため、乾燥した冷所に密栓して貯蔵する。

2　常温では気体のため、圧縮冷却して液化し、圧縮容器に入れ保管する。

3　水分と激しく反応するため、通常、石油中に保管する。

4　急熱や衝撃により爆発することがあるため、水中に沈めて保管する。

(64) 物質Dの廃棄方法として、最も適切なものはどれか。

1　沈殿法　　2　燃焼法　　3　還元焙焼法　　4　中和法

(65) 物質A～Dに関する毒物及び劇物取締法上の規制区分について、正しいものはどれか。

1 物質Aは毒物、物質B、C、Dは劇物である。
2 物質Cは毒物、物質A、B、Dは劇物である。
3 物質Dは毒物、物質A、B、Cは劇物である。
4 物質A、B、C、Dはすべて劇物である。

【問14】 あなたの店舗ではメタノールを取り扱っています。次の（66）～（70）の問に答えなさい。

(66)「性状や規制区分について教えてください。」という質問を受けました。次の質問に対する回答について、正誤の組合せとして正しいものはどれか。

A 無色で特異な香気がある液体です。
B 不燃性です。
C 劇物に指定されています。

	A	B	C
1	正	正	正
2	正	誤	正
3	誤	正	誤
4	誤	誤	誤

(67)「人体に対する影響や応急措置について教えてください。」という質問を受けました。次の質問に対する回答について、正誤の組合せとして正しいものはどれか。

A 吸入すると、頭痛、めまいを起こすことがあります。
B 眼に入った場合、直ちに多量の水で15分間以上洗い流してください。
C 皮膚に触れた場合、皮膚の炎症を起こすことがあります。

	A	B	C
1	正	正	正
2	正	誤	正
3	誤	正	誤
4	誤	誤	誤

(68)「取扱いの注意事項について教えてください。」という質問を受けました。次の質問に対する回答について、正誤の組合せとして正しいものはどれか。

A 揮発性のため、密閉して冷暗所に保管してください。
B 引火しやすいので、着火源には近づけないでください。
C 火災の危険性があるため、酸化剤と接触させないでください。

	A	B	C
1	正	正	正
2	正	誤	正
3	誤	正	誤
4	誤	誤	誤

(69)「性質について教えてください。」という質問を受けました。次の質問に対する回答について、正誤の組合せとして正しいものはどれか。

A　あらかじめ熱灼した酸化銅を加えると、ホルムアルデヒドが生じます。

B　揮発性で、その蒸気は空気より軽いです。

C　比重は１より小さく、水より軽いです。

	A	B	C
1	正	正	正
2	正	誤	正
3	誤	正	誤
4	誤	誤	誤

(70)「廃棄方法について教えてください。」という質問を受けました。質問に対する回答として、最も適切なものはどれか。

1　多量の水で希釈して処理します。

2　硅藻土等に吸収させて、開放型の焼却炉で少量ずつ焼却します。

3　セメントを用いて固化し、埋立処分します。

4　ナトリウム塩とした後、活性汚泥で処理します。

【問 15】 4つの容器にA～Dの物質が入っている。それぞれの物質は、塩素酸ナトリウム、黄燐、クロルピクリン、水酸化カリウムのいずれかであり、それぞれの物質は次の表の通りである。(71)～(75)の問に答えなさい。

物質	性　状　等
A	白色または淡黄色のロウ様の固体。ニンニク臭を有する。
B	無色から白色の結晶。水に溶けやすい。
C	無色透明または淡黄色の油状の液体。催涙性。水にほとんど溶けない。
D	白色の固体。空気中の二酸化炭素、水分を吸収し潮解する。

(71) A～Dにあてはまる物質について、正しい組合せはどれか。

	A	B	C	D
1	クロルピクリン	塩素酸ナトリウム	黄燐	水酸化カリウム
2	黄燐	塩素酸ナトリウム	クロルピクリン	水酸化カリウム
3	クロルピクリン	水酸化カリウム	黄燐	塩素酸ナトリウム
4	黄燐	水酸化カリウム	クロルピクリン	塩素酸ナトリウム

(72) 物質Aを含有する製剤の主な用途として、正しいものはどれか。

1 試薬　**2** 除草剤　**3** 土壌燻蒸剤　**4** 殺鼠剤

(73) 物質Bの廃棄方法として、最も適切なものはどれか。

1 還元剤の水溶液に希硫酸を加えて酸性にし、この中に少量ずつ投入する。反応終了後、反応液を中和し、多量の水で希釈して処理する。

2 水に溶かし、食塩水を加えて塩化銀を沈殿濾過する。

3 水を加え希薄な水溶液とし、酸で中和させた後、多量の水で希釈し処理する。

4 そのまま再利用するため蒸留する。

(74) 物質Cの化学式として、正しいものはどれか。

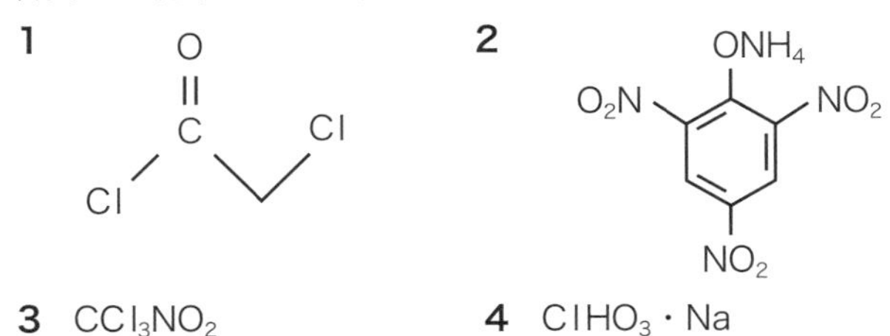

3 CCl_3NO_2　**4** $ClHO_3 \cdot Na$

(75) 物質A～Dに関する毒物及び劇物取締法上の規制区分について、正しいものはどれか。

1 物質Aは毒物、物質B、C、Dは劇物である。

2 物質Bは毒物、物質A、C、Dは劇物である。

3 物質Cは毒物、物質A、B、Dは劇物である。

4 物質A、B、C、Dはすべて劇物である。

予想模試　問題［第２回］

パターンＢ　<関西広域連合型>　問題数：50問（試験時間：２時間）

解答用紙→本冊 p.292

筆　記

［毒物及び劇物に関する法規］

【問１】　次の記述は法の条文の一部である。次の(A)～(E)の字句(下記の＿＿部分)のうち、正しい記述の数を次の１～５から１つ選べ。

（目的）法第１条

この法律は、毒物及び劇物について、(A) 危険防止上の見地から (B) 必要な規制を行うことを目的とする。

（定義）法第２条

この法律で「毒物」とは、別表第一に掲げる物であって、(C) 医薬品及び (D) 医療機器以外のものをいう。

この法律で「特定毒物」とは、(E) 毒薬であって、別表第三に掲げるものをいう。

１　１個　　**２**　２個　　**３**　３個　　**４**　４個　　**５**　５個

【問２】　次の記述は法の条文の一部である。(　　) の中に入れるべき字句として、正しい組合せはどれか。

法第３条の２第９項

毒物劇物営業者又は特定毒物研究者は、保健衛生上の危害を防止するため政令で特定毒物について (　A　)、(　B　) 又は (　C　) の基準が定められたときは、当該特定毒物については、その基準に適合するものでなければ、これを特定毒物使用者に譲り渡してはならない。

	A	B	C
1	品質	使用	応急措置
2	品質	着色	表示
3	安全	着色	表示
4	安全	使用	廃棄
5	品質	着色	廃棄

【問３】　次の製剤のうち、劇物に該当するものの正しい組合せはどれか。

Ａ　塩化第一水銀を含有する製剤　　**Ｂ**　二硫化炭素を含有する製剤

Ｃ　シアン化水素を含有する製剤　　**Ｄ**　弗化水素を含有する製剤

1（A、B）　2（A、C）　3（A、D）　4（B、D）　5（C、D）

【問4】 施行令第32条の3に規定されている「発火性又は爆発性のある劇物」について、次のA～Eのうち該当するものはいくつあるか。正しいものを1～5から1つ選べ。

A　ピクリン酸　B　ナトリウム　C　塩素酸塩類を30%含有する製剤
D　亜塩素酸ナトリウムを30%含有する製剤　E　塩素酸塩類

1　1つ　2　2つ　3　3つ　4　4つ　5　5つ

【問5】 毒物又は劇物の営業に関する次の記述の正誤について、正しい組合せはどれか。

A　毒物又は劇物の製造業の登録は都道府県知事が行う。
B　毒物又は劇物の輸入業の登録を受けようとする者は、本社の所在地の都道府県知事に申請書を提出する。
C　製造業又は輸入業の登録は6年ごと、販売業の登録は5年ごとに更新を受けなければ、その効力を失う。

	A	B	C
1	正	正	正
2	正	誤	誤
3	誤	誤	正
4	誤	正	誤
5	正	誤	正

【問6】 毒物劇物販売業の販売品目に関する次の記述の正誤について、正しい組合せはどれか。

A　農業用品目販売業の登録を受けた者は、農業上必要な毒物又は劇物のすべてを販売することができる。
B　一般販売業の登録を受けた者は、特定毒物を販売することができる。
C　特定品目販売業の登録を受けた者は、特定毒物を販売することができる。

	A	B	C
1	正	正	正
2	正	誤	誤
3	誤	誤	正
4	誤	正	誤
5	正	誤	正

【問7】 毒物又は劇物販売業の店舗の設備に関する次の記述の正誤について、正しい組合せはどれか。

A 毒物又は劇物の貯蔵設備は、毒物又は劇物とその他の物とを区分して貯蔵できるものであること。

B 毒物又は劇物を陳列する場所にかぎをかける設備は必要ない。

C 毒物又は劇物の運搬用具は、毒物又は劇物が飛散し、漏れ、又はしみ出るおそれがないものであること。

	A	B	C
1	正	正	正
2	正	誤	誤
3	誤	誤	正
4	誤	正	誤
5	正	誤	正

【問8】 毒物劇物輸入業者は、当該営業所に置いた専任の毒物劇物取扱責任者を変更したとき、いつまでに、その営業所の所在地の都道府県知事に、その毒物劇物取扱責任者の氏名を届け出なければならないか。正しいものはどれか。

1 10日以内　　2 15日以内　　3 20日以内
4 30日以内　　5 届出は不要

【問9】 施行令第32条の2に規定されている「興奮、幻覚又は麻酔の作用を有する物」について、該当するものの正しい組合せはどれか。

A 酢酸エチル　　B メタノール
C トルエン　　D 酢酸エチルを含有する塗料

1（A、B）　2（A、C）　3（A、D）　4（B、C）　5（C、D）

【問10】 次の記述は法の条文の一部である。（　）の中に入れるべき字句として、正しい組合せはどれか。

法第8条第1項

次の各号に掲げる者でなければ、前条の毒物劇物取扱責任者となることができない。

一 （ A ）

二 厚生労働省令で定める学校で、（ B ）に関する学課を修了した者

三 （ C ）が行う毒物劇物取扱者試験に合格した者

	A	B	C
1	薬剤師	応用化学	都道府県知事
2	医師	物理学	厚生労働大臣
3	医師	応用化学	都道府県知事
4	薬剤師	応用化学	厚生労働大臣
5	薬剤師	物理学	都道府県知事

【問 11】 毒物又は劇物の取扱いに関する次の記述の正誤について、正しい組合せはどれか。

A 毒物劇物営業者は、毒物又は劇物が盗難にあい、又は紛失することを防ぐのに必要な措置を講じなければならない。

B 毒物劇物営業者は、毒物を貯蔵し、又は陳列する場所に、「医薬用外」の文字及び「毒物」の文字を表示しなければならない。

C 特定毒物研究者は、研究所の外において毒物若しくは劇物を運搬する場合には、これらの物が飛散し、漏れ、流れ出、又はしみ出ることを防ぐのに必要な措置を講じなければならない。

	A	B	C
1	正	正	正
2	正	誤	誤
3	誤	誤	正
4	誤	正	誤
5	正	誤	正

【問 12】 次の記述は法の条文の一部である。(　　) の中に入れるべき字句として、正しい組合せはどれか。

法第 11 条第 4 項

毒物劇物営業者及び特定毒物研究者は、毒物又は厚生労働省令で定める劇物については、その容器として、(A) の容器として通常使用される物を使用してはならない。

法施行規則第 11 条の 4

法第 11 条第 4 項に規定する劇物は、(B) とする。

	A	B
1	危険物	無機シアン化合物
2	飲食物	無機シアン化合物
3	飲食物	すべての劇物
4	飲食物	液体状の劇物
5	危険物	すべての劇物

【問 13】 毒物劇物営業者が行う毒物又は劇物の表示に関する次の記述の正誤について、正しい組合せはどれか。

A 毒物又は劇物の容器及び被包に、「医薬用外」の文字を表示する。

B 特定毒物の容器及び被包に、赤地に白色をもって「特定毒物」の文字を表示する。

C 劇物の容器及び被包に、白地に赤色をもって「劇物」の文字を表示する。

	A	B	C
1	正	正	正
2	正	誤	誤
3	誤	誤	正
4	誤	正	誤
5	正	誤	正

【問 14】 毒物劇物製造業者が、毒物又は劇物の容器及び被包に表示しなければ販売または授与できない事項について、次のうち該当するものはいくつあるか。正しいものを１～５から１つ選べ。

A 毒物又は劇物の名称

B 毒物又は劇物の使用期限

C 毒物又は劇物の製造番号

D 毒物又は劇物の製造業者の氏名及び住所（法人にあっては、その名称及び主たる事務所の所在地）

E 厚生労働省令で定める解毒剤の名称（製造する品目が有機燐化合物及びこれを含有する製剤たる毒物及び劇物の場合）

1 1つ　**2** 2つ　**3** 3つ　**4** 4つ　**5** 5つ

【問 15】 毒物劇物営業者が、毒物又は劇物を毒物劇物営業者以外の者に販売するとき、その譲受人から提出を受けなければならない書面に関する次の記述の正誤について、正しい組合せはどれか。

A 毒物又は劇物の使用目的が記載されていなければならない。

B 書面は、譲受人が押印した書面でなければならない。

C 譲受人の氏名、年齢、電話番号が記載されていなければならない。

D 毒物劇物営業者は、販売の日から5年間、当該書面を保存しなければならない。

	A	B	C	D
1	正	誤	正	誤
2	誤	正	誤	正
3	正	誤	正	正
4	正	正	誤	誤
5	誤	誤	正	正

【問 16】 次の記述は法の条文の一部である。（　　）の中に入れるべき字句として、正しい組合せはどれか。

法第15条第1項

毒物劇物営業者は、毒物又は劇物を次に掲げる者に交付してはならない。

一 （ A ）歳未満の者

二 心身の障害により毒物又は劇物による保健衛生上の危害の防止の措置を適正に行うことができない者として厚生労働省令で定めるもの

三 麻薬、（ B ）、あへん又は（ C ）の中毒者

	A	B	C
1	17	シンナー	向精神薬
2	17	大麻	覚せい剤
3	18	シンナー	アルコール
4	18	大麻	覚せい剤
5	20	大麻	覚せい剤

【問 17】 次の記述は法の条文の一部である。（　　）の中に入れるべき字句として、正しい組合せはどれか。

（廃棄の方法）法施行令第40条第1項第一号、第三号

一 中和、（ A ）、酸化、還元、（ B ）その他の方法により、毒物及び劇物並びに法第11条第2項に規定する政令で定める物のいずれにも該当しない物とすること。

二　(省略)

三　可燃性の毒物又は劇物は、保健衛生上危害を生ずるおそれがない場所で、少量ずつ（　C　）させること。

	A	B	C
1	加水分解	稀釈	燃焼
2	加水分解	濃縮	溶解
3	加水分解	冷却	溶解
4	電気分解	稀釈	燃焼
5	電気分解	濃縮	溶解

【問 18】 毒物を車両を使用して運搬する場合で、当該運搬を他に委託し、その 1 回の運搬量が 1000kg を超えるとき、その荷送人が、運送人に対し、あらかじめ通知しなければならない事項として、該当するものの正しい組合せはどれか。

A　運搬する毒物の名称

B　運搬する毒物の成分及び含量並びに数量

C　運搬する毒物の用途

D　事故の際に講じなければならない応急の措置の内容

E　毒物の運搬の委託を行った年月日

1（A、B、C）　2（A、B、D）　3（B、C、D）　4（B、C、E）　5（C、D、E）

【問 19】 毒物劇物営業者が行う事故の際の措置に関する次の記述の正誤について、正しい組合せはどれか。

A　毒物劇物営業者は、その取扱いに係る劇物が飛散した場合において、不特定又は多数の者について保健衛生上の危害が生ずるおそれがあるときは、直ちに、その旨を保健所、警察署又は消防機関に届け出なければならない。

B　毒物劇物営業者は、その取扱いに係る毒物が流れ出した場合において、不特定又は多数の者について保健衛生上の危害が生ずるおそれがあるときは、直ちに、保健衛生上の危害を防止するために必要な応急の措置を講じなければならない。

C　特定毒物研究者は、その取扱いに係る毒物が盗難にあったときは、直ちに、その旨を消防機関に届け出なければならない。

	A	B	C
1	正	正	正
2	正	誤	誤
3	誤	誤	正
4	正	正	誤
5	正	誤	正

【問 20】 法 22 条第 1 項に規定する届出が必要な事業について、該当するものの正しい組合せはどれか。

A 無機シアン化合物を含有する製剤を使用して金属熱処理を行う事業

B 無機水銀たる毒物を使用して電気めっきを行う事業

C 最大積載量が 4000kg の自動車に固定された容器を用い、10％水酸化カリウムの運送を行う事業

D 砒素化合物たる毒物を使用してしろありの防除を行う事業

1（A、B）　2（A、C）　3（A、D）　4（B、C）　5（C、D）

[基礎化学]

【問 21】 次の記述の（　　）の中に入る字句として、正しいものの組合せはどれか。

気体状態の分子が液体状態の分子になる現象を（　A　）という。
液体状態の分子が固体状態の分子になる現象を（　B　）という。
気体状態の分子が固体状態の分子になる現象を（　C　）という。

	A	B	C
1	凝縮	凝固	昇華
2	凝縮	融解	凝固
3	凝固	凝縮	昇華
4	凝固	融解	蒸発
5	凝縮	凝固	蒸発

【問 22】 アルカリ金属元素に関する次の記述の正誤について、正しい組合せはどれか。

A 周期表の 1 族に属する水素以外の元素のことである。

B 原子は、すべて価電子を 2 個持ち、価電子を放って 2 価の陽イオンになりやすい。

C　一般的に、イオン化傾向が小さい。

	A	B	C
1	正	正	正
2	正	誤	誤
3	誤	誤	正
4	正	正	誤
5	正	誤	正

【問 23】　原子の構造に関する記述について、（　　）の中に入れるべき字句として、正しい組合せはどれか。

原子は、原子核とその周りにある電子で構成されている。原子核は（　A　）の電気を、電子は（　B　）の電気を帯びている。さらに、原子核は、普通、（　C　）の電気をもつ陽子と、電気的に中性な中性子からできている。また、原子核の中の陽子の数を、その元素の（　D　）という。

	A	B	C	D
1	正	負	正	質量数
2	負	正	中性	質量数
3	負	正	負	原子番号
4	正	負	正	原子番号
5	正	負	中性	原子番号

【問 24】　次の図は、ナトリウムイオン（Na^+）の生成と電子配置について、模式的に示した図である。この図を見て、Na^+と同じ電子配置をもつイオンを１～５から１つ選べ。

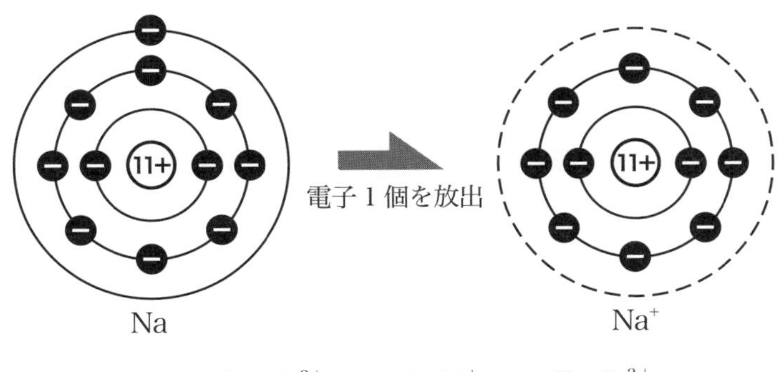

1　K^+　　2　Cl^-　　3　Mg^{2+}　　4　Li^+　　5　Ca^{2+}

【問 25】 10%水酸化ナトリウム水溶液の密度は 1.6g/mL とする。この水溶液のモル濃度（mol/L）として最も近い値を 1 〜 5 から 1 つ選べ。ただし、NaOH の分子量は 40 とする。

1　2mol/L　　2　3mol/L　　3　4mol/L　　4　6mol/L　　5　8mol/L

【問 26】 次の記述の正誤について、正しい組合せはどれか。

A　陽イオンと陰イオンが静電気的に引き合ってできる結合をイオン結合という。

B　一般的に、イオン結晶は融点が高く、硬い。

C　イオン結晶を表す化学式は、構成するイオンの割合を最も簡単な整数比で表した組成式で表す。

	A	B	C
1	正	正	正
2	正	誤	誤
3	誤	誤	正
4	正	正	誤
5	正	誤	正

【問 27】 中和反応の量的関係に関する記述について、（　　）の中に入れるべき字句として、正しい組合せはどれか。

中和反応は、酸の水素イオン（H^+）と塩基の水酸化物イオン（OH^-）が結合して（　A　）を生じる反応である。たとえば、1 価の塩基である水酸化カリウム（KOH）1mol をちょうど中和するために必要な酸の物質量は、1 価の酸である硝酸（HNO_3）ならば（　B　）mol、2 価の酸である硫酸（H_2SO_4）ならば（　C　）mol である。

	A	B	C
1	H_2O	1	2
2	H_2O	1	0.5
3	H_2O	0.5	1
4	H_2O_2	1	2
5	H_2O_2	1	0.5

【問 28】 0.01mol/L の塩酸（HCl）20mL に水を加えて、全体で 200mL とした。水を加えて希釈した後の pH として最も近い値を 1 〜 5 から一つ選べ。ただし、HCl の電離度は 1 とする。

1　1.0　　2　2.0　　3　3.0　　4　4.0　　5　5.0

【問 29】　次の化合物について、［　］内の原子の酸化数が同じものの組合せはどれか。

A　NH_3 ［N］

B　Cr_2O_3 ［Cr］

C　HNO_3 ［N］

D　$Al(OH)_3$ ［Al］

1（A、B）　2（A、C）　3（B、C）　4（B、D）　5（C、D）

【問 30】　炎色反応に関する次の記述の正誤について、正しいものの組合せはどれか。

A　アルカリ金属は、特有の炎色反応を示す。

B　アルカリ土類金属は、炎色反応を示さない。

C　銅は、赤色の炎色反応を示す。

D　ナトリウムは、黄色の炎色反応を示す。

1（A、B）　2（A、C）　3（B、C）　4（C、D）　5（A、D）

【問 31】　金属のイオン化傾向の大きさの順として、正しいものはどれか。

1　Ca＞Fe＞Zn＞Pb

2　Ca＞Zn＞Fe＞Pb

3　Fe＞Ca＞Pb＞Zn

4　Fe＞Zn＞Pb＞Ca

5　Pb＞Ca＞Zn＞Fe

【問 32】　有機化合物の特徴に関する次の記述の正誤について、正しい組合せはどれか。

A　分子間の結合は共有結合が多い。

B　一般に水に溶けにくい。

C　融点は 300℃以上のものが多い。

D　不燃性のものが多い。

	A	B	C	D
1	正	正	正	誤
2	正	誤	誤	正
3	誤	誤	正	正
4	正	正	誤	誤
5	正	誤	正	正

【問 33】　27℃で 3.0×10^5Pa、100mL の体積を占める気体を、圧力を変えずに、温度を 87℃まであたためると、気体の体積は何 mL になるか。最も近い値を 1 ～ 5 から 1 つ選べ。

1　80mL　2　100mL　3　120mL　4　140mL　5　160mL

【問 34】 熱化学方程式に関する次の記述の正誤について、正しい組合せはどれか。

A 化学反応式に反応熱を記入し、両辺を等号（=）で結んだ式を熱化学方程式という。

B 熱化学方程式の係数には、分数が使用されることがある。

C 反応熱は、発熱反応を＋、吸熱反応を－で表す。

	A	B	C
1	正	正	正
2	正	誤	誤
3	誤	誤	正
4	正	正	誤
5	正	誤	正

【問 35】 メタン（CH_4）32g を完全燃焼させた。このとき生成する水の質量は何 g になるか。次の 1 ～ 5 から 1 つ選べ。ただし、原子量は、H = 1.0、C = 12、O = 16 とする。

1 4.5g　2 9.0g　3 18.0g　4 36.0g　5 72.0g

[毒物及び劇物の性質及び貯蔵その他取扱方法・実地試験]

【問 36】 次の物質について、毒物に該当するものの正しい組合せはどれか。

A アクロレイン

B ヒドラジン

C アリルアルコール

D トリクロル酢酸

1（A、B）　2（A、C）　3（A、D）　4（B、C）　5（C、D）

【問 37】 次の物質について、劇物に該当するものの正しい組合せはどれか。

A 硝酸 10%を含有する製剤

B 過酸化水素 10%を含有する製剤

C クレゾール 10%を含有する製剤

D 亜塩素酸ナトリウム 10%を含有する製剤

1（A、B）　2（B、C）　3（B、D）　4（C、D）　5（A、D）

【問38】 カリウムの貯蔵方法として、最も適当なものはどれか。

1 容器を密閉して換気のよい場所で保管する。
2 水中に沈めて瓶に入れ、さらに砂を入れた缶中に固定して、冷暗所に保管する。
3 通常、石油中に貯蔵する。
4 少量ならば共栓ガラス瓶、多量ならば銅製ドラムなどを使用する。
5 安定剤を加え、空気を遮断して貯蔵する。

【問39】 クロロホルムの廃棄方法として、最も適切なものはどれか。

1 木粉（おが屑）等に吸収させて焼却炉で焼却する。
2 過剰の可燃性溶剤または重油とともにアフターバーナーおよびスクラバーを具備した焼却炉の火室へ噴霧してできるだけ高温で焼却する。
3 多量の水を加え希薄な水溶液とした後、次亜塩素酸塩水溶液を加え分解させ、廃棄する。
4 そのまま再利用するため蒸留する。
5 多量の水酸化ナトリウム水溶液（20w/v%以上）に吹き込んだ後、高温加圧下で加水分解する。

【問40】 弗化水素に関する次の記述の正誤について、正しい組合せはどれか。

A 不燃性の無色の気体。フロンガスの原料に用いられる。
B プラスチック、鉛、エボナイトあるいは白金製の容器に貯蔵する。
C 廃棄方法は、多量の水酸化ナトリウム水溶液(20%(w/v)以上)に吹き込んだ後、高温加圧下で加水分解する。

	A	B	C
1	正	正	正
2	正	誤	誤
3	誤	誤	正
4	正	正	誤
5	正	誤	正

【問41】 S–メチル–N–〔(メチルカルバモイル)–オキシ〕–チオアセトイミデート(別名メトミル)の性状および用途に関する記述について、正しい組合せはどれか。

	[性　状]	[用　途]
1	白色の結晶性固体	農業用の殺虫剤
2	白色の結晶性固体	工業用の酸化剤
3	淡黄褐色または微黄色の液体	農業用の殺虫剤
4	淡黄褐色または微黄色の液体	工業用の酸化剤
5	淡黄褐色または微黄色の液体	農業用の殺菌抗生物質

【問42】 過酸化ナトリウムの化学式と主な用途について、正しい組合せを下表から1つ選べ。

	[化学式]	[主な用途]
1	NaO_2	殺虫剤
2	Na_2O_2	漂白剤
3	Na_2O_3	除草剤
4	NaO_2	漂白剤
5	Na_2O_2	除草剤

【問43】 劇物の毒性に関する次の記述の正誤について、正しい組合せはどれか。

A 蓚酸は、血液中の石灰分(カルシウム分)を奪い、神経系をおかす。

B 塩素酸カリウムは、その揮散する蒸気を吸入すると、めまいや頭痛を伴う一種の酩酊を起こす。

C メタノールは、視神経が侵され失明することがある。

	A	B	C
1	正	正	正
2	正	誤	誤
3	誤	誤	正
4	正	正	誤
5	正	誤	正

【問 44】 漏洩時の応急措置（飛散を含む）に関する次の記述について、最も適当な物質の組合せはどれか。なお、漏洩した場所の周辺にロープを張るなどして立入りを禁止し、作業にあたっては保護具の着用、風下での作業を行わないなどの措置を行っているものとする。

A　露出したものは速やかに拾い集めて、灯油または流動パラフィンの入った容器に回収する。

B　飛散したものは空容器にできるだけ回収し、そのあとを還元剤（硫酸第一鉄等）の水溶液を散布して、水酸化カルシウム、炭酸ナトリウム等の水溶液で処理した後、多量の水で洗い流す。

C　漏洩したボンベ等を多量の水酸化ナトリウム水溶液（20w/v%以上）に容器ごと投入してガスを吸収させ、さらに酸化剤（次亜塩素酸ナトリウム、さらし粉等）の水溶液で酸化処理を行い、多量の水で洗い流す。

	A	B	C
1	ナトリウム	重クロム酸ナトリウム	シアン化水素
2	重クロム酸ナトリウム	シアン化水素	ナトリウム
3	シアン化水素	ナトリウム	重クロム酸ナトリウム
4	ナトリウム	シアン化水素	重クロム酸ナトリウム
5	重クロム酸ナトリウム	ナトリウム	シアン化水素

【問 45】 水酸化ナトリウムに関する記述について、正しいものはどれか。

1　無色の液体である。

2　水に溶けにくい。

3　炎色反応は淡紫色を呈する。

4　空気中に放置すると潮解する。

5　水溶液は引火性がある。

【問 46】 一酸化鉛に関する記述について、正しいものはどれか。

1　白色の結晶である。リサージとも呼ばれる。

2　鉛ガラスの原料に用いられる。

3　水によく溶ける。

4　希硝酸に溶かし、これに硫化水素を通じると、白色の沈殿を生じる。

5　廃棄法は、還元法が適切である。

【問 47】 アニリンに関する記述について、正しいものの組合はどれか。

A 水によく溶ける。

B 純品は無色透明な油状の液体である。

C 空気に触れて赤褐色を呈する。

D 本品の水溶液にさらし粉を加えると黄色に変化する。

1（A、B） 2（A、C） 3（A、D） 4（B、C） 5（C、D）

【問 48】 フェノールに関する記述について、正しいものの組合せはどれか。

A 無色無臭の結晶の塊である。

B 空気中で容易に黒変する。

C 本品の水溶液に過クロール鉄液を加えると紫色を呈する。

D 皮膚に触れた場合、皮膚を刺激し、激しいやけど（薬傷）を起こすことがある。

1（A、B） 2（A、C） 3（A、D） 4（B、C） 5（C、D）

【問 49】 アンモニアに関する記述について、正しいものの組合せはどれか。

A 黄緑色の刺激臭のある液体で、揮発性である。

B 温度の上昇により、空気より軽いアンモニアガスを生成する。

C リトマス試験紙につけると、赤色を青色に変える。

D 廃棄方法は、燃焼法が適切である。

1（A、B） 2（A、D） 3（B、C） 4（B、D） 5（C、D）

【問 50】 蓚酸の識別方法に関する記述について、正しいものはどれか。

1 本品の水溶液にアンモニア水を加え、さらに塩化カルシウムを加えると白色の沈殿を生じる。

2 本品の水溶液にさらし粉を加えると紫色を呈する。

3 本品の希釈水溶液に塩化バリウムを加えると白色の沈殿を生じるが、この沈殿は塩酸や硝酸に不溶である。

4 本品の水溶液に硝酸バリウムを加えると、白色の沈殿を生じる。

5 本品を希硝酸に溶かし、これに硫化水素を通じると、黒色の沈殿を生じる。

予想模試　問題［第３回］

パターンＣ　<その他の地域>　問題数：筆記 30 問、実地 10 問（試験時間：１時間 30 分）

解答用紙→本冊 p.293

筆　記

［毒物及び劇物に関する法規］

【問１】　毒物及び劇物取締法第１条の条文として、次のうち、正しいものはどれか。

1　この法律は、毒物及び劇物について、事故防止上の見地から必要な登録を行うことを目的とする。

2　この法律は、毒物及び劇物について、環境衛生上の見地から必要な取締を行うことを目的とする。

3　この法律は、毒物及び劇物について、保健衛生上の見地から必要な取締を行うことを目的とする。

4　この法律は、毒物及び劇物について、犯罪防止上の見地から必要な登録を行うことを目的とする。

【問２】　次の記述は法の条文の一部である。（　　）の中に入れるべき字句として、正しいものはどれか。

法第２条第２項

　この法律で「劇物」とは、別表第二に掲げる物であって、医薬品及び（　　）以外のものをいう。

1　危険物　　2　医薬部外品　　3　医薬品　　4　医療機器

【問３】　毒物及び劇物取締法第２条第３項に規定する「特定毒物」に該当するものとして、次のうち、正しいものはどれか。

1　クラーレ　　2　四アルキル鉛

3　塩化第一水銀　　4　ヒドラジン

【問４】　毒物及び劇物取締法の規定に基づく、特定毒物の取扱いに関する次の記述のうち、誤っているものはどれか。

1　毒物若しくは劇物の製造業者又は特定毒物使用者でなければ、特定毒物を製造してはならない。

2　毒物劇物営業者、特定毒物研究者又は特定毒物使用者でなければ、特定毒物を譲り渡し、又は譲り受けてはならない。

3　特定品目販売者は、特定毒物を販売することはできない。

4　特定毒物研究者は、学術研究のため特定毒物を製造することができる。

【問5】　毒物及び劇物取締法の規定に基づく毒物劇物営業者又は特定毒物研究者に関する次の記述のうち、正しいものはどれか。

1　毒物劇物輸入業の登録は、6年ごとに、毒物劇物販売業の登録は、5年ごとに、更新を受けなければ、その効力を失う。

2　毒物劇物製造業の登録は、5年ごとに、毒物劇物販売業の登録は、6年ごとに、更新を受けなければ、その効力を失う。

3　毒物劇物製造業の登録は、6年ごとに、毒物劇物輸入業の登録は、6年ごとに、更新を受けなければ、その効力を失う。

4　特定毒物研究者の許可は、6年ごとに、更新を受けなければ、その効力を失う。

【問6】　毒物劇物取扱責任者に関する次の記述のうち、正しいものはいくつあるか。

A　18歳未満の者は、毒物劇物取扱責任者になることができない。

B　毒物劇物営業者は、毒物若しくは劇物の製造業と輸入業を併せて営む場合において、その製造所及び営業所が互いに隣接しているときには、毒物劇物取扱責任者は、これらの施設を通じて1人で足りる。

C　農業用品目毒物劇物取扱者試験に合格した者は、農業用品目販売業者が販売することができる毒物又は劇物のみを製造する製造所において毒物劇物取扱責任者になることができる。

D　医師又は薬剤師は、都道府県知事が行う毒物劇物取扱者試験に合格した者でなくとも、毒物劇物取扱責任者になることができる。

1　1つ　　2　2つ　　3　3つ　　4　4つ

【問7】　毒物及び劇物取締法第10条の規定に基づき、30日以内に届け出なければならない事項として、正しいものの組合せはどれか。

A　法人である毒物劇物販売業者が、法人の代表者を変更したとき。

B　毒物劇物輸入業者が、営業所における営業を廃止したとき。

C　特定毒物研究者が、主たる研究所の設備の重要な部分を変更したとき。

D　毒物劇物製造業者が、登録を受けた毒物以外の毒物の製造を開始したとき。

1　（A、B）　　2　（B、C）　　3　（B、D）　　4　（A、D）

【問8】　毒物又は劇物の表示に関する次の記述のうち、正しいものはどれか。

1　毒物劇物営業者は、劇物の容器及び被包に、「医薬用外」の文字及び赤地に白色をもって「劇物」の文字を表示しなければならない。

2 毒物劇物営業者は、無機シアン化合物及びこれを含有する製剤たる毒物及び劇物の容器及び被包に、厚生労働省令で定めるその解毒剤の名称を表示しなければ、これを販売し、又は授与してはならない。

3 毒物又は劇物の製造業者は、その製造したジメチル–2,2–ジクロルビニルホスフェイト（別名DDVP）を含有する製剤（衣料用の防虫剤に限る。）を販売し、又は授与するときは、その容器及び被包に、眼に入った場合は、直ちに流水で良く洗い、医師の診断を受けるべき旨を表示しなければならない。

4 特定毒物研究者は、毒物を貯蔵する場所に、「医薬用外」の文字及び「毒物」の文字を表示しなければならない。

【問9】 毒物及び劇物取締法第14条の規定に基づき、毒物劇物営業者が毒物又は劇物を他の毒物劇物営業者に販売し、又は授与したときに、その都度、書面に記載しておかなければならない事項として、次のうち正しいものはどれか。

1 譲受人の年齢　　2 毒物又は劇物の使用目的

3 譲受人の電話番号　　4 譲受人の職業

【問10】 1回の運搬量につき1000kgを超えて、毒物又は劇物を運搬する場合で、当該運搬を他に委託するときは、その荷送人は、運送人に対し、あらかじめ書面を交付しなければならない。毒物劇物取締法施行令第40条の6第1項の規定により、この書面に記載しなければならい事項として、正しいものの組合せはどれか。

A 毒物又は劇物の成分及びその含量並びに数量

B 毒物又は劇物の製造業者名

C 事故の際に講じなければならない応急の措置の内容

D 毒物の運搬を委託する年月日

1（A、B）　2（A、C）　3（B、C）　4（B、D）

[基礎化学]

【問11】 次の物質どうしの組合せのうち、互いに同素体であるものとして、正しいものはどれか。

1 黄リンとオゾン　　2 水銀と銀

3 黒鉛とダイヤモンド　　4 ヨウ素とゴム状硫黄

【問 12】 次のうち、物質の状態変化に関する記述として、正しいものはどれか。

1 気体が固体になることを凝固という。
2 液体が固体になることを凝縮という。
3 気体が液体になることを融解という。
4 固体が気体になることを昇華という。

【問 13】 10%の食塩水 300g に、40%の食塩水を加えたら、22%の食塩水ができた。次のうち、加えた 40%の食塩水の量として、正しいものはどれか。なお、濃度は質量パーセント濃度とする。

1 100g　　2 150g　　3 200g　　4 250g

【問 14】 クレゾールの分子量として、次のうち正しいものはどれか。ただし、原子量を、H = 1、C = 12、O = 16 とする。

1 97　　2 102　　3 108　　4 110

【問 15】 化学結合の結合力の強い順に左から並べたものとして、次のうち正しいものはどれか。

1 金属結合＞イオン結合＞水素結合＞共有結合
2 共有結合＞イオン結合＞金属結合＞水素結合
3 共有結合＞水素結合＞金属結合＞イオン結合
4 イオン結合＞金属結合＞水素結合＞共有結合

【問 16】 次の化学反応式の（ ）に入る係数として、正しいものの組合せはどれか。

CH_4 ＋（A）$O_2 \longrightarrow CO_2$ ＋（B）H_2O

	A	B
1	2	2
2	2	4
3	3	2
4	4	2

【問 17】 価数による酸の分類として、次のうち 2 価の酸はどれか。

1 HCl　　2 H_3PO_4　　3 H_2SO_4　　4 HNO_3

【問 18】 0.9mol/L の希硫酸 100mL を過不足なく中和するのに必要な 1.2mol/L の水酸化ナトリウム水溶液の量（mL）として、正しいものはどれか。

1 50mL　　2 150mL　　3 180mL　　4 200mL

【問 19】 金属元素とその炎色反応の組合せとして、正しいものはどれか。

	［金属元素］	［炎色反応］
1	Li	赤色
2	K	黄緑色
3	Ba	赤紫色
4	Sr	青色

【問 20】 pH2 の塩酸を pH5 とするには、水で何倍に希釈するとよいか。

1 3倍　**2** 10倍　**3** 100倍　**4** 1000倍

[毒物及び劇物の性質及び貯蔵その他取扱方法]

【問 21】 塩化水素に関する記述として、次のうち正しいものはどれか。

1 白色、結晶性の硬い固体である。腐食性がきわめて強い。

2 無色の刺激臭を有する気体である。湿った空気中で激しく発煙する。

3 暗赤色の結晶である。潮解性がある。

4 無色透明の麻酔性芳香を有する液体である。

【問 22】 ジメチル−2,2−ジクロルビニルホスフェイト（別名 DDVP）に関する記述として、次のうち正しいものはどれか。

1 銀白色の光沢を有する金属である。水との接触により爆発的に反応する。

2 刺激性で、微臭のある比較的揮発性の無色油状液体である。水に難溶。

3 黒灰色、金属様の光沢のある結晶である。昇華性がある。

4 無色のニンニク臭を有する気体であり、可燃性である。

【問 23】 四メチル鉛に関する記述として、次のうち正しいものはどれか。

1 常温において無色の液体で、ハッカ実臭がある。日光によって分解する。

2 白色の重い粉末で吸湿性がある。殺鼠剤に用いられる。

3 赤褐色の重い液体で、刺激臭を有する。腐蝕性が強く有毒である。

4 無色の揮発性液体である。特異臭と甘味を有する。

【問 24】 ホルマリンに関する記述として、次のうち正しいものはどれか。

1 黒紫色の結晶で、金属光沢がある。特有の刺激臭がある。

2 無色の針状結晶あるいは白色の放射状結晶塊である。空気中で容易に赤変する。

3 無色の気体で腐った魚の臭いがある。ホスフィンとも呼ばれる。
4 無色透明の有催涙性の液体で、刺激臭を有する。蒸気は粘膜を刺激する。

【問25】 黄燐に関する記述として、次のうち正しいものはどれか。

1 白色または淡黄色のロウ様半透明の結晶性固体で、ニンニク臭がある。
2 無色液体である。分解すると酸素と水を生成する。
3 無色または微黄色の吸湿性の液体である。強い苦扁桃様の香気を有する。
4 暗赤色の結晶である。潮解性がある。

【問26】 毒物又は劇物の名称とその主な用途の組合せとして、次のうち正しいものはどれか。

	［名称］	［主な用途］
1	硝酸タリウム	除草剤
2	シアン化水素	界面活性剤
3	クロルピクリン	土壌燻蒸
4	フェノール	殺鼠剤

【問27】 ナトリウムの貯蔵方法に関する記述として、次のうち正しいものはどれか。

1 二酸化炭素と水を強く吸収するので、密栓して貯蔵する。
2 空気中にそのまま保存することはできないので、通常、石油中に貯蔵する。
3 空気に触れると発火しやすいので、水中に沈めて瓶に入れ、さらに砂を入れた缶中に固定して、冷暗所に保管する。
4 プラスチック、鉛、エボナイトあるいは白金製の容器に貯蔵する。

【問28】 クロロホルムの毒性に関する記述として、次のうち正しいものはどれか。

1 吸入した場合、強い麻酔作用があり、めまい、頭痛、吐き気を起こす。
2 皮膚に触れると、強い痛みを感じ、激しく腐食される。
3 蒸気を吸入すると中毒し、チアノーゼになる。
4 嚥下吸入したときに、胃および肺で胃酸や水と反応してホスフィンを生成することにより中毒する。

【問29】 「毒物及び劇物の廃棄の方法に関する基準」で定める水酸化カリウムの廃棄方法として、次のうち正しいものはどれか。

1 燃焼法　2 希釈法　3 中和法　4 固化隔離法

【問30】「毒物及び劇物の運搬事故時における応急措置に関する基準」で定める砒素の漏洩時の措置として、次のうち正しいものはどれか。

1 露出したものは速やかに拾い集めて、灯油または流動パラフィンの入った容器に回収する。

2 飛散したものは空容器にできるだけ回収し、そのあとを硫酸第二鉄等の水溶液を散布して、水酸化カルシウム、炭酸ナトリウム等の水溶液を用いて処理した後、多量の水で洗い流す。

3 漏洩箇所や漏洩した液には水酸化カルシウムを十分に散布し、むしろ、シート等を被せ、その上にさらに水酸化カルシウムを散布して吸収させる。

4 漏洩した液は土砂等でその流れを止め、安全な場所に導き、多量の水を用いて十分に希釈して洗い流す。

実　地

［毒物及び劇物の鑑別及び取扱方法］

【問31】四塩化炭素について、次の問題に答えなさい。

（1）四塩化炭素の性状として、正しいものを【別紙】（※ p.48 に掲載）から選べ。

（2）四塩化炭素の鑑別法に関する記述として、適切なものを次のうちから選べ。

1 アルコール性の水酸化カリウムと銅粉とともに煮沸すると、黄赤色の沈殿が生じる。

2 ホルマリン１滴を加えた後、濃硝酸１滴を加えるとバラ色を呈する。

【問32】ピクリン酸について、次の問題に答えなさい。

（1）ピクリン酸の性状として、正しいものを【別紙】（※ P.48 に掲載）から選べ。

（2）ピクリン酸の鑑別法に関する記述として、適切なものを次のうちから選べ。

1 水に溶かして塩化バリウムを加えると白色の沈殿が生じる。

2 アルコール溶液は、白色の羊毛または絹糸を鮮黄色に染める。

【問33】 蓚酸について、次の問題に答えなさい。

（1）蓚酸の性状として、正しいものを【別紙】（※下に掲載）から選べ。

（2）蓚酸の鑑別法に関する記述として、適切なものを次のうちから選べ。

1 水溶液にアンモニア水を加え、さらに塩化カルシウムを加えると白色の沈殿を生じる。

2 銅屑を加えて熱すると、藍色を呈して溶け、その際に赤褐色の蒸気を発生する。

【問34】 硝酸銀について、次の問題に答えなさい。

（1）硝酸銀の性状として、正しいものを【別紙】（※下に掲載）から選べ。

（2）硝酸銀の鑑別法に関する記述として、適切なものを次のうちから選べ。

1 水に溶かして塩酸を加えると、白色の沈殿を生ずる。その液に硫酸と銅粉を加えて熱すると、赤褐色の蒸気を生成する。

2 水溶液に金属カルシウムを加え、これにベタナフチルアミンおよび硫酸を加えると赤色の沈殿を生じる。

【問35】 沃素について、次の問題に答えなさい。

（1）沃素の性状として、正しいものを【別紙】（※下に掲載）から選べ。

（2）沃素の鑑別法に関する記述として、適切なものを次のうちから選べ。

1 フェーリング溶液とともに熱すると、赤色の沈殿を生じる。

2 デンプンと反応すると藍色を呈し、これを熱すると退色し、冷えると再び藍色を現し、さらにチオ硫酸ナトリウムの溶液と反応すると脱色する。

【別紙】※問31～35の（1）の選択肢

1 黒紫色の結晶で、金属光沢がある。熱すると紫色の蒸気を発生し、冷やすと再び結晶に戻る。

2 揮発性、麻酔性の芳香を有する無色の重い液体。水に難溶。不燃性である。

3 淡黄色の光沢のある小葉状あるいは針状結晶。冷水に難溶。熱湯には可溶。昇華性がある。

4 無色の稜柱状の結晶。乾燥空気中で風化する。加熱すると昇華、急に加熱すると分解する。

5 無色透明の結晶。水に易溶。光によって分解し、黒変する。

※矢印の方向に引くと問題編が取り外せます。